21世纪高职高专计算机教育规划教材

网页设计三合一教程与上机实训
——Dreamweaver CS3、Fireworks CS3、Flash CS3

刘培文　唐红亮　主　编

周志光　韩天峰
潘会强　廖卓彦　副主编

中国人民大学出版社
·北京·

北京科海电子出版社
www.khp.com.cn

图书在版编目(CIP)数据

网页设计三合一教程与上机实训：Dreamweaver CS3，Fireworks CS3，Flash CS3/刘培文，唐红亮主编.

北京：中国人民大学出版社，2008

21 世纪高职高专计算机教育规划教材

ISBN 978-7-300-09714-5

Ⅰ.网…

Ⅱ.①刘…　②唐…

Ⅲ.主页制作—图形软件，Dreamweaver CS3，Fireworks CS3，Flash CS3—高等学校：技术学校—教材

Ⅳ. TP393.092

中国版本图书馆 CIP 数据核字（2008）第 140257 号

21 世纪高职高专计算机教育规划教材

网页设计三合一教程与上机实训——Dreamweaver CS3、Fireworks CS3、Flash CS3

刘培文　唐红亮　主编

出版发行	中国人民大学出版社　北京科海电子出版社			
社　　址	北京中关村大街 31 号		**邮政编码**	100080
	北京市海淀区上地七街国际创业园 2 号楼 14 层		**邮政编码**	100085
电　　话	（010）82896442　62630320			
网　　址	http://www.crup.com.cn			
	http://www.khp.com.cn（科海图书服务网站）			
经　　销	新华书店			
印　　刷	北京市鑫山源印刷有限公司			
规　　格	185mm×260mm　16 开本		**版　　次**	2009 年 1 月第 1 版
印　　张	18.75		**印　　次**	2009 年 1 月第 1 次印刷
字　　数	456 000		**定　　价**	29.80 元

丛 书 序

2006年北京科海电子出版社根据教育部的指导思想，按照高等职业教育教学大纲的要求，结合社会对各类人才的技能需求，充分考虑教师的授课特点和授课条件，组织一线骨干教师开发了"21世纪高职高专计算机教育规划教材"。3年来，本套丛书受到了高等职业院校老师的普遍好评，被几百所院校作为教材使用，其中部分教材，如《C语言程序设计教程——基于Turbo C》被一些省评为省精品课配套教材，这使我们倍感欣慰和鼓舞。

近年来，IT技术不断发展，新技术层出不穷，行业应用也在不断拓宽，因此教材的更新与完善很有必要，同时，我们也收到了很多老师的来信，他们希望本套教材能够进一步完善，更符合现代应用型高职高专的教学需求，成为新版精品课程的配套教材。在此背景下，我们针对全国各地的高职高专院校进行了大量的调研，邀请全国高职高专院校计算机相关专业的专家与名师、（国家级或省级）精品课教师、企业的技术人员，共同探讨教材的升级改版问题，经过多次研讨，我们确定了新版教材的特色：

- 强调应用，突出职业教育特色，符合教学大纲的要求。
- 在介绍必要知识的同时，适当介绍新技术、新版本，以使教材具有先进性和时代感。
- 理论学习与技能训练并重，以案例实训为主导，在掌握理论知识的同时，通过案例培养学生的操作技能，达到学以致用的目的。

本丛书宗旨是，走实践应用案例教学之路，培养技能型紧缺人才。

丛书特色

☑ 先进性：力求介绍最新的技术和方法

先进性和时代性是教材的生命，计算机与信息技术专业的教学具有更新快、内容多的特点，本丛书在体例安排和实际讲述过程中都力求介绍最新的技术（或版本）和方法，并注重拓宽学生的知识面，激发他们的学习热情和创新欲望。

☑ 理论与实践并重：以"案例实训"为原则，强调动手能力的培养

由"理论、理论理解（或应用）辅助示例（课堂练习）、阶段性理论综合应用中型案例（上机实验）、习题、大型实践性案例（课程设计）"五大部分组成。在每一章的末尾提供大量的实习题和综合练习题，目的是提高学生综合利用所学知识解决实际问题的能力。

- 理论讲解以"够用"为原则。
- 讲解基础知识时，以"案例实训"为原则，先对知识点做简要介绍，然后通过小实例来演示知识点，专注于解决问题的方法，保证读者看得懂，学得会，以最快速度融入到这个领域中来。
- 阶段性练习，用于培养学生综合应用所学内容解决实际问题的能力。
- 课程设计实践部分以"贴近实际工作需要为原则"，让学生了解社会对从业人员的真正需求，为就业铺平道路。

☑ 易教易学：创新体例，内容实用，通俗易懂

本丛书结构清晰，内容详实，布局合理，体例较好；力求把握各门课程的核心，做到通俗易懂，既便于教学的展开和教师讲授，也便于学生学习。

☑ 按国家精品课要求，不断提供教学服务

本套教材采用"课本 + 网络教学服务"的形式为师生提供各类服务，使教材建设具有实用性和前瞻性，更方便教师授课。

用书教师请致电（010）82896438或发E-mail：feedback@khp.com.cn免费获取电子教案。

我社网站（http://www.khp.com.cn）免费提供本套丛书相关教材的素材文件及相关教学资源。后期将向师生提供教学辅助案例、考试题库等更多的教学资源，并开设教学论坛，供师生及专业人士互动交流。

丛书组成

本套教材涵盖计算机基础、程序设计、数据库开发、网络技术、多媒体技术、计算机辅助设计及毕业设计和就业指导等诸多领域，包括：

- 计算机应用基础
- Photoshop CS3 平面设计教程
- Dreamweaver CS3 网页设计教程
- Flash CS3 动画设计教程
- 网页设计三合一教程与上机实训——Dreamweaver CS3、Fireworks CS3、Flash CS3
- 中文 3ds max 动画设计教程
- AutoCAD 辅助设计教程（2008 中文版）
- Visual Basic 程序设计教程
- Visual FoxPro 程序设计教程

- C 语言程序设计教程
- Visual C++程序设计教程
- Java 程序设计教程
- ASP.NET 程序设计教程
- SQL Server 2000 数据库原理及应用教程
- 计算机组装与维护教程
- 计算机网络应用教程
- 计算机专业毕业设计指导
- 电子商务

......

编者寄语

如果说科学技术的飞速发展是21世纪的一个重要特征的话，那么教学改革将是21世纪教育工作不变的主题。要紧跟教学改革，不断创新，真正编写出满足新形势下教学需求的教材，还需要我们不断地努力实践、探索和完善。本丛书虽然经过细致的编写与校订，仍难免有疏漏和不足，需要不断地补充、修订和完善。我们热情欢迎使用本丛书的教师、学生和读者朋友提出宝贵的意见和建议，使之更臻成熟。

丛书编委会
2009年1月

内 容 提 要

本书注重"学、会、用"3 个环节，以"学习一个网站的制作，会多种设计风格，用于网站建设实践"为主线。在对第 1 版升级的基础上，推出了 CS3 版，并精心整编成 4 篇 20 章。第 1 篇介绍网站与网页概述、网页图片处理、网页动画设计；第 2 篇介绍网页设计三剑客，即 Dreamweaver CS3、Fireworks CS3、Flash CS3；第 3 篇介绍网站的测试与上传、推广应用以及后期维护；第 4 篇是实验与课程设计等内容。所有内容难度逐渐推进，实例丰富，是一本集理论与实验、习题与上机实训于一体的新教材。

为推广全国精品课程建设，本书按精品课程评选要求，将实验内容纳入本书第 19 章，同时附赠了"三纲一库"（教学、实践、考核大纲，理论上机测试题）等。书中所有实例源文件、素材、实验指导、课程设计、教学课件、三纲一库等电子文档均可到 www.khp.com.cn 处下载。

本书可作为各类职业院校、大中专院校、成人教育、计算机培训学校的教材，同时对于网页制作爱好者，也不失为一本实用的参考书。

前　　言

本书的第1版《网页设计三合一教程与上机实训——Dreamweaver 8、Fireworks 8、Flash 8》（ISBN 978-7-03-018839-7）自出版以来，得到了广大读者的一致好评。我们也收到了许多读者反馈的意见及建议，基于读者反馈信息以及网页设计软件的升级，我们在修订第1版的基础上推出本书的第2版（CS3版）。

我们主要做了如下修订工作：

- 全书始终以制作"一个网站、多种设计风格"为宗旨，网站整体形象设计中沿用"沉稳却不失激情、含蓄却不失前卫"的风格。通过对整个网站的制作，全方位介绍了 Dreamweaver、Fireworks 和 Flash 这 3 款软件的使用。为突出"理论够精，实践够用"的原则，特在难易程度、广度与深度等方面进行了综合考虑。

- 新增"网站规划与网页设计"环节的内容，全书精心整编成 4 篇 20 章，全面系统地介绍从软件安装到使用、从网页设计入门到应用提高等网页制作知识。

- 本书从"零"开始，以"学、会、用" 3 个环节为写作宗旨，读者只要看懂本书中的理论讲解，跟着书中的实战步骤进行操作，独立制作网站将不成问题。书中还讲解了如何在 Baidu（百度）和 Google（谷歌）等搜索引擎中推广网站，完成工业和信息化部的网站备案等实用技巧。

- 本书依据全国精品课程建设规范，符合精品课程评选要求，将实验内容纳入本书第 19 章，同时附赠了"三纲一库"（教学、实践、考核大纲，理论上机测试题）、教学课件等。全书中所涉及到的所有实例源文件、素材、实验指导、课程设计、教学课件、综合测试题、三纲一库等资料的电子文档均提供给读者学习及教师参考（下载地址：http://www.khp.com.cn ）。

本书拥有规模强大的编者团体。编委会是由全国部分高校教学一线的老师、网站技术人员、形象设计公司大师组成的，他们均具有丰富的教学、实战经验。本书凝聚了编者多年来成功制作各种类型网站的经验和成果。在写作上，以实战为线、理论为面，注重线面结合，让读者朋友在实战中进步。

在本书的编写过程中，参考了大量的专业书籍，并得到了许多同行的真诚帮助，在此一并表示衷心的感谢。由于编者水平有限，书中难免存在疏漏之处，希望读者及时指正。

编　者
2009年1月

目　录

第1篇　网站规划与网页设计

第2篇　网页设计三剑客

第 3 篇 网站上传、推广与维护

第 4 篇 实验与课程设计

第1篇 网站规划与网页设计

第1章

网站与网页概述

CHAPTER 01

内容导读

随着 Internet 的普及，越来越多的单位和个人都希望在 Internet 上"安个家"，此时便需要创建网站。在本章中，首先介绍什么是网页，借以理清网页、网站和主页的概念；然后介绍网站的规划方案、开发流程，网页设计基础以及如何选择合适的网页制作工具。

教学重点与难点

1. Web 的工作方式
2. 网页、网站和主页的概念
3. 网页设计基础

1.1 网站与网页的基础知识

网页的英文名称是 Web Page，是指一种存储在 Web 服务器（或称网站服务器）上，通过 Web 进行传输，并被浏览器所解析和显示的 HTML 文件。

1.1.1 Internet 与 Web

Internet：Inter 的中文意思是"交互的"，net 是指"网络"。简单地讲，Internet 是一个计算机交互网络，是由多个不同的网络通过网络互联设备连接而成的巨大的计算机网站，又称为"互联网"或"国际互联网"。

Internet 是一个全球性的巨大的计算机网络体系，把全球数万个计算机网络，数千万台主机连接起来，包含了难以计数的信息资源，向全世界提供信息服务。Internet 的出现是世界由工业化走向信息化的象征。

从网络通信的角度看，Internet 是一个以 TCP/IP（传输控制协议/网际互联协议）连接各个国家、各个地区、各个机构计算机网络的数据通信网；从信息资源的角度看，Internet 是一个集各个部门、各个领域的各种信息资源为一体，供网上用户共享的信息资源网。

今天，Internet 已经远远超出了一个网络的涵义，而是一个信息社会的缩影渗透到社会生活的各个方面。使用 Internet 就是使用 Internet 所提供的各种服务。通过这些服务，可以获取分布在 Internet 上的各种资源，包括社会科学、自然科学、技术科学等领域，也可以发布自己的信息。因此，Internet 可以说是世界上最大的信息资源库。

> 提示：TCP/IP 是维系 Internet 的基础，目的在于解决异种网的通信问题，使网络技术细节隐藏起来，以便为用户提供通用、一致的通信服务。

Web：万维网（World Wide Web，WWW），简称为 Web，中文意思是布满世界的蜘蛛网，是目前 Internet 上最受欢迎的信息检索服务形式之一。Web 把 Internet 上各种类型的信息（文本、声音、图像、动画、视频等）集合在一起，用户使用客户端的软件阅读这些信息，并通过"超级链接"快速访问更多的信息。

Web 是一种基于超文本（Hypertext）方式的信息检索服务技术，由遍布在 Internet 上的称为 Web 服务器的计算机组成，将不同的信息资源有机地组织在一起，统一放在一个单一的 Web 中。

通过 Web，可以充分利用现有的网络资源，不需要任何其他软件，只要在浏览器上提出查询要求，Web 就会自动搜索到指定的内容，也就是俗称的"上网"。当然，Web 中包含的是双向信息，不仅可以通过浏览器浏览所需要的信息，还可以通过 Web 服务器建立网站、发布信息，进行网上交谈、讨论、广告宣传等。

1.1.2 Web 的工作方式

Web 是以"客户机/服务器"方式工作的。一般上网时人们首先打开浏览器，并通过浏览器输入网址，一个网页就显示在浏览器上了。图 1-1 所示是通过微软的 IE 浏览器输入网址 http://www.163.com 后所显示的网页内容。

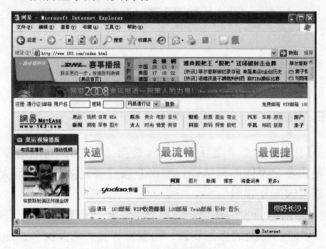

图 1-1　网站主页

这个过程是由以下 3 部分协调工作共同完成的：

- 客户机　用户上网时使用的计算机，用于发出指令（查询请求）。
- 服务器　用于存放网页的计算机，这台计算机是看不见的，遍布在世界各地（可能存放在一个企业中，也可能存放在一个学校中，还有可能存放在某网络服务公司内或电信局内等）。
- 协议　客户机与服务器间通信时双方所达成的共识。

所以，当人们通过客户机输入网址后，系统便开始搜索对应网址的服务器，找到后通过协议将超文本内容传送到客户机。这就是 Web 的工作方式，整个过程如图 1-2 所示。

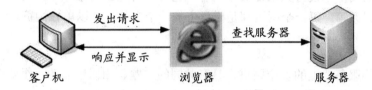

图 1-2　Web 的工作方式

那么，系统如何在大千世界中搜索对应网址的服务器，又如何定位到自己需要的服务器？网页在 Internet 上是通过 URL（Uniform Resource Locations）来指明其所在的位置。

URL：统一资源定位器，可以看成是一个用来指定 Internet 上某个具体网络空间地址的指针。URL 提供了一个统一的方法去寻找和存取 Web 上的信息资源。在平时的使用过程中，URL 通常被称为"网址（或域名）"，刚才所提到的 http://www.163.com 即为网址。其中：

- http　协议。
- www　万维网，指服务器名称。
- 163　服务器代码。
- .com　单位类别（这里指商业机构，如表 1-1 所示）。

部分网址后还附带有.cn，表示国家简称（这里指中国）。

表 1-1　部分域名类别含义

域名	含义
.com	商业机构（commercial organizations）
.net	主要网络服务机构
.edu	教育（education）及研究机构地址
.gov	政府机构（government agencies）地址
.org	专业团体组织（organizations）
.mil	军事机构

提示：服务器负责对来自客户机的请求做出回答，并且负责管理信息、找到信息和传递信息。除此之外，服务器还"指引"着存放在其他服务器上的信息。如此一来，那些服务器又指向更多其他服务器上的信息，所有的信息服务器交织在一起，就像蜘蛛网一样越来越大，所以才有"World Wide Web 是布满世界的蜘蛛网"之说。

1.1.3 网页、网站和主页的关系

上面讲到 Web、URL 等概念，与网页、网站、主页又有什么关系呢？

1. Web 页面

Web 页面就是在浏览器里看到的网页，是一个单一的文件。

2. 网页

网页是人们用 HTML（Hypertext Markup Language，超文本标记语言）所编写的内容丰富的页面。网页里不仅有原来的文本内容，也可以有超出文本以外的内容，如图像、链接、声音以及视频等。每一个网页都是磁盘上的一个文件，可以单独浏览。

3. 网站

存放在网络服务器上的多个网页，具有共同的主题、相似性质的一组资源，彼此之间可以互连，即从一个页面链接到另一个页面，还可以从下一个页面返回到原页面。把这种存在链接关系的多个网页所构成的集合称为网站。

4. 主页（或首页）

主页是网站中的第一页。与一般网页不同之处在于，主页是各个子网页的集合，是网站的出发点。在主页中有网站的导航栏、链接到网站内各分页的地址、图片、动画等。主页总是和一个网址（URL）相对应，可以带领用户走进一个网站。

图 1-1 为网站 http://www.163.com 的主页，主页名称为 index.html，读者可以在 IE 浏览器地址栏输入 http://www.163.com/index.html，依然会打开如图 1-1 所示的结果。

在主页里，应该给出这个站点的基本信息和主要内容，使浏览的用户看到后就可以知道该站点的基本内容，知道这里的信息是否可用，是否继续浏览下去。因此，主页的作用比其他网页更为重要，在设计和制作时必须仔细考虑。

> **小知识：Web 页面为什么这么受欢迎？**
>
> 据统计，用户上网大约有 80% 的时间是在浏览 Web 页面，页面的美观故然重要，更重要的是时时刻刻有新内容出现，有用户所关心的事情的进展。Web 网页就像"超人"一样，可以带用户在信息世界里邀游。

1.2 网站规划方案

网站规划是指在网站建设前对市场进行分析、确定网站的目的和功能，并根据需要对网站建设中的技术、内容、费用、测试、维护等做出规划。网站规划对网站建设起到计划和指导作用，对网站的内容和维护起到定位作用。

1.2.1　网站类型及定位

给自己定位将决定自己的命运，给网站定位也将决定网站的命运。下面根据网站的类型，简要介绍如何进行网站定位。

一般来讲，按照网站内容大致可将网站分为门户网站、政府网站、电子商务网站、实用性网站和个人网站等。每个网站根据所展示的内容及定位不同，表现的形式也不一样，例如：

- 门户网站　通向某类综合性互联网信息资源并提供有关信息服务的应用系统，是目前涉及领域最广的一种网站，包括网站的搜索、新闻、资讯、娱乐、体育、文化、论坛、免费邮箱等功能，并且门户网站的外观简洁明了，主页呈现出很大的信息量。图 1-3 所示为搜狐门户网站主页，其内容丰富、信息量大。

图 1-3　搜狐网站主页

- 政府网站　我国各级政府机关履行职能、面向社会提供服务的官方网站，是一级政府在各部门的信息化建设基础之上建立起跨部门的、综合的业务应用系统，使公民、企业与政府工作人员都能快速便捷地接入所有相关政府部门的政务信息与业务应用，并获得个性化的服务，使合适的人能够在恰当的时间获得恰当的服务。政府网站作为电子政务的便民窗口，包含政务信息公开、服务企业和社会公众、互动交流等便民功能。图 1-4 所示为中华人民共和国中央人民政府网站主页，是一个集政务公开、新闻资讯于一体的综合性官方网站。
- 电子商务网站　主要是在网上进行产品交易，一般包括企业形象展示、产品展示、整体介绍等。例如，计算机厂商把各个型号的计算机硬件、驱动程序放在网站中以便用户下载，其他企业把产品或业务项目放在网上供客户在网上直接填写等。图 1-5 所示为淘宝网站主页，其物资种类齐全、内容介绍丰富，是一种典型的电子商务购物网。

图 1-4　中华人民共和国中央人民政府网站主页

图 1-5　淘宝网站主页

- 实用性网站　针对社会中某些固定人群，提供某种专业性的服务，如网站论坛、招聘类网站、交友类网站等。这些网站主要应用于某一领域，具有一定的实用性价值。图 1-6 所示为智联招聘网站主页，提供最新的招聘信息、求职信息等一站式专业人力资源服务。

- 个人网站　个人或团体因某种兴趣、拥有某种专业技术、提供某种服务或把自己的作品、商品展示销售而制作的具有独立空间域名的网站。网站的内容就是介绍自己的或以自己的信息为中心的网站，不一定是自己做的网站，但强调的是以个人信息为中心。一般包括个人博客、个人论坛、个人主页等。图 1-7 所示为某个人网站的主页。

图 1-6　智联招聘网站主页

图 1-7　个人网站主页

提示：网站定位的要点是什么？

（1）分析相关行业的市场是怎样的，市场有什么样的特点。方法：可以在 Baidu、Google 等搜索引擎中搜索关键字，然后逐项仔细查看共性与个性。

（2）市场主要竞争者分析，包括竞争对手的上网情况及其网站规划、功能作用。

　方法：可以在相关论坛上发一些类似调查的帖子，看看有多少人回复。

（3）对目标人群细分。这一步很重要，即网站是给谁看的。

1.2.2 网站开发流程

网页的功能强大，内容丰富。做一个网页是简单的，但要做好一个网站则是非常复杂的、困难的工作！开发一个优秀的网站并不能随心所欲，必须遵循一定的工作流程（图1-8所示为一个商业性质网站的开发流程），可以概括为前期准备、中期设计开发、后期维护3大块。

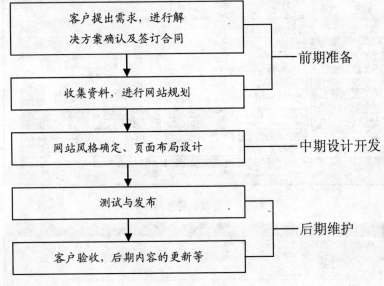

图1-8　网站开发流程

1. 前期准备

良好的规划是进行网站开发的第一步，也是较为重要的一步。此项工作主要考虑以下两个方面。

（1）与客户的沟通

沟通越多、越仔细对于网站的规划越有用。首先谈谈网站主要的用途是什么，如销售产品、提供信息、提供游戏娱乐还是其他方面（比如，"搜狐"属综合型网站，内容涉及面广；"魔兽世界"官方网站只提供与此游戏相关的内容），然后谈谈网站的大致内容，如明确客户做网站的主要目的，如何利用网站手段去实现这个目的等。

（2）搜集资料

搜集与网站相关内容的资料，如文字材料、图片素材、视频等。

2. 中期设计开发

对网站进行详细的规划之后，进入中期设计开发阶段，这个阶段是制作网页的中心环节。此项工作主要考虑以下3个方面。

（1）建立网站的目的

建立网站是为了树立企业形象、宣传产品、进行电子商务，还是为了建立行业性网站；是企业的基本需要，还是市场开拓的延伸……？可以通过整合资源、自身的需要和计划确定网站的功能，并根据网站的功能确定网站应达到的目的。

（2）网站的主要内容确定

根据网站的目的和功能规划网站内容，一般企业网站应包括公司简介、产品介绍、产品价格、服务内容、联系方式等；电子商务类网站要提供会员注册、详细的商品服务信息、信息搜索查询、定单确认、付款、个人信息保密措施、相关帮助等。

网站内容是网站吸引浏览者最重要的因素，无内容或不实用的信息不会吸引匆匆浏览的访客。可以事先对人们希望阅读的信息进行调查，并在网站发布后调查人们对网站内容的满意度，以及时调整网站内容。

（3）网页设计

网页设计包括设计网站 CI（Corporate Identity），确定网站风格，搭配页面布局，选择网站整体色彩等内容，详见 1.3 节。

3．后期维护

将所有的网页制作完后，就可以将网站发布到 Internet 上，并进入后期的更新维护。此项工作主要考虑以下两个方面。

（1）测试并发布网站

检查网页的显示细节（有无图片显示不出来现象）、页面上的超级链接（有无链接错误或没有链接现象）等。待测试没有问题后，就可以将网站中所有的文件及文件夹上传到 Internet 的服务器上，以便让全世界的浏览者都能够浏览。

（2）更新维护

随着网站的发布，根据访问者的建议，不断修改或者更新网站中的信息，并从浏览者的角度出发，进一步完善网站。这时网站建设工作又返回到流程中的第一步，这样周而复始就构成了网站的维护过程。

1.2.3　网站策划书

"策"就是道破天机，也就是揭示事物本质的意思，"划"就是刻画蓝图的意思。"策划"就是"道破天机，导引潮流"。策划是一种思维方式，是经济组织为了谋求自我生存的最佳环境和市场竞争的必要优势而进行的创新或精密性的决策思维方式。

任何一个企业进行一项大型活动都是应该有策划的。策划首先要明确顾客的需求，然后进行相关内容的调查与分析，并发现问题，提出解决问题的方案，网站策划也是这样。因此，准确的策划会使网站既具有准确的方向，又具有使用的方便性，而且还会带来不同程度的商业利润。

网站策划的主要表现形式是网站策划书，网站策划书是网站平台建设成败的关键内容之一。一般包含如下 9 条内容，读者可以根据不同的需求和建站目的，适当地增加或减少内容。

（1）建设网站前的市场分析。

（2）建设网站目的及功能定位。

（3）网站技术解决方案。

（4）网站内容及实现方式：针对这些目的、定位、要实现的功能设置什么栏目。

（5）网页设计方法及过程分析。

（6）费用预算。

（7）网站测试：网站发布前要进行细致周密的测试，以保证正常浏览和使用。

（8）发布与推广。

（9）网站后期维护。

以下为"XX 药品监督管理信息网"的网站策划书，考虑到篇幅问题，部分策划内容在此处省略。以下内容仅供读者参考。

1. 域名：http://www.　　　　.com（待定）

2. 办站宗旨：

发布监管新闻、医药资讯，宣传政策法规，成为管理与咨询的重要载体和信息平台，促进上下级之间的良性互动，更进一步加强药品监督管理力度。

3. 站点风格：

总体采用动态网页 ASP 技术，结合 SQL 数据库，实现动态数据管理。以 Flash 交互式动画和 Gif 动画为主要素材，静态图片用 Fireworks 及 Photoshop 制作，适当加入 JavaScript、VBScript 及 CSS 特效编程，使网页更加生动和新颖。

4. 站点工作人员：

顾问：XXX

技术员：XXX

资料提供：XXX、XXX

5. 站点更新：

（1）原则——更新速度更快，信息量更大，版面设计更新颖。

（2）具体——通知、消息和新闻当天更新，其余栏目每两周更新一次。

6. 预设站点栏目：

新闻中心、医药科技资讯、产品中心、资质中心、政策法规、商务中心、会议中心、健康天地、论坛中心、关于我们。

7. 具体实施方案：

根据 **XXX** 有关精神指示，**XXX** 药品监督管理信息网（以下简称信息网）主要用于宣传文化建设，应充分做到信息量大、内容全、更新及时，因此在设计时分成两部分进行。

第一部分：信息网设计

结合目前制作网站的流行趋势，采用"引导页+主页"构成。主页上信息量大，站点内各栏目均在主页中体现出来。

（1）引导页——颜色新颖，能充分体现本局特色；动静结合，给人第一印象要佳；单击引导页面上任一处自动进入主页，若不执行操作，系统在 20s 后自动进入主页。

（2）主页——栏目为新闻中心、医药科技资讯、产品中心、资质中心、政策法规、商务中心、会议中心、健康天地、论坛中心、关于我们，共 10 个。整套系统均采用 ASP 完成，建立数据库，所有资料均放入数据库中。

（3）分页——与主页颜色匹配，保持网站的统一性。

第二部分：后台管理程序

主要用于管理外部网络，建立数据对应体系，并采用登录方式完成。首先输入用户名、密码，系统进行确认后以网页形式打开数据库，管理及维护前一部分中的信息网的顺利运作。第二部分是网站维护员用于维护网站的一个后门程序。所有页面的制作要突出简洁明了，为防止数据的失窃，程序中采用 MD5 加密技术（MD5 是一种单向函数算法，可将不同格式的大容量文件信息在用数字签名软件来签署私人密钥前"压缩"成一种保密的格式，关键之处在于这种"压缩"是不可逆的）。

8. 实施时间安排：

- 5 月 20 日前：完成网站域名、空间（预设 100MB）申请，办理有关网站运营等相关手续。
- 5 月 31 日前：完成网站模式的构思、主页及分页的设计，数据库的初建。
- 6 月 7 日前：拟定初稿，完成数据库与网站的对接、资料数据的录入等。
- 6 月 15 日前：归类汇总、编码、初步测试。
- 6 月 18 日前：发布上网调试，检查数据安全，后台管理等。
- 6 月 19 日：公布域名，正式对外开放。
- 6 月 20 日～7 月 20 日：免费开放，并进一步测试网站的可行性。
- 7 月 21 日：各项功能服务到位，正式运营。

1.3　网页设计基础

网页设计就是根据前期所收集、规划的内容，进行制作的过程。网页设计包括网站 CI、风格，页面布局、色彩搭配等，下面进行简要介绍（本书第二篇将根据第一篇内容进行详细介绍）。

1.3.1　设计网站 CI

CI 是借用的广告术语，意思是通过视觉来统一企业的形象。现实生活中的 CI 策划比比皆是，杰出的例子如中国银行（如图 1-9 所示）、华军软件园（如图 1-10 所示）、新浪网（如图 1-11 所示）。

图 1-9　中国银行 CI　　　　图 1-10　华军软件园 CI　　　　图 1-11　新浪网 CI

一个杰出的网站和实体公司一样，也需要整体的形象包装与设计，准确地讲，有创意的 CI 设计对网站的宣传推广有事半功倍的效果。当网站的名称和内容定下来之后，就可以进行 CI 的设计。

可能有人会说："我又不是搞广告设计的，没有灵感，不知道如何设计。"其实，最常用、最简单的方式是用自己网站的名称作标志，然后采用不同的字体、字母的变形、字母的组合就可以很容易地制作出自己的标志。

下面给出设计网站 CI 的 3 点参考意见：

（1）寻找有代表性的人物、动物、花草，加以艺术化。例如，搜狐网站的小狐狸标志。
（2）寻找有专业性的物品。例如，奔驰汽车的方向盘标志。
（3）简单的英文、数字代替。例如，搜狗网站的 Sogou 标志。

1.3.2　确定网站风格

风格（Style）是指站点的整体形象给浏览者的综合感受，比如网易是平易近人的、迪斯尼是生动活泼的、IBM 是专业严肃的。通过网站的外表、内容、文字、交流可以概括出一个站点的个性，是执著热情，是活泼易变，还是放任不羁。诗词中的"豪放派"和"婉约派"以及人的性格等都可以比喻站点。

树立风格的关键是要明确自己希望网站给人留下什么印象，可以从以下几个方面理清思路：

如果只用一句话来描述你的网站
参考答案：有创意、有实力、有美感、有冲击力。

一想到你的网站，可以联想到的色彩
参考答案：热情的红色、幻想的天蓝色、聪明的金黄色。

一想到你的网站，可以联想到的画面
参考答案：一份早报、一辆法拉利跑车、人群拥挤的广场、杂货店。

如果网站是一个人，他拥有的个性是
参考答案：思想成熟的成年人、狂野奔放的牛仔、自信憨厚的创业者。

作为站长，你希望给人的印象是
参考答案：敬业、认真投入、有深度、负责、纯真、直爽、淑女。

用一种动物来比喻，你的网站最像
参考答案：猫（神秘高贵）、鹰（目光锐利）、兔子（聪明伶俐）、狮子（自信威望）。

浏览者觉得你和其他网站不同的是
参考答案：可以依赖、信息最快、交流方便。

1.3.3　设计页面布局

像报纸、杂志一样，网页在制作之前也需要布局。网页布局指的是将不同的内容放在网页的不同位置，因此，应首先确定页面中要放置什么内容，包括导航栏、文本、图像或其他多媒体信息的详细数目，然后在纸上或是图像处理软件中绘制出页面的布局效果，最后可以选择排版技术（表格、层、框架）对内容进行排版。

一般情况下，常见的版面布局结构有左边导航、右边文字，或者上边导航、下边文字，如图 1-12 所示。

图 1-12　合理的页面布局

> **注意：** 一般在 800×600 或 1024×768 的分辨率模式下进行网页的布局设计。

1.3.4　搭配网页色彩

网站给人的第一印象来自网页的视觉冲击力，确定网站的标准颜色搭配是相当重要的，也是体现网页风格的关键。色彩的搭配有时很头疼，就像人穿衣服一样，搭配合理、适当叫做"流行"，搭配不好叫做"土气"，特别是网页中的背景、文字、图标、边框、超级链接等。不同的颜色会给浏览者不同的心理感受，下面介绍几种颜色所带来的心理感受。

- 红色　具有很强的刺激效果，能使人产生冲动、愤怒、热情、活动的感觉。
- 绿色　介于冷暖两种色彩的中间，给人和睦、宁静、健康、安全的感觉。与金黄、淡白搭配，可以产生优雅、舒适的气氛。
- 橙色　具有轻快、欢欣、热烈、温馨、时尚的效果。
- 黄色　令人快乐、希望、智慧和轻快的个性。
- 蓝色　最具有凉爽、清新、专业的色彩。与白色混合，能体现柔顺、淡雅、浪漫的气氛。

- 白色　具有洁白、明快、纯真、清洁的感受。
- 黑色　具有深沉、神秘、寂静、悲哀、压抑的感受。
- 灰色　具有中庸、平凡、温和、谦让、中立和高雅的感觉。

每种色彩在饱和度、透明度上做略微变化就会产生不同的感觉。以绿色为例，黄绿色有青春、旺盛的视觉意境，而蓝绿色则显得幽宁、阴深。

网页色彩搭配的一般原理如下：

- 鲜明性　网页的色彩要鲜艳，易引人注目。
- 独特性　要有与众不同的色彩，使浏览者对网页的印象深刻。
- 合适性　色彩和所表达的内容气氛相适合，如用粉色体现女性站点的柔性。
- 联想性　不同色彩会产生不同的联想。例如蓝色想到天空，黑色想到黑夜，红色想到喜事等。

网页色彩在搭配时忌讳：

- 不要所有的颜色都用到，要尽量控制在 3 种色彩以内。
- 背景与前文对比不大。背景与前文对比要大，以突出文字内容。

1.4　选择合适的网页制作工具

目前市面上制作网页的工具很多，其中最常用的有两款，一款是由 Adobe 公司（早期的 Macromedia 公司）开发的 Dreamweaver；一款是由 Microsoft 公司开发的 FrontPage。这两款工具最大的特点是图形界面，所见即所得。

1. Dreamweaver

Dreamweaver 是网页制作软件三剑客之一。该软件是现在使用最多的网页编辑工具，支持 DHTML 动态网页、Flash 动画、插件，能实现很多 FrontPage 无法实现的功能，如动态按钮、下拉菜单等。

2. FrontPage

FrontPage 是微软 Office 系列软件之一，继承了 Office 系列软件的界面通用、操作简单等特点，用户可以像在 Word 中一样直接进行编辑，编辑的内容也将由 FrontPage 自动生成 HTML 网页代码。因此，使用 FrontPage 一个很大的好处就是与 Office 系列软件的一致性（界面如图 1-13 所示），特别适合初学者。但是 FrontPage 也存在部分缺点，如兼容性差、生成的垃圾代码多、对动态网页支持差等。

> 提示：成为一名优秀的网页设计师，建议最好在学习完 Dreamweaver 后，再看看 FrontPage 软件，只要会用 Dreamweaver，自然就会用 FrontPage。利用两种互补的功能，方可制作优秀、复杂的网页。

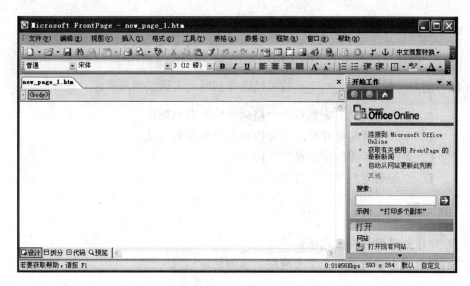

图 1-13　FrontPage 2003 主界面

1.5　本　章　小　结

　　要创建网站，用户除了需要了解有关网页设计的基础知识外，还需要了解一些与网站建设相关的其他知识，如网站开发流程、相关网页开发软件等。

　　本章的内容是制作网页的基础，建议读者在学习时一定要明确网页、网站和主页这 3 个概念（在后面的章节中会反复出现这些词语），然后学会网站的规划与网站的设计。

1.6　思考与练习

1.6.1　填空、判断与选择

　　（1）网页是人们编写出来的内容丰富的页面，如果将网页上传到 Internet，又可以将此页面称为_____。

　　（2）用户在 IE 地址栏输入网址：http://www.thl2222.com，其浏览器窗口便显示出相关的内容，把这个页面叫做此网站的_____。

　　（3）与制作网页相关的软件主要有 FrontPage 和_____。

　　（4）网站的 CI 就是网站的标志。　　　　　　　　　　　　　　　　　（　　）

　　（5）在制作网页利用色彩搭配时，可以使用 3 种以上的基本色。　　　（　　）

　　（6）制作一个网站最好遵循 3 个环节：前期准备、中期设计开发、后期维护。（　　）

　　（7）URL 是统一资源定位器，用于在 Internet 上查找与用户输入地址相对应的主机。

　　　　　　　　　　　　　　　　　　　　　　　　　　　　　　　　　　　（　　）

　　（8）从域名结构可以看出，www.bj.gov.cn 属于_____。

　　　　A．北京市政府　　　　B．北京电视台　　　　C．BJ 公司　　　　D．BJ 科研所

（9）_____是指客户机与服务器间通信时双方所达成的共识。

    A. 网络   B. URL   C. Internet   D. 协议

（10）用户一般在_____的时候选择到网上去查找相应资源。——多选

    A. 正在写论文，突然对一个概念性问题有点模糊
    B. 今天的新闻特好看，可身边既无电视也无报纸
    C. 老师要备课制作多媒体课件
    D. 不记得老同学叫什么名字了

1.6.2　问与答

（1）简述如何设计网页风格？
（2）如果现在要开发一个个人网站，该如何规划网站栏目？

第 2 章

网页图片处理

CHAPTER 02

内容导读

本章以介绍网页图片基础知识为主，包括矢量图形与位图图像、网页图片的格式、插入网页图片的注意事项，以及如何选择合适的网页图片处理工具等。

如果读者从未使用过绘图程序或对图片的理论知识什么都不懂，就会发现本章的内容很有价值。

教学重点与难点

1. 矢量图形与位图图像的区别
2. 网页流行的图片格式
3. 选择合适的网页图片处理工具

2.1　矢量图形与位图图像

计算机图像程序都是以创建矢量图形或位图图像作为基础的。在这两种格式中，位图图像易于产生更微妙的阴影和底纹，同时也需要更多的内存来保存和更长的时间来印刷；矢量图形则可以提供比较鲜明的线条并且只需要较少的印刷资源。理解两者的区别能帮助用户更好地提高工作效率。

2.1.1　矢量图形

矢量图形也称为向量图形，是由线条和节点组成的图像。矢量文件中的图形元素称为对象，每个对象都是一个自成一体的实体，具有颜色、形状、轮廓、大小和屏幕位置等属性。

既然每个对象都是一个自成一体的实体，因此可以在维持原有清晰度和弯曲度的同时，多次移动和改变其属性，而不会影响图像中的其他对象。所以，矢量图形无论放大多少倍，仍能保持原来的清晰度，无马赛克现象并且色彩不失真。

精心绘制的矢量图形可以与自然实物相媲美，如图 2-1 所示。矢量图形看上去虽然没有位图图像那么细腻，却有着另类

图 2-1　矢量图形

的美感。因此，矢量图形适用于编辑边界轮廓清晰、色彩较为单纯的色块或文字。Illustrator、FreeHand、PageMaker、CorelDRAW 等绘图软件创建的图形都是矢量图形。

矢量图形的性质：文件大小与图像大小无关，只与图像的复杂程度有关，因此，简单图像所占的存储空间小；矢量图形可以无损缩放，不会产生锯齿或模糊。

2.1.2 位图图像及质量

位图图像也称为点阵图像，是由很多个像素（色块）组成的图像。位图图像的每个像素点都含有位置和颜色信息，一幅位图图像是由成千上万个像素点组成的。当位图图像被放大时，可以清晰地看到整个图像是由无数个方块构成的。

图 2-2 和图 2-3 所示为放大前后位图图像效果的对比，可以发现放大后图像变得模糊了，同时也出现了较大的色块。因此，位图图像适用于编辑色彩复杂、整体要求高的图像。Fireworks、Photoshop 等绘图软件创建的图形都是位图图像。

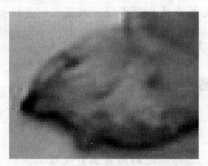

图 2-2　位图图像　　　　　　　　图 2-3　放大后的位图图像（脚部位）

位图图像的性质：清晰度与像素点的多少有关，单位面积内像素点数目越多，图像越清晰；对于高分辨率的彩色图像，用位图存储所需的储存空间较大；位图图像放大后会出现马赛克，整个图像会变得模糊。

矢量图形与位图图像的区别：

（1）矢量图形由矢量线组成，可以无限放大，而且不会失真；位图图像由像素组成，放大后会变成小方块且出现图像失真。

（2）位图图像可以表现的色彩比较多；矢量图形则相对较少，因此，位图图像从人的视觉度上看，较矢量图形美观。

（3）矢量图形多用于工程制图中，比如 AutoCAD；位图图像则多用于作图中，比如 Photoshop。

2.1.3 分辨率对图像的影响

图像分辨率（Image Resolution）：图像中存储的信息量，是描述图像本身精细程度的一个量度。

分辨率是与位图图像相关的一个指标，是指一个图像文件中包含的细节和信息的大小，以及输入、输出或显示设备能够产生的细节程序。因此代表的是单位长度内的点、像素的数量，衡量单位是"每英寸的像素数（ppi）"。

图像分辨率和图像尺寸的值一起决定文件的大小及输出质量。该值越大，图形文件所占用的磁盘空间也就越多；图像分辨率以比例关系影响着文件的大小，即文件大小与其图像分辨率的平方成正比。如果保持图像尺寸不变，将图像分辨率提高一倍，则其文件大小增大为原来的 4 倍。需要注意的是，通常说一幅图像为 800×600，说的是图像的大小，其中不包括图像分辨率的含义。

在对位图图像进行修改操作时，分辨率既会影响最后输出的质量，也会影响文件的大小。分辨率太低会导致图像粗糙，在排版打印时图片会变得非常模糊；而使用较高的分辨率则会增加文件的大小，降低图像的打印速度。

2.2　网页中图片的应用

图片是网页中最常用的元素之一，正是这些元素的构成，才使网页变得如此生动。

2.2.1　网页图片格式

网页中最常用的图片格式为 JPEG 和 GIF，均属于压缩文件，并且具有体积小、压缩比率高等特点，因此在互联网上得以广泛应用。

1. JPEG 格式

JPEG 格式是由一个有国际标准化组织（ISO）参与的，称为"联合摄影专家组（Joint Photographic Experts Group，缩写为 'JPEG' 或 'JPG'）"的跨国组织制定的、一种有损图像压缩处理标准格式（命名为"ISO 10918-1"，JPEG 仅仅是一种俗称而已）。

JPEG 文件的扩展名为.jpg 或.jpeg，其压缩技术十分先进，采用了彩色空间转换、离散余弦变换、量化、RLE 和霍夫曼编码等多项压缩技术，具有压缩率极高、图像信息损失不大且可控等特点。

JPEG 还是一种很灵活的格式，具有调节图像质量的功能，允许使用不同的压缩比例对这种文件压缩，比如用户最高可以把 1.37MB 的 BMP 位图文件压缩至 20.3KB。当然用户完全可以在图像质量和文件尺寸之间找到平衡点。

JPEG 格式体积小，如果想追求更快的存储速度和更高的软件兼容性，那么 JPEG 是最好的选择。需要注意的是，JPEG 是有损压缩格式，也就是说在压缩的过程中会丢失原始图像的部分数据。

2. GIF 格式

GIF 是英文 Graphics Interchange Format（图形交换格式）的缩写。顾名思义，这种格式是用来交换图片的。20 世纪 80 年代，美国一家著名的在线信息服务机构 CompuServe 针对当时网络传输带宽的限制，开发出了这种 GIF 图像格式。

最初的 GIF 只是简单地用来存储单幅静止图像（称为 GIF87a），随着技术的发展，GIF可以同时存储若干幅静止图像，进而形成连续的动画，成为当时支持 2D 动画的为数不多的格式之一（称为 GIF89a），在 GIF89a 图像中可以指定透明区域，使图像具有非同一般的显示效果，这更使 GIF 风光十足。目前，Internet 上大量采用的彩色动画文件多为这种格式的文件，也称为 GIF89a 格式文件。

归纳起来，GIF 格式的文件具有如下特点：

- 采用无损压缩处理，在不影响图像质量的情况下，可以生成很小的文件。
- 支持透明色，可以使图像浮现在背景之上。
- 可以制作成简单的动画图片。

此外，考虑到网络传输中的实际情况，GIF 图像格式还增加了渐显方式，也就是说，在图像传输过程中，用户可以先看到图像的大致轮廓，然后随着传输过程的继续而逐步看清图像中的细节部分，从而适应了用户"从朦胧到清楚"的观赏心理。

GIF 文件的制作与其他文件不太相同。首先，要在图像处理软件中做好 GIF 动画中的每一幅单帧画面，然后再用专门制作 GIF 文件的软件把这些静止的画面连在一起，再定好帧与帧之间的时间间隔，最后保存成 GIF 格式即可。

2.2.2 其他图片格式

除网页图片格式外，还有其他类型的图片格式，即构成网页图片格式的源格式，有时甚至是输出.jpg 或.gif 格式的基础。

1. BMP 格式

BMP 是英文 Bitmap（位图）的简写，是 Windows 操作系统中的标准图像文件格式。BMP 格式结构简单，未经过压缩，一般图像文件比较大，最大的优点是能被大多数软件"接受"，可以称为通用格式。

2. TIFF 格式

TIFF 是英文 Tag Image File Format 的简写，是 Mac 中广泛使用的图像格式。TIFF 格式由 Aldus 和微软联合开发，最初是为跨平台存储扫描图像的需要而设计的。其特点是图像格式复杂、存储信息多。正是因为所存储的图像细微层次的信息非常多，图像的质量得到提高，所以非常有利于原稿的复制。

3. PSD 格式

PSD 是英文 Photoshop Document 的简写，是著名的 Adobe 公司的图像处理软件 Photoshop 的专用格式。里面包含各种图层、通道、遮罩等多种设计样稿，以便于下次打开文件时可以修改上一次的设计。

4. PNG 格式

PNG 是英文 Portable Network Graphics 的简写，是 Fireworks 图片处理程序的源文件，目前在网络上属于一种新兴的图像格式。PNG 是保证最不失真的格式，汲取了 GIF 和 JPG 二者的优点，存储形式丰富，兼有 GIF 和 JPG 的色彩模式，并且支持图像透明，可以利用 Alpha 通道调节图像的透明度等。

5. PCX 格式

ZSOFT 公司在开发图像处理软件 Paintbrush 时开发的一种格式，存储格式为 1 位~24 位。PCX 格式是经过压缩的格式，占用磁盘空间较少，并且具有压缩及全彩色的优点。

6. CDR 格式

CDR 格式是著名的图形设计软件——CorelDRAW 的专用格式，属于矢量图形。最大的优点是"体重"很轻，便于再处理。

7. DXF 格式

DXF 格式是三维模型设计软件 AutoCAD 的专用格式，文件小，所绘制的图形尺寸、角度等数据十分准确，是建筑设计的首选。

2.2.3 图片应用到网页的注意事项

1. JPEG 和 GIF 图像的选择

JPEG 对于大型图像的压缩率特别高，而 GIF 格式更适合于小图像和艺术线条一类的图像并且支持动画。一般情况下，对于同样内容的 4KB 以下的图像文件，GIF 格式比 JPEG 格式效果好。

2. 标记图像的大小

在编写网页时，最好标记出图像的显示高度和宽度，在下载页面时，浏览器会按这个高度和宽度留出图像的位置，在图像下载完毕之前及时地显示其周围的文字内容。否则，浏览器按照图像本身的高度和宽度显示，只能等待图像全部下载完毕后才显示图像及其周围的其他文字信息，无疑会造成客户的等待。

3. 对大幅图像的处理

当页面必须有大幅图像时，可以建立一个缩图图像文件置于主页中，并将其链接到原始的大型图像上；也可以创建一个同原始图像大小一样但降低了色彩和分辨率的图像文件，使用低源标记，首先下载该图像文件，这种方法的优点是客户无需下载大型图像文件，就能快速地了解到图像的大概内容。

4. 巧妙使用"同一图像"

多次使用同一图像的作用：正常显示完一个网页后，客户机中的 Cache 会自动记录下网页的内容，当再次浏览同一页面或使用页面上同一图像时，浏览器将从 Cache 中找出先前下载的那个图像文件并调入显示，无需再次从 Web 服务器上下载，即使不在同一页面中，图像的调入也不受任何限制，这就是 Cache 的强大功能。因此，在制作网页时可以使用同一背景（素材图像），将其定义成模板或库文件。这样不仅统一网站的风格，还提高了制作效率，节省了网页的容量，缩短了图像的下载时间。

5. 善用图像

浏览者在网上四处漫游，必须设法吸引和维护他们对自己主页的注意力。万维网中一个最大的资源是多媒体，所以要善加利用。主页上最好有醒目的图像、新颖的画面、美观的字体，使其别具特色。因此，图像的内容要有一定的实际作用，切忌虚饰浮夸，最佳的图像应集美观与传讯于一身。

6. 控制图像数量

在使用图像的同时，应考虑数量和文件大小对页面的影响，不可以盲目使用很多图像，这样，一则不利于页面美观，二则增大了网页容量。浏览器每下载一个图像文件，要向 Web 服务器请求一次连接，浪费更多时间。可以尝试用一个图像代替多个分散的小图形（比如多个按钮），以减少图像文件的数量。一般情况下，插入网页中的单张图像大小不应超过30KB，每页图片总量最好不超过 60KB。

2.3 选择合适的网页图片处理工具

目前，市面上用于处理图片的工具很多。其中，常用的处理网页图片的工具有两款，分别为 Fireworks 和 Photoshop。

1. Fireworks

Fireworks 是网页制作软件三剑客之一。该软件是首选 Web 图形工具软件，提供了很多优秀的功能，如支持位图图像、矢量图形的编辑，允许用户直接在屏幕上创建和编辑简单动画图片等。

2. Photoshop

Photoshop 是 Adobe 公司出品的最著名的图形图像处理软件，同时捆绑了 ImageReady。该软件同样适合进行 Web 图像设计和加工，但只支持位图的编辑。Photoshop 的功能非常强大，是专业图像创作的首选软件，能够实现各种专业化的图像处理，如进行色彩校正、添加特殊效果等。Photoshop CS3 主界面如图 2-4 所示。

> 提示：要成为一名优秀的网页设计师，建议最好在学习完 Fireworks 后，再看看 Photoshop 软件，只要会用 Fireworks，自然就会用 Photoshop。利用两种互补的功能，方可处理、完善网页图片制作。

图 2-4 Photoshop CS3 主界面

2.4 本章小结

要创建内容丰富、美观、吸引浏览者的网站，不仅仅是向网页中插入几张图片即可，还需要对插入的图片进行处理，按照规定的方法选择合适的图片格式及插入位置等。这些就需要读者掌握网页图片处理的基础知识，只有了解了这些知识，才能得心应手，方便实施第二篇介绍的 Fireworks 软件处理网页图片。因此学习本章既是对图片基础知识的了解，也是为学习 Fireworks 软件打基础。

2.5 思考与练习

2.5.1 填空、判断与选择

（1）计算机图像程序都是以创建_____或_____作为基础的。

（2）矢量图形是由_____连接的点，因此被放大后图像不会失真。

（3）位图图像是由_____组成的，因此被放大后图像会失真。

（4）矢量图形的文件大小与图像大小无关。　　　　　　　　　　　　（　　）

（5）目前网页中最常用的图片格式为 BMP 或 GIF 的文件。　　　　　（　　）

（6）做网页时可以选择 Fireworks 软件来处理部分图片。　　　　　　（　　）

（7）JPEG 对于大型图像的压缩率特别高，GIF 格式则更适合于小图像和艺术线条一类的图像并且支持动画。　　　　　　　　　　　　　　　　　　　　　　　（　　）

（8）位图图像的质量与_____联系紧密。

    A. 线   B. 阵   C. 分辨率   D. 点

（9）_____ 是图片格式文件。

    A. JPEG   B. EXE   C. MP3   D. COM

（10）在网页中插入图片中，应注意_____。——多选

    A. 选择 JPEG 还是 GIF 图片格式文件

    B. 图片是否太大，若太大进行适当处理

    C. 最好在网页中标记出图像的大小

    D. 随意加入多张图片

2.5.2　问与答

（1）矢量图形与位图图像的区别？

（2）举例说明利用 Fireworks 软件在网页制作过程中的作用。

网页动画设计

CHAPTER 03

内容导读

21 世纪是一个飞速发展的时代，随着计算机技术的进步和发展，动画被不断地加入新的元素，并以其独特的表现手法创造着人类文化史上的又一个奇迹。

本章内容从动画起源、动画的基础、计算机动画及网页动画等方面，由浅入深地列举大量的实例，逐步进入动画的奥妙天地。

教学重点与难点

1. 什么是动画
2. 网页动画类型
3. 网页动画设计与创意

3.1　动画的基础知识

动画是由若干静态画面快速交替显示而成的。人的眼睛会产生视角暂留，对上一个画面的感知还未消失，下一张画面又出现，就会产生动的感觉。

3.1.1　动画原理与发展

动画是将静止的画面变为动态的艺术，实现由静止到动态的过程，与动画设计（即原画）是不同的概念，原画设计是动画影片的基础工作，原画设计的每一个镜头的角色、动作、表情，相当于影片中的演员。所不同的是，设计者不是将演员的形体动作直接拍摄到胶片上，而是通过设计者的画笔来塑造各类角色的形象，并赋予其生命、性格和感情。

因此，将一系列单幅画面连续播放，使观看者产生"动"的错觉，这就是动画的原理。

动画的发明早于电影。从 1820 年英国人发明的第一个动画装置到 20 世纪 30 年代 Walt Disney 电影制片厂生产的著名的米老鼠和唐老鸭，动画技术从幼稚走向成熟。成功的动画形象可以深深地吸引广大观众。

当大家观看电影、电视或动画片时，画面中的人物和场景是连续、流畅和自然的，但是仔细观看一段电影或动画胶片时，看到的画面却一点也不连续。只有以一定的速率把胶片投影到银幕上才能产生运动的视觉效果，这种现象是由视觉残留造成的。

动画和电影利用的正是人眼这一视觉残留特性。实验证明，如果动画或电影的画面刷新率为每秒 24 帧，即每秒放映 24 幅画面，则人眼看到的是连续的画面效果。但是，每秒 24 帧的刷新率仍然会使人眼感到画面的闪烁，要消除闪烁感，画面刷新率还要提高一倍。因此，每秒 24 帧的速率是电影放映的标准，能最有效地使运动的画面流畅。

3.1.2 计算机动画

计算机动画是在传统动画的基础上，采用计算机图形图像技术而迅速发展起来的一门高新技术。计算机动画的原理与传统动画基本相同，只是在传统动画的基础上把计算机技术用于动画的处理和应用，可以达到传统动画所达不到的效果。由于采用数字处理方式，动画的运动效果、画面色调、纹理、光影效果等可以不断改变，输出方式也是多种多样。

计算机动画的关键技术体现在计算机动画制作软件及硬件上。动画制作软件是计算机专业人员开发的制作动画的工具，使用这种工具不需要用户编程，通过相当简单的交互式操作就能实现计算机制作各种动画的功能。不同的动画效果取决于不同的计算机动画软、硬件的功能。虽然制作的复杂程度不同，但动画的基本原理是一致的。从另一方面看，动画的创作本身是一种艺术实践，动画的编剧、角色造型、构图、色彩等的设计需要高素质的美术专业人员才能较好地完成。总之，计算机动画制作是一种高技术、高智力和高艺术的创造性工作。

随着计算机图形技术的迅速发展，从20世纪60年代起，计算机动画技术很快发展和应用起来。计算机动画区别于计算机图形、图像的重要标志是，动画能使静态的图形产生运动效果。从制作的角度看，计算机动画有简单的（如一行字幕从屏幕的左边移入，然后从屏幕的右边移出，这一功能可以通过编写简单程序实现），也有较为复杂的（如影片《侏罗纪公园》等）。

3.2 网页中动画的应用

随着计算机技术的普及，现在的动画除了可以在电影、电视上播放外，在游戏、网络、无线通信、手机等诸多领域都可以展示动画作品。利用计算机技术绘制的并作用于网页上的动画称为网页动画。网页动画不需要大量人力、物力资源支持，只需要几个人，甚至一个人、一台计算机就可以制作动画了。

3.2.1 网页动画类型

1. 根据运动的控制方式分类

根据运动的控制方式，可将网页上的动画分为实时动画（Real-time）和逐帧动画（Frame By Frame）两种。

实时动画

实时动画也称为算法动画，采用各种算法来实现运动物体的运动控制。在实时动画中，计算机对输入的数据进行快速处理，并在人眼察觉不到的时间内将结果随时显示出来。图 3-1 所示为两个人打斗的场景动画。

图 3-1　实时动画（打斗场景）

　　实时动画的响应时间与许多因素有关。例如，计算机的运算速度是慢还是快，图形的计算是使用软件还是硬件，所描述的景物是复杂还是简单，动画图像的尺寸是小还是大等。实时动画一般不必记录在磁带或胶片上，观看时可以在显示器上直接实时显示出来。

逐帧动画

　　逐帧动画是一种常见的动画形式，其原理是在"连续的关键帧"中分解动画动作，也就是通过一帧一帧显示动画的图像序列而实现运动的效果。图 3-2 所示为实现圆形滚动的动画。

图 3-2　逐帧动画（圆形滚动）

　　逐帧动画的帧序列内容不一样，不但给制作增加了负担，而且最终输出的文件量也很大。但是其优势也很明显：逐帧动画具有非常大的灵活性，几乎可以表现任何想表现的内容，类似于电影的播放模式很适合表演细腻的动画。例如，人物头发及衣服的飘动，人物走路、说话以及精致的 3D 效果等。

小知识：分析一个常见的"逐帧动画"

人在走路时的基本规律是：左右两脚交替向前，为了求得平衡，当左脚向前迈步时左手向后摆动，右脚向前迈步时右手向后摆动。在走的过程中，头的高低形成波浪式运动，当脚迈开时头的位置略低，当一脚直立另一脚提起将要迈出时，头的位置略高。从这个规律可以分析出，描写较轻的走路动作是"两头慢中间快"，即当脚离地或落地时速度慢，中间过程的速度要快；描写步伐沉重的效果则是"两头快中间慢"，即当脚离地或落地时速度快，中间过程速度慢。

因此，可以定义：人的走路动作一般来说是 1s 产生一个完整步，每一个画面以 2 帧处理，一个完整步需要 12（帧）个画面，总的帧数是 24 帧画面，这种处理方法通常被称为"一拍二"。

相反，人在奔跑的动画可以采用"一拍一"方式，即每张画面只出现一次，描写 1s 中的跑步动作要绘制成半秒完成一个完整步，另外的半秒画面重复前面的画面即可。

----

2. 根据应用范围、作用不同分类

根据应用范围、作用不同，可以将网页上的动画分为页面动画和专门动画两种。

页面动画

目前，任意打开一个网页均可以看到页面上有部分动画效果，称之为页面动画。这部分动画实现过程简单，一般都是由一张图片切换到另一张图片，或有一行滚动文字等。图3-3所示为"新浪网"主页的彩铃广告动画。

图 3-3　页面动画（彩铃广告动画）

专门动画

专门动画是借用网页来表示的一种动画，此类动画一般都具有某种特定的价值，如网络贺卡、网络 Flash 动画等。专门动画在制作上较页面动画复杂，并且实现的功能也多，比如网络"三国"系列 Flash（如图 3-4 所示），浏览者不仅可以观看到类似于电视机的动画片，还能以轻松、愉快的心情明白其中所蕴含的意义。

图 3-4　专门动画（网络"三国"系列 Flash）

因此，专门动画主要是借助某项事件而制作的动画，并借助网页作为其传播途径。

3.2.2　网页动画设计与创意

网页动画的设计与图像设计处理类似。首先要确定动画的主题，其次是确定应用或播放环境，并由此确定动画设计用的软件编辑工具，然后才是素材处理和编辑过程。

设计与创意过程可按图3-5所示的流程进行。

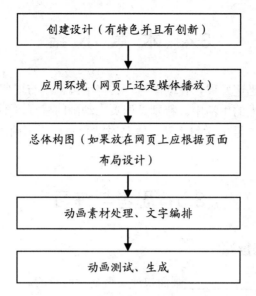

图 3-5 网页动画设计与创意过程

3.3 选择合适的网页动画制作工具

目前市面上用于制作动画的工具很多，其中最常用的制作网页动画的软件为 Flash，其余还有 Fireworks、Dreamweaver 等软件附带有简单动画制作功能。

Flash 是网页制作软件三剑客之一。它的优点是体积小，可以边下载边播放，避免用户长时间等待；系统必须安装插件 plug-in，才能被浏览器所接受，当然这也避免了浏览器之间的差异，使之一视同仁；Flash 动画是利用矢量技术制作的，不管用户将画面放大多少倍，画面仍然清晰流畅，质量不会因此而降低。

利用 Flash 制作动画的原理和制作卡通是一样的——都是连续播放影格，并利用人类的眼睛具有"视觉暂留"的特性，将这些影格以每秒 12 格的速度播放，所以在浏览者的眼睛里看到的就是一段连续的动画。

小知识：目前网页动画流行的两种格式

（1）（Flash 动画）
利用 Flash 软件制作出一种后缀名为.swf 的动画，能用比较小的体积来表现丰富的多媒体形式，并且可以与 HTML 文件达到一种"水乳交融"的境界，所以目前在 Internet 非常流行。
（2）GIF（图片动画）
可以利用软件将静止的图片编辑成 GIF 格式。由于 GIF 本身属于压缩文件，因此，其动画容量少，目前 Internet 上大量采用的彩色动画文件多为这种格式的文件。但是，GIF 格式具有一个显著的缺点——支持的色彩度在 256 色以下。

3.4 本章小结

随着计算机技术的迅速发展，使动画这　古老绘画艺术与现代科技相结合的产物广泛流行，并逐渐融入现代人的生活中。特别是网页上动画的盛行，不仅为网页增添了另类色彩，还增加了页面的可读性。学习本章，既是对动画基础知识的了解，也是为学习 Flash 软件打基础。

3.5 思考与练习

3.5.1 填空、判断与选择

（1）动画是由若干_____画面快速交替显示而成的。

（2）根据运动的控制方式，可以将网页上的动画分为_____和_____两种。

（3）目前最常用的动画制作软件为_____。

（4）目前网页动画流行的两种格式文件的扩展名分别为_____和_____。

（5）计算机动画的关键技术体现在计算机动画制作软件及硬件上。　　　（　　）

（6）计算机动画区别于计算机图形、图像的重要标志是动画能使静态的图形产生运动效果。　　　（　　）

（7）实时动画的原理是在"连续的关键帧"中分解动画动作，也就是通过逐帧显示动画的图像序列而实现运动的效果。　　　（　　）

（8）任意打开一个网页均可以看到页面上有部分动画效果，有些是采用 GIF 图片格式显示的动画。　　　（　　）

（9）动画主要是由于人的_____产生的。

  A. 视觉暂留　　　　　B. 听觉　　　　　C. 感觉　　　　　D. 味觉

（10）_____可以制作成动画。——多选

  A. 一个球由静止到动态的运动过程　　　B. 一个球由动态到静止的运动过程

  C. 一个球完全不动　　　　　　　　　D. 一个球在不停地滚动

3.5.2 问与答

（1）简述动画的原理。

（2）实时动画与逐帧动画的区别是什么？

第2篇 网页设计三剑客

第4章

Dreamweaver CS3概述

CHAPTER 04

内容导读

作为建立 Web 站点和应用程序的专业开发工具，Dreamweaver 将可视布局工具、应用程序开发功能和代码编辑组合在一起，功能强大，使各个层次的开发及设计人员都能够快速创建网页，并通过所选择的服务器技术来创建功能强大的 Internet 应用程序，从而使用户连接到数据库、Web 服务和旧式系统。

从本章起，将以一整套站点制作为实例，逐步向读者介绍 Dreamweaver CS3 的有关知识。通过本章的学习，读者将会对 Dreamweaver 有进一步的了解。

教学重点与难点

1. Dreamweaver CS3 的安装和启动
2. 熟悉 Dreamweaver CS3 的工作环境
3. 制作网页的注意事项

4.1 安装和启动

随着 Internet 的普及以及 HTML 技术的不断发展和完善，随之产生了众多网页编辑器。根据网页编辑器的基本性质，可以分为"所见即所得"网页编辑器和"非所见即所得"网页编辑器（原始代码编辑器），两者在网页制作方面各有千秋。

Dreamweaver 作为一个很酷的网页设计软件，是由 Adobe 公司（早期的 Macromedia 公司）开发的集网页制作和管理网站于一身的"所见即所得"网页编辑器。Dreamweaver 是第一套为专业网页设计师特别开发的视觉化网页开发工具，利用 Dreamweaver 可以轻而易举地制作出跨越平台限制和浏览器限制的充满动感的网页。

Dreamweaver 包括可视化编辑、HTML 代码编辑的软件包，同时支持 ActiveX、JavaScript、Flash、Java、ShockWave 等特性，而且能十分方便地通过拖曳制作动态的 HTML 动画，支持动态 HTML（Dynamic HTML）的设计，使页面在没有 plug-in 的情况下也能够在 Netscape 和 IE 4.0 浏览器中正确地显示出页面中的动画。同时，还提供了自动更新页面信息的功能，可以快速地得到最新的网页视觉效果。

Dreamweaver 还采用了 Roundtrip HTML 技术。这项技术使网页在 Dreamweaver 和 HTML 代码编辑器之间可以进行自由转换，HTML 句法及结构不变。这样，专业设计者可以在不改变原有编辑习惯的同时，充分享受到可视化编辑带来的诸多益处。

开放式设计是 Dreamweaver 最具挑战性和生命力的地方，因为这项设计使任何人都可以轻易扩展其功能，从而制作出功能更强大、页面更漂亮的 HTML 网页或其他动态网页。

以下 3 点简要概括了 Dreamweaver 的特点：

- 可视化布局　无需编写一句代码即可快速创建出自己的网页。
- 兼容应用程序　可以与网页图片、动画制作类软件进行结合。例如，可以将 Fireworks 创建或编辑的图片直接导入 Dreamweaver 中，还可以直接添加 Flash 对象等。
- 代码编辑　提供了纯粹的代码编辑环境，包括 HTML、CSS、JavaScript、ASP、JSP 等语言的代码编辑工具和参考资源。

4.1.1　Dreamweaver CS3 对系统的基本要求

用户在安装 Dreamweaver CS3 之前，首先应了解相关的系统要求，以便合理配置机器，使 Dreamweaver CS3 的优越性得以充分发挥。

Dreamweaver CS3 对系统的基本要求具体如下：

1. 硬件环境

- 处理器　Intel® Pentium® 4、Intel Centrino®、Intel Xeon® 或 Intel Core™ Duo（或兼容）处理器。
- 内存　512 MB RAM。
- 硬盘空间　至少需要 1GB 空闲的磁盘空间。
- 显示器　1024×768 分辨率的显示器。
- 外部设备　DVD-ROM。

2. 软件环境

- 操作系统　Microsoft® Windows® XP（带有 Service Pack 2）或 Windows Vista™ Home Premium、Business、Ultimate 或 Enterprise（32 位或 64 位版本）。
- 浏览器　Microsoft Internet Explorer 6.0 以上，或者更高版本的 Netscape Navigator 浏览器。

4.1.2　安装和删除过程分析

Dreamweaver CS3 是一个专业的网页制作软件，安装方法非常简单。下面介绍在 Windows XP 操作平台上安装 Dreamweaver CS3 的操作步骤：

（1）运行 Dreamweaver CS3 的安装程序，软件自动加载要复制的文件，复制完毕，执行"系统检查"命令并进入安装画面。

（2）系统检查通过后，要求接受"许可协议"，如图 4-1 所示。

（3）单击"接受"按钮，打开"安装位置"界面，如图 4-2 所示。可以通过"浏览"按钮选择欲安装的位置，系统默认安装在 Program Files\Adobe 子目录下。

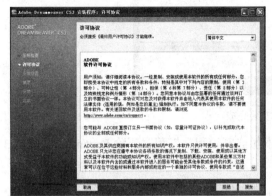 

图 4-1　许可协议　　　　　　　　　　　图 4-2　安装位置

（4）单击"下一步"按钮，显示"摘要"信息，如图 4-3 所示。此处列出前 3 步设置的"安装位置"、"应用程序语言"、"安装驱动器"等信息。

（5）单击"安装"按钮，开始安装 Dreamweaver CS3 ，如图 4-4 所示。

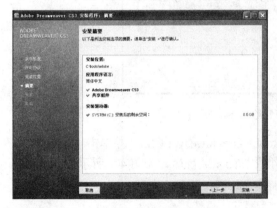 

图 4-3　摘要　　　　　　　　　　　　　图 4-4　安装

（6）稍等片刻，待安装完成后提示"安装完成"，如图 4-5 所示。此处显示出安装后的摘要信息（是否安装成功），并要求用户重新启动计算机，同时在首次运行时，配置 Dreamweaver CS3。

至此，整个安装过程完毕，建议重新启动计算机，接下来启动 Dreamweaver CS3，进行相关的配置。

在 Windows XP 中，删除 Dreamweaver CS3 也十分简单，用户既可以使用 Dreamweaver CS3 本身的安装程序进行删除，也可以通过运行 Windows XP 中的"添加或删除程序"程序顺利完成删除过程。

图4-5 安装完成

下面介绍通过运行 Windows XP 中的"添加或删除程序"程序删除 Dreamweaver CS3 的操作步骤：

（1）在控制面板中双击"添加或删除程序"图标，打开如图 4-6 所示的"添加或删除程序"对话框。

图4-6 "添加或删除程序"对话框

（2）在"当前安装的程序"栏内选择 Adobe Dreamweaver CS3，并单击"更改/删除"按钮，启动"管理 Adobe Dreamweaver CS3 组件"的安装程序，如图 4-7 所示。

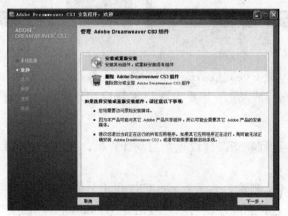

图4-7 管理 Adobe Dreamweaver CS3 组件

（3）根据提示选择"删除 Adobe Dreamweaver CS3 组件"，单击"下一步"按钮，软件会自动完成删除 Dreamweaver CS3 的过程。

4.1.3 启动 Dreamweaver CS3

安装 Dreamweaver CS3 后，就可以使用 Dreamweaver CS3 制作自己喜欢的网页。执行"开始"|"程序"| Adobe Dreamweaver CS3 命令，或在 Windows XP 桌面上双击 Adobe Dreamweaver CS3 快捷图标，都可以启动 Dreamweaver CS3。

为完成安装过程，第一次启动 Dreamweaver CS3 时，弹出"默认编辑器"对话框，如图 4-8 所示。可在此为某些文件类型设置默认启动程序为 Dreamweaver CS3。用户可以根据自己的需要进行选择，建议全部选中。

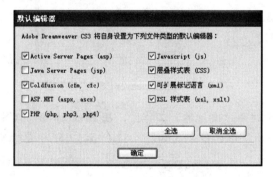

图 4-8 "默认编辑器"对话框

设置后，便可以成功启动 Dreamweaver CS3。图 4-9 所示为 Dreamweaver CS3 富有动感和视觉冲击力的启动界面。

图 4-9 Dreamweaver CS3 的启动界面

4.2 工 作 环 境

4.2.1 Dreamweaver CS3 工作界面

Dreamweaver CS3 具有全新的风格和操作画面，提供了一个将全部元素置于一个窗口中的集成布局。在集成的工作区中，全部窗口和面板都被集成到一个应用程序窗口中，如图 4-10 所示。

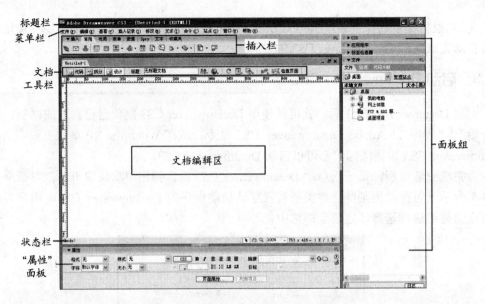

图 4-10　Dreamweaver CS3 工作界面

> **提示：** 图 4-10 显示的为"设计器"工作区，在 Dreamweaver CS3 执行"窗口"菜单中的"工作区布局"中的命令（如图 4-11 所示），即可进行工作区切换。

图 4-11　"工作区布局"子菜单

- "设计器"工作区是一种图文并茂、使用 MDI（多文档界面）的集成工作区。其中，全部文档窗口和面板被集成在一个更大的窗口中，并将面板组停靠在右侧，有利于一般网站开发人员制作网站，建议使用此布局。
- "编码器"工作区是专为编程者设计的一种高级网站开发界面，也是集成工作区，但是将面板组停靠在左侧，默认情况下只显示"代码"视图，建议 HomeSite 或 ColdFusion Studio 用户以及手动编码人员使用这种布局。

其中，各部分的名称及作用如下。

1. 标题栏

标题栏和其他程序相同，Dreamweaver 界面最上部是蓝色的标题栏，其中显示了应用程序的名称、最小化、最大化和还原之间的切换按钮以及"关闭"按钮。

2. 菜单栏

菜单栏包含"文件"、"编辑"、"查看"、"插入记录"、"修改"、"文本"、"命令"、"站点"、"窗口"、"帮助"10 个菜单项（功能如表 4-1 所示），几乎所有的功能都可以通过这些菜单来实现。

表 4-1　Dreamweaver 菜单栏的功能

菜单名	功能
文件	用来管理文件，包括"新建"、"打开"、"保存"、"导入"、"导出"等命令
编辑	用来编辑文本，包括"剪切"、"拷贝"、"粘贴"、"查找"和"替换"、"首选参数"（可以对软件的相关参数进行直接修改，如对网页的不可见元素进行修改）等命令
查看	用来切换视图模式（设计视图、代码视图、代码和设计双视图）及显示/隐藏标尺、网格线等辅助视图功能
插入记录	用来插入各种网页元素，如图像、动画、表格、表单及超级链接等
修改	实现对页面元素修改的功能，如在表格中拆分/合并单元格所选对象的排列方式
文本	用来对文本进行操作，如设置文本的格式以及文本的相关属性
命令	提供对各种命令的访问，包括"清理 XHTML"、"创建网站相册"、"添加/移除 Netscape 调整修复"（使用户的网页适合 Netscape 浏览）等命令
站点	管理站点以及上传和获取文件的菜单项
窗口	提供对所有面板、属性、检查器和窗口的访问，以及显示/隐藏面板
帮助	实现联机帮助功能，如按 F1 键，即可打开程序的电子教程

3. 插入栏

插入栏是一个工具栏集，主要用于在文档中插入各种对象及进行一些简单的编辑。网页制作者通过单击相关的功能按钮，可以将复杂或是简单的对象直接插入到网页文档中。

插入栏包含以下几个功能按钮：

- 常用　用来创建和插入最常用的对象，如图像、媒体和模板等。
- 布局　不仅可以插入表格、Div 标签、层和框架，还可以从"标准"（默认）、"扩展"和"布局"3 个表格视图中选择页面的编排方式。
- 表单　用于创建表单和插入表单元素，在制作动态网页的时候经常用到。
- 数据　可以插入 Spry 数据对象和其他动态元素，如记录集、重复区域以及插入记录表单和更新记录表单。
- Spry　包含一些用于构建 Spry 页面的按钮，如对表单域的验证等。
- 文本　插入各种文本格式，对文本的属性进行设置，通过文本插入栏，还可以设置列表和插入特殊字符等。
- 收藏夹　将插入栏中最常用的按钮分组并组织到某一常用位置。

4. 文档工具栏

文档工具栏提供"代码"、"拆分"和"设计"3 种文档窗口视图和各种查看选项及一些常用操作。

（1）文档窗口视图可以分为 3 种，分别如下：

- 可视化（设计）视图　默认情况下，网页将以可视化视图显示，在这种视图下，看到的网页外观和浏览器中看到的基本上是一致的。
- 源代码（代码）视图　如果想查看或者输入相关的源代码，可以单击工具栏上的"代码"按钮进入源代码视图，如图 4-12 所示，其中显示的均为 HTML 代码。

- 拆分视图拆分视图 将网页文档编辑窗口分割成上下两个部分，上面显示的是网页源代码，下面显示可视化编辑窗口。在编辑源代码时，可以同时查看编辑区中的效果。

图 4-12 代码视图

（2）其他一些对文档的常用操作分别如下：

- 在浏览器中预览/调试 （快捷键：F12） 通过调用浏览器，让网页制作者可以浏览到网页文档的最终效果和最佳视图；通过编辑浏览器列表，可以自定义网页在何种浏览器中进行预览。
- 标题 标题: 无标题文档 显示在浏览器的标题栏中。
- 浏览器检查错误 检查页面 对跨浏览器的兼容性进行检查。
- 验证标记 对网页文档中的各种标记进行验证。
- 文件管理 这项功能主要体现在团队合作的时候，从服务器的网页文档进行读取、存回等操作。
- 刷新设计视图 在代码视图中插入相关的网页代码，软件本身不会马上刷新，需要用户手动完成刷新的功能。
- 视图选项 对代码视图和设计视图的相关选项进行设置。

可视化助理 可以完成对 CSS 布局背景、不可见元素等的隐藏和显示。

5. 状态栏

状态栏显示已创建文档的其他相关信息。最左边是标记选择器（<body><table><tr><td>），用于显示当前插入点位置的 HTML 源代码标记和选中标记在文档中的对应内容。当用户在文档窗口中对文档内容进行了格式化时，标记选择器中会显示相应的标记。最右边是（1K / 1秒）是页面的文档大小和估计下载时间。该区域中显示当前编辑文档的大小和该文档在 Internet 上被完全下载的时间，下载速率不同，下载时间也不相同。默认状态下，系统假设用户使用 28.8kbps 的调制解调器下载该网页。倒数第二项（763 x 416）是显示网页窗口大小的，以"像素"为单位。当拖动文档窗口边框改变窗口大小时，可以看到状态栏上该数值也发生变化。

其他功能按钮（ 100% ）从左往右依次如下：

- 选取工具 禁止使用旁边的手形工具。
- 手形工具 允许用户单击文档并将其拖到文档窗口中。
- 缩放工具和设置缩放比率 对网页文档缩放级别进行设置。

6. "属性"面板

"属性"面板显示当前选定文本或图片、表格等对象的属性,并且可以被用来修改选定对象的属性,以达到美化网页的最佳效果。

> 提示:若要折叠"属性"面板或以半高方式打开(只显示两行属性),可以单击面板左上角的▼按钮或右下角的△按钮。

7. 面板组

面板组是 Dreamweaver 中常用的资源面板,Dreamweaver CS3 中一共有 4 个面板组,分别是"CSS"面板组、"应用程序"面板组、"标签检查器"面板组和"文件"面板组。其中:

- "CSS"面板组 包括 CSS 样式和 AP 元素两个分面板。
- "应用程序"面板组 包括"数据库"面板、"绑定"面板、"服务器行为"面板和"组件"面板 4 个分面板。
- "标签检查器"面板组 包括"属性"面板和"行为"面板两个分面板。
- "文件"面板组 包括"文件"面板、"资源"面板和"代码片段"面板 3 个分面板。

> 提示:
>
> (1) 每个面板组都可以展开或折叠,并且可以和其他面板组停靠在一起(或取消停靠)。若要展开一个面板组,单击组名称左侧的向右三角形(▶);若要取消停靠一个面板组,拖动该组标题栏左边缘的手柄。
> (2) 按 F4 快捷键,可以启动/隐藏所有面板组。

4.2.2 使用开始页

开始页是从 Dreamweaver MX 2004 开始新增的功能,并在 Dreamweaver CS3 中得到继承,如图 4-13 所示。Dreamweaver CS3 的开始页一共有 5 组项目,分别是"打开最近的项目"、"新建"、"从模板创建"、"扩展"和"帮助",下面逐一介绍。

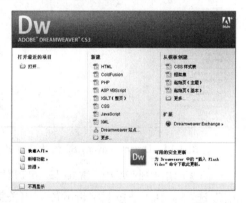

图 4-13 开始页

1. 打开最近的项目

通过"打开最近的项目"中的"打开"超级链接,可以打开指定网页文件格式的文件;同时在"打开最近的项目"下面的列表中,列出了最近使用过的文件,单击文件名称同样可以打开网页文件。

2. 创建新项目

无论是创建 HTML、PHP、ASP、JavaScript、ASP VBScript 网页还是创建 ASP.NET、C#网页,Dreamweaver 都可以轻而易举地做到,也就是说,在 Dreamweaver 中可以编写当前流行的各种网页程序。

3. 从范例创建

如果想套用软件本身的模板，根据需要可以创建"CSS 样式表"、"框架集"、"起始页（主题）"、"起始页（基本）"等文件。

4. 扩展

扩展是用来连接用户下载的 Dreamweaver 插件的，方便在 Dreamweaver 中使用这些功能，通常要使用 Adobe Extension Manager 进行嫁接，有时候有些插件会自动安装到 Dreamweaver 的菜单栏中。

5. 帮助

帮助是 Dreamweaver 附带的帮助文件，用来帮助用户学习 Dreamweaver 的功能，同时解决相关的问题。

4.2.3 巧用帮助系统

Dreamweaver CS3 附带的帮助系统无论是对软件的使用，还是对语法的参考以及相关案例的制作方法，都提供了非常详细的内容。图 4-14 所示为 Dreamweaver CS3 的帮助首页。

（1）在"目录"选项卡中提供了最简洁的查看方式，通过展开各级目录，用户可以查看需要的资料。图 4-15 所示为展开"工作区" | "Dreamweaver 工作流程和工作区" | "Dreamweaver 工作流程概述"项的详细内容。

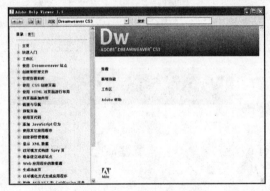

图 4-14　Dreamweaver CS3 的帮助首页　　　　图 4-15　"目录"选项卡

（2）切换到"索引"选项卡，可以像使用字典一样通过关键字查找相关的内容。在"索引"选项卡中，是按照字母顺序列出关键字的，单击其中的关键字，将在窗口的左侧显示出搜索到的结果，单击某项，右侧出现相关的内容。图 4-16 所示为按字母"A"索引，展开"Active X 控件" | "插入 Active X 控件"项的详细内容。

（3）在窗口顶部右侧提供了"搜索"文本框，可以通过输入关键字，直接搜索到用户需要查找的内容。例如，在"搜索"文本框中输入"参考"两个字，按 Enter 键，将列出搜索结果，如图 4-17 所示。单击某项，将显示该主题的详细内容。

图 4-16　"索引"选项卡

图 4-17　"搜索"文本框

4.3　用 Dreamweaver CS3 制作网页注意事项

4.3.1　网页路径地址分析

网页初学者甚至已经有一定网页基础的用户都会碰到在网页中有许多图片不能正常显示的问题，绝大部分是因为使用了错误的路径地址，部分是由于网速，对于后者，通常只要多刷新几次就可以将图片显示出来。

图像、动画等素材在网页中都有自己固定的存放位置，只是通过路径使用 HTML 语言来调用这些素材，然后将其显示在网页中。网页中的路径大体分为相对路径和绝对路径，大家（尤其是网页初学者）往往对这两种路径不够熟悉，在应该使用相对路径的地方却使用了绝对路径，从而导致浏览器无法在指定的位置打开指定的文件，使素材不能正常显示。

1. 绝对路径

绝对路径是主页上的文件或目录在硬盘上真正的路径。绝对路径一般在CGI程序的路径配置中经常用到，而在网页制作中很少用到。例如，C盘的My pictures目录下有一个a1.jpg图像，其路径就是C:\My pictures\a1.jpg。绝对路径完整地描述了文件所在的精确位置。

浏览器中的 URL（统一资源定位器）同样是绝对路径，包括协议（如 HTTP 或 FTP）、Web 服务器（如 61.132.244.165）、路径（如/index/www）和文件名（如 index.htm、default.asp）等。简单地说，如果在浏览器的地址栏中输入这些内容，就能直接访问一个网站及这个网站下面所包含的全部文件。例如，下面的网站地址都是绝对路径：

http://www.thl2222.com/

http://www.thl2222.com/index.htm

绝对路径相对来说不是十分灵活的，虽然用户在内部的链接上也可以使用绝对地址，但是这么做有可能出现一些没有必要的问题，给以后增加一些不必要的麻烦。例如，一个网站的域名产生变化，里面网页的绝对地址必须逐个地进行修改。

2. 相对路径

相对路径在制作网页中时常碰到，如超级链接、图片、背景音乐、CSS文件、JS文件、数据库等。相对路径是指由这个文件所在的路径引起的与其他文件（或文件夹）的路径关系。相对路径可以分为两类：文件相对地址和根目录相对路径。

- 文件相对地址描述某个文件（或文件夹）相对另一个文件（或文件夹）的相对位置。即使站点目录位置发生了改变，这种形式的地址也不会受到任何影响。
- 根目录相对路径在动态网页编写时用得比较多，可用于创建内部的链接，但是根目录相对地址只能由网站服务器软件来解释。

使用相对路径可以带来很多便利。下面分析3个例题，网页路径地址结构图如图4-18所示。

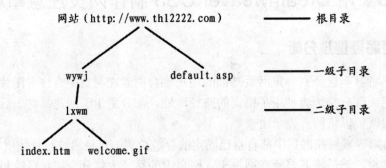

图4-18　网页路径地址结构图

【例题1】　一个文件的路径是http://www.thl2222.com/wywj/lxwm/index.htm，表示index.htm文件是在lxwm目录中的，如果此文件中存在有指向网站根目录首页的index.htm文件，那么链接的地址就应该表示成"../../index.htm"。

分析：../表示上一级目录，第一个../表示回到wywj目录，第二个../表示回到了http://www.thl2222.com/，也就是根目录。

【例题2】　如果这个 index.htm 文件中还有一个图片 welcome.gif，也是在 lxwm 目录中，那么，可以看到 index.htm 文件与 welcome.gif 目录是同级的，也就是在同一个目录 lxwm下。那么，这个图片的链接地址在本级可以直接写成 welcome.gif。

分析：因为处于同级目录，所以在表示路径时，可以不加"/"标识符。

【例题3】　以"/"来表示根目录，不管当前是何级目录（如在 lxwm 目录中），只要写成"/default.asp"，即代表访问根目录中的 default.asp 文件。

分析：采用此方法，对例题1、例题2中的链接可改写为"/wywj/lxwm/index.htm"；图片链接可以写为"/wywj/lxwm/welcome.gif"。

实际上，网站路径结构是硬盘上某个目录下的路径结构。上面图片的链接与用户在本地打开这个图片时进入目录的顺序类似，先进入 wywj 目录，再进入 lxwm 目录，然后就找到了 welcome.gif 文件。

4.3.2 其他注意事项

在开始学习 Dreamweaver 之前，必须先明确如下几点，否则事后补救将会非常烦琐。

1. 所有操作必须从站点管理器开始，而不是从制作一个网页开始

本书第2篇的章节顺序是按照此规律进行编排的，同时也是专业的网站制作顺序，一定要养成在站点管理器中建立文件和文件夹、移动文件、观察网站结构等的习惯。

> **小知识：站点管理器管理网页路径**
> 在一个网站中，通常会有许多的链接，如果调整了图片或网页的存储路径，就会全乱了，为了保证这些链接都正确并提高工作效率，通常对该网站编辑一个站点，通过站点管理这个功能，绝对路径可以自动地转化为相对路径，并且当用户在站点中改动文件路径时，与这些文件关联的链接路径都会自动更改。

2. 网站及文件夹名称一律使用英文小写

所有的文件名不要使用中文名，文件路径要使用相对路径，否则上传到网上后，由于系统无法识别而造成"该页无法显示"的现象，这也是网页中诸多图片等对象无法显示的原因之一。使用小写英文是因为有些服务器对大小写是敏感的（如Linux），为了将来方便，所以都用小写。

3. 网站首页的文件名为 index.html（或 index.htm）

要使浏览者在浏览器的地址栏中输入网址，就会出现网站的首页，这和服务器默认的首页有关，无论用户的网址是怎样的，服务器都会到用户的网站上找index.html，当然也会有例外。index.html是Dreamweaver默认的首页，站点管理器会以index.html为起点建立网站结构图。

4.4　本　章　小　结

本章内容是对网页制作软件——Dreamweaver 的基础性介绍，包括安装、启动过程以及工作界面、面板等。另外，还介绍了 3 个重要的原则：一切操作从站点管理器开始；网站及文件夹名称使用英文小写；主页名称为 index.html。

4.5　思　考　与　练　习

4.5.1 填空、判断与选择

（1）Dreamweaver提供了3种视图模式，分别为＿＿＿＿＿＿＿＿、＿＿＿＿＿＿＿＿和＿＿＿＿＿＿＿＿。

（2）在编辑窗口中，直接按_____键，即可打开浏览器窗口直接浏览正在编辑的网页。

（3）通过_____快捷键，可以启动/隐藏面板组。

（4）可以从Dreamweaver CS3的_____中直接打开最近编辑过的网页。

（5）制作网页的一切操作先从_____开始。

（6）如果不知道"HTM"的意思，在Dreamweaver中可以利用_____系统找到答案。

（7）在Dreamweaver中默认的主页文件为index.html。　　　　　　　　　（　　）

（8）在网页编辑时使用相对路径与绝对路径没有区别。　　　　　　　　　（　　）

（9）_____面板显示当前选定文本或图片、表格等对象的属性，并且可以用来修改选定对象的属性，以达到美化网页的最佳效果。

A. 属性　　　　　　　B. 工具栏　　　　　　　C. 插入　　　　　D. 标题

（10）_____属于绝对路径。——多选

A. ftp://www.thl2222.com/　　　　　B. http://www.126.com/

C. F:\My pictures\abc.jpg　　　　　D. ..\..\abc.jpg

4.5.2　问与答

（1）安装Dreamweaver CS3的最低配置要求是什么？

（2）简述Dreamweaver CS3中"开始页"的功能。

利用Dreamweaver CS3设计制作简单网页

CHAPTER 05

内容导读

本章介绍了一个简单网页的制作步骤及制作方法，整体思路为定义站点→网页准备工作→网页布局排版设计→添加页面内容。在讲解中涉及创建本地站点，设置页面标题、页面属性、文件头，设计表格、布局视图、层排版、框架布局，插入文本、特殊字符、水平线、图片，设置超级链接等内容。

教学重点与难点

1. 定义站点
2. 网页布局排版设计
3. 添加页面内容

5.1 构建和管理网站站点

刚开始学习软件时，往往会从新建一个网页开始，这不是一个好习惯。学习软件首先要有全局的观念，要从一个网站着手，而不是网页。要考虑好网站的主题，主页下面包括几个分支等问题。在考虑成熟之后，即可开始网页制作的第一步，即创建网站站点。

5.1.1 站点的功能和作用

Dreamweaver中利用"站点"来构建和管理网站内容。其功能在于，对网站中所有的页面、图片等对象实施统一管理。站点创建好后，就可以实现在站点内新建网页，复制或改名某网页，而不必担心是否会因地址冲突造成无法显示等现象。

创建站点的操作就好比成立一个新的班级，班级内有50~60个同学，对外则称班级名；站点就是一个班级，管理着许多的网页，而发布到Internet上的则为整个站点中的内容。

5.1.2 创建本地站点

在创建站点之前，必须先明确以下两个概念。

- 本地站点（Local Site） 存储在自己计算机上的站点和相关文档。
- 远程站点（Remote Site） 存储在 Internet 服务器上的站点和相关文档。

一般情况下，制作网页都是先在本地计算机上创建站点，然后对这个站点的各种属性和信息进行设置和定义，这个过程称为站点定义，可以使用 Dreamweaver CS3 中的站点定义向导来完成。

一个本地站点的定义过程如下：

（1）一个站点就是一系列文件的组合，而这些文件通常位于一个特定的文件夹中，所以在创建网站时就需要指定该文件夹。在E盘根目录下，新建一个名为thl2222的文件夹。

（2）启动Dreamweaver CS3，在"开始页"的"新建"选项组中单击"Dreamweaver 站点"，或者在主窗口中执行"站点"菜单中的"新建站点"命令，即可打开站点定义向导对话框，如图5-1所示。

（3）切换到"高级"选项卡，如图 5-2 所示。在左边的"分类"列表框中选中"本地信息"选项，然后在右边的"本地信息"选项组中设置以下选项。

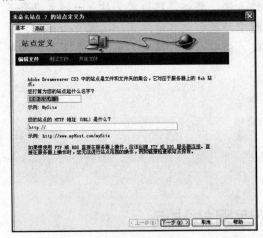

图 5-1　站点定义向导对话框　　　　图 5-2　"高级"选项卡

- 在"站点名称"文本框中输入站点名称，如"太好了科技"。站点名称可以是任意字符，但不能包括"？、*、/、<、|"等特殊字符。
- 在"本地根文件夹"文本框右侧单击文件夹按钮（🗀），然后定位到事先创建的 E:\thl2222 文件夹。
- 选中"启用缓存"复选框（默认状态为已选中），以便创建现有文件的缓存记录，从而可以在移动、重命名或删除文件时加速更新超级链接。

（4）单击"确定"按钮，创建完毕，系统自动返回主窗口，此时在"文件"面板中显示出已创建的站点，如图 5-3 所示。

然后，可以在站点内新建网页，右击站点名称，在弹出的快捷菜单中选择"新建文件"选项，命名为index.html，完成主页的新建，如图5-4所示。用Windows的资源管理器打开 E:\thl2222目录，可以看到index.html文件也出现在该目录下。

图 5-3　已创建的站点

图 5-4　创建主页

5.1.3　站点的基本操作

创建好本地站点后，就可以进行相应操作，如打开站点、新建站点、复制站点、管理站点文件等。

1．打开站点

如果要打开站点，执行"站点"菜单中的"管理站点"命令，打开"管理站点"对话框，如图5-5所示。在对话框中列出了本机中所有站点信息，选中需要打开的站点名称，并单击"完成"按钮。

图 5-5　"管理站点"对话框

2．编辑站点

如果想更改当前站点的设置，或修改站点名称，或更改站点文件夹位置及改变参数选项等，均可通过"管理站点"对话框（见图5-5）中的"编辑"按钮进行操作。

3．删除站点

要删除一个站点，只需在"管理站点"对话框（见图5-5）中单击"删除"按钮即可。注意，对于被删除站点，只是在Dreamweaver中删除了站点信息，而站点对应的文件夹和文件仍然存在。

5.2　制作网页的准备工作

创建完站点后，就可以制作网页了。本节介绍有关网页的各项基本操作，包括网页文件操作、网页属性设置等内容。

5.2.1　新建、打开和保存网页

1．新建网页

要创建新网页，除了使用"开始页"创建文档之外，还可以执行"文件"菜单中的"新建"命令（快捷键为Ctrl+N）打开如图5-6所示的"新建文档"对话框。

在左列选择"空白页"选项，页面类型设置为HTML，布局设置为"无"，然后单击"创建"按钮，可以创建一个默认名称为Untitled-X（X代表新建网页的序列数字，如Untitled-1、Untitled-2…）的空白普通网页。

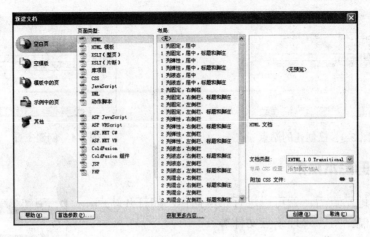

图 5-6 "新建文档"对话框

2. 打开网页

在文档窗口中若要打开已有的网页，可以执行"文件"菜单中的"打开"命令（快捷键为Ctrl+O），然后在出现的"打开"对话框中选择一个页面文件，单击"打开"按钮，就可以打开该文档。

3. 保存网页

要保存网页，可以执行"文件"菜单中的"保存"命令（快捷键为Ctrl+S），然后在出现的如图5-7所示的"另存为"对话框（或"保存"对话框）中选择目标文件夹，单击"保存"按钮即可。注意，在保存网页时，一定要将网页文件保存在站点文件夹内。

图 5-7 "另存为"对话框

为了统一管理，对网页的新建、打开和保存操作最好在"文件"面板（即站点）中完成，操作方法如下：

创建新建网页

右击站点名称，并在弹出的快捷菜单中选择"新建文件"选项，然后重新命名新文件。

打开网页

在欲打开的网页文件上双击，系统会自动打开该网页。

保存网页

执行"文件"菜单中的"保存"命令，直接以原文件名进行保存；若以其他文件名保存，则执行"另存为"命令。

> 提示：当在 Dreamweaver 文档窗口中工作时，如果当前文档中包含没有保存的内容，那么在文档标题栏的文档名后会有一个"*"（ index.html* ），提示当前的网页还没有保存，应该注意保存。

5.2.2 设置页面属性

对于新建的网页，常常要为网页设置相关属性，包括页面标题、网页背景、对齐方式、图像、文本颜色、超级链接颜色等，以便统一整个网页的风格。

执行"修改"菜单中的"页面属性"命令（快捷键为Ctrl+J），即可打开"页面属性"对话框，如图5-8所示。

图 5-8   "页面属性"对话框

> 注意：用户所选择的页面属性仅应用于当前活动文档。

1. 网页外观

网页外观设置见图 5-8 所示。

- 页面字体、大小、文本颜色   分别用于设置页面上文字的字体（Dreamweaver 中默认的字体为"宋体"）、文字的大小、文字的色彩等。
- 背景颜色、背景图像   分别用于设置整个网页的背景色或背景图像（考虑到网页的下载速度，背景图片格式最好为.gif、.jpg 或.png），如果同时在网页中设置背景图像和背景颜色，则在浏览器中只显示网页背景图片。
- 左边距、右边距、上边距、下边距   默认情况下，网页内容和浏览器的边框将保持一定的距离，即 Dreamweaver 会自动设置适当的边距。当然，也可以将此 4 项全部设置为 0。

2. 超级链接效果

在Internet上，使用超级链接可以将无数个网页有机地结合起来。默认情况下，网页中有链接的内容显示为"蓝色"并带有一条下划线，如果想更改链接颜色或删除链接时的下划线，均可在此对话框中完成。图5-9所示为"页面属性"对话框的"链接"选项卡。

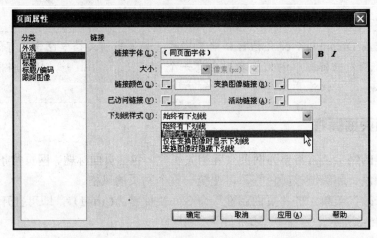

图 5-9 "链接"选项卡

3. 网页标题和编码

在浏览网页时，网页标题首先显示在浏览器的标题栏上。网页标题有两层含义：第一，当保存该网页时，默认以标题为保存的文件名；第二，当收藏该网页时，默认以标题为收藏名。同时，如果要正确显示网页的内容，必须选择正确的编码（默认为Unicode(UTF-8)，一般不需要更改），否则在浏览网页时会显示"？"符号。

> **小知识："编码"格式**
>
> 目前最常用的是 GBK18030 编码，除此之外还有 GBK、GB2312。最早制定的汉字编码是 GB2312，包括 6763 个汉字和 682 个其他符号。1995 年重新修订了编码，命名为 GBK1.0，共收录了 21886 个符号。之后又推出了 GBK18030 编码，共收录了 27484 个汉字，同时还收录了藏文、蒙文、维吾尔文等主要的少数民族文字。中国的台湾、香港等地区使用的是 Big5 编码。
>
> Unicode(UTF-8)编码是一种被广泛应用的编码，这种编码致力于把全球的语言纳入一个统一的编码。UTF 代表 UCS Transformation Format。
>
> 如果把各种文字编码形容为各地的方言，那么 Unicode 就是世界各国合作开发的一种语言。在这种语言环境下，不会再有语言的编码冲突，在同屏下，可以显示任何语言的内容，这就是 Unicode 的最大好处。

通过"页面属性"对话框的"标题/编码"选项卡，可以完成如上两项的设置，如图5-10所示。

图 5-10　网页标题和编码设置

5.2.3 设置 Meta 文件头

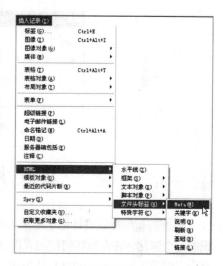

图 5-11　级联菜单

对于网页属性和Meta文件头的设置，虽然大多数不能在网页上直接显示效果，但是从功能上看，很多设置是必不可少的。网页的属性可以控制网页的背景颜色、文本的颜色等，主要是从外观上进行总体的控制；Meta文件头则主要从功能上完善网页，是实现动态网页功能的一项重要条件。

Meta文件头在浏览器中是不可见的，但却带有关网页的重要信息，如关键字、描述文字等，还可以实现一些非常重要的功能，如自动刷新、网页自动转向等。对Meta文件头的操作可以通过"插入记录"｜HTML｜"文件头标签"级联菜单中的命令进行操作，如图5-11所示。

1. 设置关键字与描述文字

关键字与描述文字的作用是协助网络上的搜索引擎寻找网页。执行图5-11中的"关键字"命令，弹出"关键字"对话框，如图5-12所示，在此输入关键字名，各关键字间用逗号分隔。然后，执行图5-11中的"说明"命令，弹出"说明"对话框，如图5-13所示，在此输入描述文字。

图 5-12　输入关键字

图 5-13　输入描述文字

通过以上设置后，当有浏览者通过网络上的搜索引擎搜索"制作网站"这个关键字时，这个网页的网址就可能出现，描述文字会给浏览者更多关于此网页的信息。

> **注意：** 大多数搜索引擎检索时都会限制关键字的数量，有时因关键字过多，该网页会在检索中被忽略，所以不可以多设关键字，一般是 3~5 个。各关键字间用英文逗号（,）隔开。

2. 刷新网页设置

如果网页更新相当频繁（如聊天室网页，隔几秒就要自动刷新一次），或者网址产生了变更（如引导浏览者从一个网页转向另一个页面）等，都可以使用"刷新"网页功能。执行图 5-11 中的"刷新"命令，弹出"刷新"对话框，如图 5-14 所示，设置方法如下：

- 延迟　用于设置刷新间隔的时间，单位为秒。
- 操作　可以设置成只刷新当前文档，也可以自动跳转到另一网页（可以通过旁边的"浏览"按钮指定目标页面）。

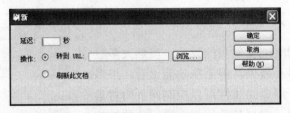

图 5-14　网页刷新设置

5.3　网页布局排版设计

网页的布局排版设计是非常重要的一步，在第1章中已经介绍过此类知识，本节是对前面知识的一个深化，并介绍如何使用表格排版、布局视图、层、框架来实现最终的布局排版。下面以制作"湖南长沙太好了网络科技公司"网站主页为例，介绍布局排版设计，效果如图5-15所示。

图 5-15　网站主页

从主页可以分析出页面的大致结构，如图 5-16 所示。

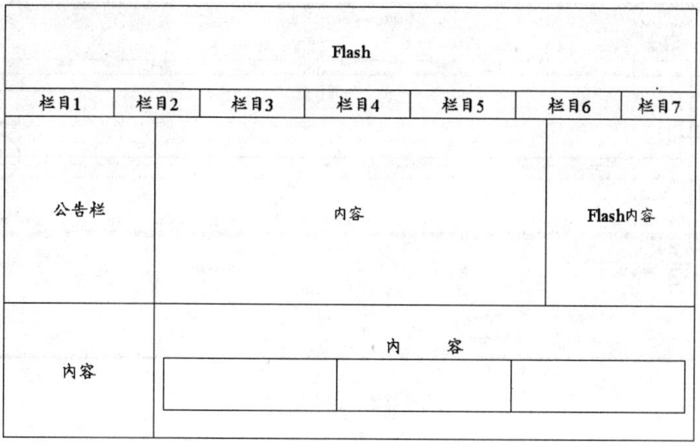

Flash						
栏目1	栏目2	栏目3	栏目4	栏目5	栏目6	栏目7
公告栏		内容			Flash内容	
内容	内 容					

图 5-16　主页布局的分析结果

5.3.1　表格排版

Dreamweaver在使用表格排版方面已经达到了出神入化的境地。几乎所有的网页都是采用表格进行排版的。表格是在网页中添加数据与图片的强大工具，提供了在网页中增加水平与垂直结构的网页设计方法。

一旦创建了表格，用户即可修改其外观与结构，如增加、删除、分割、合并行与列，修改表或行的颜色、对齐方式等属性，进行复制与粘贴等，此外还可以实现表格的嵌套。

1. 创建表格

执行"插入记录"菜单中的"表格"命令，或在"插入"栏的"常用"类别中单击▦按钮，打开"表格"对话框，如图 5-17 所示。

- 行数、列数　表示创建表格的行数与列数。
- 表格宽度　设置表格的总宽度，单位有"百分比"和"像素"两种。
- 边框粗细　设置表格的边框值，默认值为 1（单位为"像素"）。若不想显示表格线，在此输入 0。
- 单元格边距　设置单元格内容与单元格之间的像素值。
- 单元格间距　设置相邻单元格之间的像素值。

图 5-17　"表格"对话框

根据图 5-16 所示的对主页的分析结果，在这里输入行数为 4、列数为 3、表格宽度为 100%（即占满整个浏览器窗口）、边框粗细为 0，单击"确定"按钮，效果如图 5-18 所示。

此时，可以选中表格四周的黑点（即控制句柄），以拖动表格，调整大小。同时，也可以在"属性"面板中设置：

- 行、列、宽、高、边框　可以根据需要重新设置表格的参数值。
- 填充　设置单元格内部（单元格内容与单元格之间）的空间。

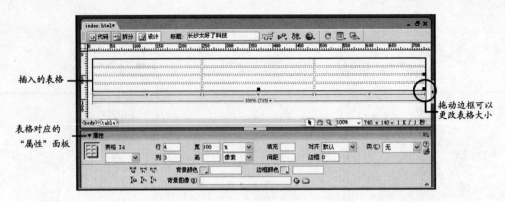

图 5-18　创建表格

- 间距　设置单元格之间的空间。
- 对齐　设置表格相对于同一段落中其他元素（文本或图像等）的显示位置，提供"左对齐"、"居中对齐"、"右对齐"3 种方式。
- 类　为选定对象加入 CSS 样式，有关 CSS 样式详见 6.1 节。
- 背景颜色、边框颜色　设置表格的背景颜色及边框的颜色。
- 背景图像　设置表格的背景图像。
- 、　清除所设置的列宽或行高。
- 设置表格宽度的单位为 px（像素）。
- 设置表格宽度的单位为%（百分比）。

2. 合并、拆分单元格

表格内的每块小方格称为单元格，通过合并或拆分单元格，可以方便实现表格排版。

合并单元格步骤

首先用鼠标选中欲合并的多个单元格，然后单击"属性"面板中的"合并所选单元格，使用跨度"按钮（即合并单元格按钮），如图5-19所示，系统自动将3个单元格合并成1个单元格。

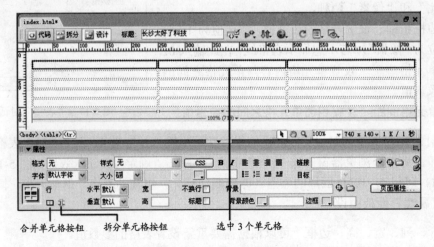

图 5-19　对单元格的操作

拆分单元格步骤

首先将鼠标定位到欲拆分的单个单元格中，然后单击"属性"面板中的"拆分单元格为行或列"按钮，将弹出如图5-20所示的"拆分单元格"对话框，设置相关参数即可。

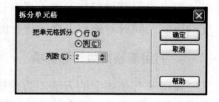

图 5-20 "拆分单元格"对话框

3. 对表格的其他操作

调整行高、列宽

沿所需行的边框移动指针，直到指针变成一个行边框选择器 ，然后向下或向上拖动，即可改变该行的高度，如图5-21所示。调整列宽的操作与此类似。

增加、删除行或列

将鼠标定位到某个单元格内，然后右击，在弹出的快捷菜单中选择相关选项即可，如图5-22所示。

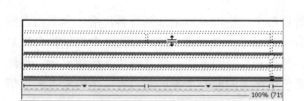

图 5-21 用行边框选择器改变行高 图 5-22 对表格的操作

表格的嵌套

嵌套表格是在一个表格的单元格中再套入一个表格，如图5-23所示。首先将鼠标定位到欲嵌套表格的单个单元格内，然后执行"插入记录"菜单中的"表格"命令，打开"表格"对话框，设置嵌套表格的行、列等相关参数后单击"确定"按钮即，可在指定单元格插入一个嵌套表格。

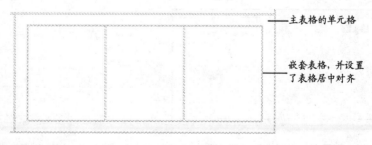

图 5-23 表格的嵌套

可以像对其他任何表格一样对嵌套表格进行格式设置，但是其宽度受所在单元格的宽度的限制。同时对外部表格所进行的更改不会影响到嵌套表格中的单元格。

4. 利用表格排版注意事项

盖房子有个固定的方法，为使楼房盖得快，事先要将一个个单元房盖好，然后再像垒积木一样把这些单元房垒起来。网页制作也是如此，如图 5-24 和图 5-25 所示为利用两种方法对网页进行排版的效果。

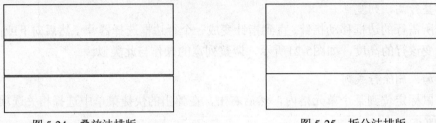

图 5-24　叠放法排版　　　　　　　　　图 5-25　拆分法排版

图 5-24 采用将若干个表格叠加起来的方法，就像用搭垒积木的方法盖房子一样。图 5-25中采用整体布局方式，利用一个表格完成排版操作。第一种方法更好，原因如下：

（1）对于今后维护而言，使用图5-24的方法增加某项内容，只需再重新绘制一个表格即可，不影响原表格宽度、高度；使用图5-25的方法，虽然可以用嵌套表格或分割单元格的形式完成，但是如果原表格很复杂，势必会对原表格造成影响，从而给排版带来极大的困难。

（2）从网页下载来说，浏览器必须等待整个表格的内容全部到达客户端才显示出表格的内容；对于文本或图像，则是一边下载一边显示。使用图5-25的方法，表格结构会很复杂，造成浏览器下载时浪费大部分时间；使用图5-24的方法，浏览器边下载边显示，当浏览器下载一个表格时，浏览者可以先阅读已下载完的前一个表格的内容。用浏览者浏览信息的时间去代替等待下载的时间，这一技巧在任何时候都适用。

5.3.2　布局视图排版

利用布局视图进行页面的排版，不像表格那样死板，而是以一种灵活的方式实现在页面上"想怎么排就怎么排"。图5-26所示是利用布局视图进行的页面排版，当切换到表格模式下时（如图5-27所示），若要绘制出这样的一个表格非常复杂，但是利用布局视图可以轻松实现。

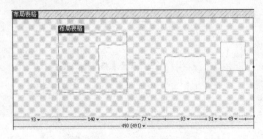　　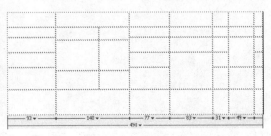

图 5-26　利用布局视图进行的页面排版　　　　图 5-27　切换到表格模式下的效果

> 提示：Dreamweaver 中提供的布局视图是建立在表格基础上的，表格模式和布局模式之间可以互相替换，如图 5-28 所示。

要使用布局视图，首先必须切换到布局视图中。其操作方法是：执行"查看"菜单中的"表格模式"|"布局模式"命令，此时"文档"窗口的顶部会出现标有"布局模式"的条，如图5-28所示。然后即可创建布局表格及添加布局单元格。

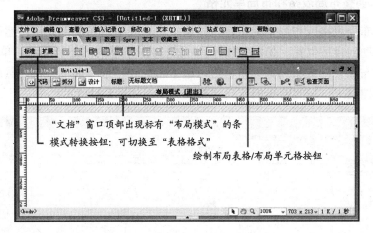

图 5-28　表格的布局视图模式

1. 绘制布局表格与布局单元格

在布局模式下，单击插入栏中的"布局表格"（或"绘制布局单元格"）按钮，在页面上出现"+"形光标时，即可拖动鼠标进行绘制。

（1）选中布局表格，"属性"面板中对应布局表格的各属性如图5-29所示。

图 5-29　布局表格"属性"面板

- 固定、高　用于固定表格的宽度、高度，单位为像素。
- 自动伸展　布局表格的宽度变成波浪线的自动伸缩模式（—〰—）。
- 背景颜色　设置表格的背景颜色。
- 填充　设置单元格的内部空间，单位为像素。
- 间距　设置单元格之间的空间，单位为像素。
- 类　加入 CSS 样式。

（2）选中布局单元格，"属性"面板中对应布局单元格的各属性如图 5-30 所示。

- 水平、垂直　设置单元格的水平、垂直对齐方式，如"左对齐"、"居中对齐"、"右对齐"、"顶端"、"居中"、"底部"、"基线"等，默认是顶部左对齐。
- 不换行　设置单元格的内容在一行显示。

图 5-30　布局单元格"属性"面板

2. 移动和调整布局表格和布局单元格

若要移动布局表格或布局单元格，可以选中布局表格或布局单元格，然后按住鼠标左键不放，并移动到合适位置。如图5-31所示，鼠标为♡形状时表示移动布局单元格。

若要调整布局表格或布局单元格，可以选中布局表格或布局单元格，然后将鼠标移至四周或中间的控点上，按照箭头的方向调整其尺寸，如图5-31所示。

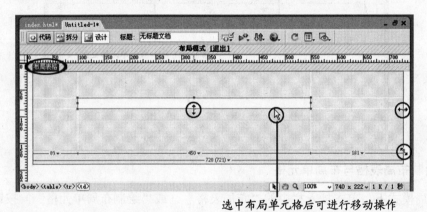

选中布局单元格后可进行移动操作

图 5-31　布局表格和布局单元格的移动与调整操作

3. 设置布局宽度

在布局模式中，提供固定宽度和自动伸展两种类型的布局宽度，显示在每一列的下边。

- 在固定宽度下，下边显示的是具体宽度的像素值，表示此项在页面上的宽度。
- 在自动伸展下，下边显示的是波浪线，总是充满整个浏览器窗口，与窗口视图的尺寸设置无关。

图 5-32 列出了按不同宽度模式设置的布局。在默认情况下，布局按固定宽度显示，若要进行切换，可以直接在"属性"面板上单击"自动伸展"单选按钮。

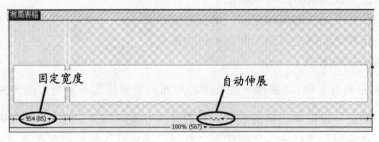

图 5-32　按不同宽度模式设置的布局

4. 设置间隔图像

若要将列的最小宽度限制到某一特定值，可以在该列中插入一个间隔图像。实际上，间隔图像就是一个透明的GIF图像，用于控制自动伸展表格中的间距。

当设置某列为自动伸展时，Dreamweaver 将自动添加间隔图像，除非用户指定不使用任何间隔图像。当然，也可以在每个列中进行手动插入，操作步骤如下：

（1）右击列下边的下三角按钮，在弹出的如图5-33所示的快捷菜单中选择"添加间隔图像"选项。

（2）如果尚未给该站点设置间隔图像，将弹出如图5-34所示的"选择占位图像"对话框，单击"创建占位图像文件"单选按钮，然后单击"确定"按钮。

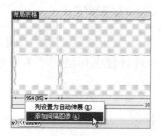

图 5-33　单击列下边的三角符号

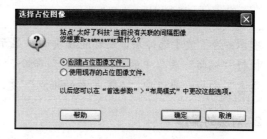

图 5-34　"选择占位图像"对话框

（3）Dreamweaver将间隔图像插入到列中，该图像是不可见的，但该列可能稍有移位，顶部或底部会显示双线以表明包含一个间隔图像。

若要从单个列中删除间隔图像，单击列标题菜单，然后选择"删除间隔图像"选项即可，此时列可能会产生移位。

5.3.3　巧用网页层

层是网页中比较特殊的对象，可以自由地移动、显示和隐藏，同时还可以相互嵌套、叠加，所以在某些方面实现了表格中无法完成的排版效果，例如：

（1）层可以让网页元素重叠，如文字从表格的边框上跨过、文字显示在播放的Flash上等，如图5-35所示。

（2）层可以转换成表格，为不支持层的浏览器提供解决方案。

（3）配合"行为"面板，可以实现层的显示或隐藏。

（4）配合"时间轴"面板，可以实现动画效果。

（5）层内相当于一个普通网页，可以实现对普通网页操作的所有功能，如添加文字、插入图片或Flash文件、设置超级链接等。

图 5-35　层实现文字跨度

在 Dreamweaver CS3 中，"层"被替换成一种新的名词"AP 元素"。AP 元素（绝对定位元素）是分配有绝对位置的 HTML 页面元素，具体地说，就是 Div 标签或其他任何标签。

1. 层的创建

（1）在插入栏中，选择"布局"选项卡，并单击其中的"绘制AP Div"按钮，如图5-36所示。

（2）此时的鼠标变为"十"字形，在文档中拖动就会画出一个矩形的层，如图5-37所示。

图 5-36　插入栏的"布局"类别

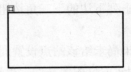

图 5-37　绘制的层

提示：为了便于选择层，最好能在页面中显示层锚记（ ）。显示层锚记的方法是，执行"编辑"菜单中的"首选参数"命令，并在打开的对话框中切换到"不可见元素"面板，再选中"AP 元素的锚点"复选框（ AP 元素的锚点 ）即可。

2. 对层的操作

调整层的大小

选中层后，将在层的四周出现8个用于调整大小的控制句柄，将鼠标放在某个句柄上并拖动，可以调整层的大小，如图5-38所示。

移动层

选中层后，将鼠标放在层左上角的控制句柄上并拖动，可以移动层，如图5-39所示。

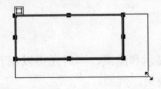

图 5-38　将层调大

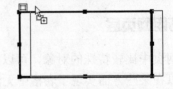

图 5-39　移动层

层与表格互换

首先利用层的灵活性快速设计页面布局，然后将层转换为表格，这样转换的主要目的是为了供不支持使用层的浏览器浏览。操作方法是：执行"修改"菜单中的"转换"|"将 AP Div 转换为表格"命令，弹出如图 5-40 所示的"将 AP Div 转换为表格"对话框，设置好参数后单击"确定"按钮即可。

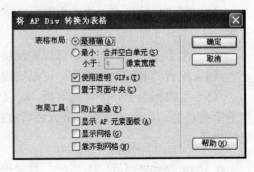

图 5-40　"将 AP Div 转换为表格"对话框

- 最精确　以最精确的方式为每层创建一个单元格，并附加一些额外的单元格来保持相邻两层间的距离。

- 最小：合并空白单元　如果多层被定位在指定像素之内，这些层的边缘应该对齐，选择此项生成的空行、空列最小。
- 使用透明 GIFs　用透明的 GIF 格式来填充表格的最后一行，以确保该表格在所有浏览器中以相同的列宽显示。
- 置于页面中央　将表格放置在页面的中央，默认表格位于页面的左侧。
- 防止重叠　可以防止层重叠。
- 显示 AP 元素面板　转换完成后显示层面板。
- 显示网格　转换完成后启用显示网格功能。
- 靠齐到网格　启用对齐网格的功能。

注意：将层转换为表格，可能会生成包含大量空单元格的表。
----

3. 层面板及属性栏

层面板

层面板是文档中层的可视图，使用层面板可以对层进行全面的管理。执行"窗口"菜单中的"AP 元素"命令，打开"AP 元素"面板，如图 5-41 所示。其中显示的是当前文档中的所有层。

- 眼睛图标　用于设置显示/隐藏层。该位置没有眼睛图标时，表示该层的显示属性为"默认"。单击一次该位置，就会出现一个闭着眼睛的图标（表示已隐藏该层，如图 5-42 所示）；再单击一次该位置，就会出现一个睁开眼睛的图标（表示已显示该层，如图 5-43 所示）。

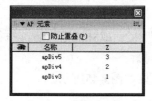　　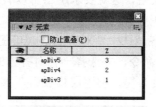　　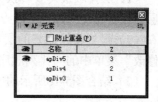

图 5-41　"AP 元素"面板　　　　图 5-42　隐藏层　　　　图 5-43　显示层

- 名称　默认情况下，层会以"apDivX（X 代表数字 1、2、3…）"命名。双击该名称可修改层的名称。
- Z　层的堆栈方式，因为层之间是可以相互重叠的，所以 Z 中数值大的层在数值小的层的上面，覆盖数值小的层。

层的属性栏

选中层后，在"属性"面板上就可以显示该层的属性，如图5-44所示。

图 5-44　层的"属性"面板

- CSS-P 元素　用于设置层的名称，每个层必须有自己唯一的层编号。
- 左、上　指定层的左上角在页面（或父层）中的水平、垂直距离。
- 宽、高　设置层的宽度与高度。
- Z 轴　确定层的 Z 轴顺序。
- 可见性　指定该层是否可见。其参数如下：

  ▸ default——不设置可见性属性，但大多数浏览器将其解释是 Inherit，即继承父层的可见性属性。
  ▸ inherit——使用父层的可见性属性。
  ▸ visible——显示层的内容，而不管父级的值是什么。
  ▸ hidden——隐藏层的内容，而不管父级的值是什么。

- 溢出　控制当层的内容超过层的指定大小时如何在浏览器中显示层。其参数如下：

  ▸ visible——在层中自动延伸，并显示额外的内容。
  ▸ hidden——不显示额外的内容。
  ▸ scroll——不管层内是否有内容，都在层中添加滚动条。
  ▸ auto——当层的内容超出其边界时才显示层的滚动条。

- 剪辑　用来定义层的可见区域（左、右、上、下），层经过"剪辑"后，只有指定的矩形区域才是可见的。

4. 使用层排版注意事项

（1）层排版最终要转换为表格，这就要求层不可以有嵌套，不可以有相互叠加，因此在层面板（见图5-41）中，应选中"防止重叠"复选框。

（2）最好将绘制好的层对齐。选中要对齐的层（可配合使用Ctrl或Shift键）后，执行"修改"菜单中的"排列顺序"命令，并选择一种对齐方式即可。

（3）结合图5-16所示的主页布局，利用层排版后，部分效果如图5-45所示。

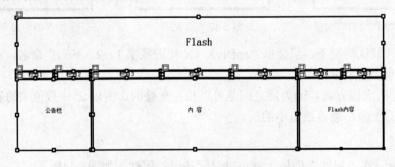

图 5-45　层布局示例（1 个大层中套 10 个小层）

5.3.4　另类排版——框架

框架将浏览器的窗口分成多个区域，每个区域可以单独显示一个HTML文件，各个区域也可以相关联地显示某一个内容。因此，框架可以更好地组织结构比较复杂的网站页面，一般可以将索引放在一个区域，文件内容显示在另一个区域。单击其中的某个链接时，链接的网页将出现在其他框架中，而索引页面本身不发生变化。例如，"长沙太好了科技"网站的后台管理主页如图5-46所示。

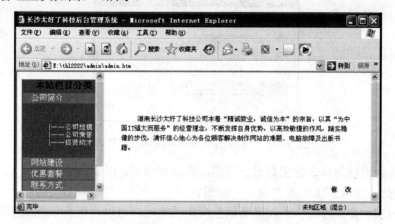

图 5-46　网站的后台管理主页（框架效果）

提示： 在分配时可以将窗口横向或纵向分成多个部分，还可以混合框架。例如，图 5-46 按纵向可以分成左右两部分。

框架网页的创建步骤和普通网页有所区别，具体的创建顺序如下：

（1）创建框架结构。首先需要创建一个新网页，并将此网页分割，从而获得自己需要的框架结构，并称这个新网页为框架的主页面。

（2）设置框架。为分割后的框架指定或新建一个显示具体内容的页面。

（3）创建链接。为每个框架命名，并通过"属性"面板为文本或图像指定链接。

（4）保存框架网页。将所有的网页全部保存起来。

1．框架的创建

下面以图 5-46 所示的效果为例，介绍创建过程。

（1）新建一个文件（admin.htm），然后在插入栏的"布局"类别中单击▣·图标上的下三角按钮，将展开一个框架列表菜单，如图5-47所示。

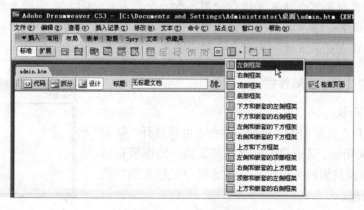

图 5-47　框架列表菜单

（2）选择"左侧框架"选项，弹出如图5-48所示的"框架标签辅助功能属性"对话框。

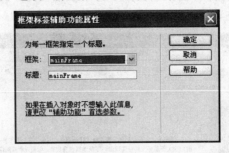

图5-48　"框架标签辅助功能属性"对话框

（3）此处可以为每个框架命名。当然，若没有命名，以后也可以通过"属性"面板重新命名。因此，这里直接单击"确定"按钮。

（4）网页如图5-49所示，如果要调整框架的宽度，可以直接拖放框架的边框。

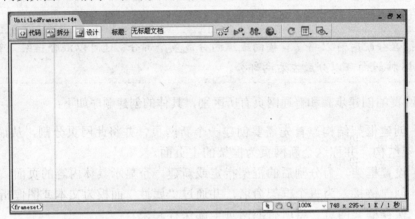

图5-49　插入框架后的网页

（5）执行"文件"菜单中的"保存全部"命令，将会弹出两次"另存为"对话框。因为将admin.htm主网页分成了左、右两个分网页，所以此次保存的分别为3个文件中的另外两个。

> **提示**：利用框架可以将网页进行分割，如一个网页被分割为左右两个网页时，会产生3个文件。其中，一个为主文件，另外两个中，左边为一个文件，右边为一个文件，这也是第5步中为什么会弹出两次"另存为"对话框的原因所在。

2. "框架"面板及属性栏

"框架"面板

执行"窗口"菜单中的"框架"命令，可以打开"框架"面板，如图5-50所示。其中显示的是当前文档中的框架布局。使用"框架"面板只为网页提供一个快速选中某框架的功能，不提供其他功能。

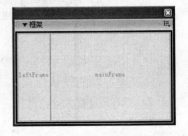

图5-50　"框架"面板

框架的属性栏

若要选中框架中的某页面，可以直接在"框架"面板中单击，此时会打开对应框架的属性。

（1）框架集属性如图 5-51 所示。

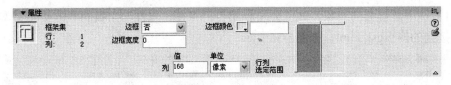

图 5-51　框架集属性

小知识：框架集与框架的区别是什么？

框架是浏览器窗口中的一个区域，可以显示与浏览器窗口其余部分中所显示内容无关的 HTML 文档。框架集是 HTML 文件，定义了一组框架的布局和属性。

各选项的含义和作用如下：

- 边框　设定框架是否有边框，其值有"是"（有边框）、"否"（无边框）、"默认"（根据浏览器的默认设置决定是否有边框，对于大多数浏览器而言，这一项都默认为有边框）。
- 边框宽度　设定边框的宽度，单位为像素。
- 边框颜色　设定边框的颜色。
- 值、单位　如果要设置框架结构的分割比例，可以在右侧的示意图中选择要进行设置的框架，然后在"值"文本框中输入数值即可。

（2）各分页框架属性如图 5-52 所示。

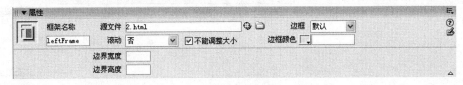

图 5-52　框架属性

各选项的含义和作用如下：

- 框架名称　用来给当前选中的模型框架命名。
- 源文件　指定其中要显示的网页的路径。
- 滚动　设定当框架中的内容超出框架范围时是否出现滚动条，其值有"是"（任何情况下都显示）、"否"（始终不显示）、"自动"（只在超出时才显示）、"默认"（为浏览器的默认值，在大部分浏览器中等同于自动）。
- 不能调整大小　默认情况下，可以拖动框架网页的拆分边框以调整框架的大小，若选中此项，则不能拖动。
- 边界宽度、边界高度　设定框架边框和框架内容之间的空白区域。

3. 框架内的链接

此时每个框架页都是一个单独的网页，在对框架页进行编辑时，只要将光标放在框架中的页面内，就可以像编辑普通页面一样对框架页进行编辑。

在左边框架单击某项后，在右边框架显示内容，其操作步骤如下：

（1）选中要链接的对象，如"公司介绍"，并在"属性"面板的"链接"文本框中指定要链接到的网页gsjj.html，如图5-53所示。

图5-53　设置链接

（2）在"目标"下拉列表框中选择mainFrame，即在mainFrame框架中打开链接的网页。

> 提示：也可将主页设置为框架排版方式，如图5-54所示。此种方式一般不常用，取而代之的为"库"或"模板"，有关内容详见第6章（其他有关链接的介绍可参见5.4.2小节）。

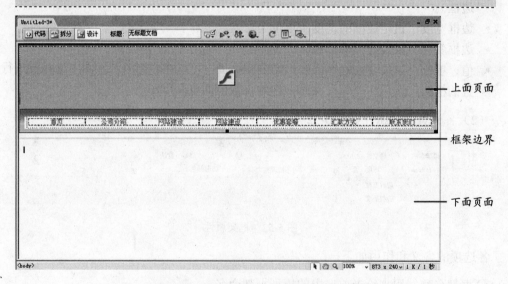

图5-54　利用框架进行主页布局的示例

5.4　添加页面内容

以制作"长沙太好了科技"网站引导页为主（效果如图5-55所示），当设置好页面属性后，即可往页面中添加基本内容，如文本、空格、特殊字符、水平线等构成网页的最基本元素。

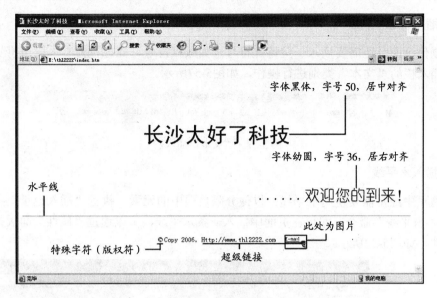

图 5-55　网站引导页

5.4.1　插入网页对象

插入网页对象包括插入文本、特殊字符、水平线、图像等。

1. 插入文本

在需要插入文本的区域单击，定位插入点，然后打开一种输入法或在英文状态下输入文档。

- 输入文本时，如果一行的宽度超过文档窗口的显示范围，文字将自动换到下一行；若要强制换行，可以按 Enter 键，换行后末尾会产生一个空行；若不产生空行可以按快捷键 Shift+Enter，称为紧凑换行。
- 在输入文本过程中，只允许空 1 个空格；若要空两个以上，可以打开中文输入法，并切换到全角模式。
- 设置文本的字体、字号、加粗、对齐方式、项目符号、文本颜色等属性时，可以通过执行"窗口"菜单中的"属性"命令，在打开的"属性"面板中进行操作，如图 5-56 所示。

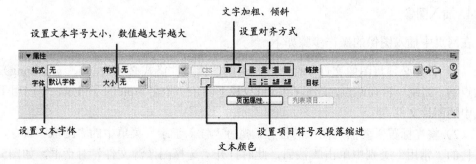

图 5-56　文本"属性"面板

2. 插入特殊字符

在制作页面时还需要插入一些特殊符号，如版权符号、商标符号、人民币符号等，可以通过插入栏的"文本"类别进行操作，如图5-57所示。

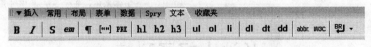

图5-57 "文本"插入栏

3. 插入水平线

在网页中经常需要使用水平线，以便分隔页面中的元素。执行"插入记录"菜单中的HTML|"水平线"命令，即可在页面中插入一条水平线，可以通过"属性"面板修改水平线的属性，如图5-58所示。

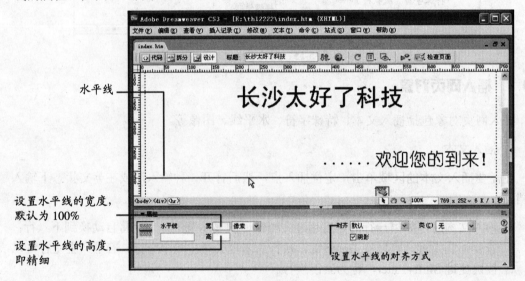

图5-58 插入水平线

> **提示**：对文本的其他操作类似于一般的文字编辑软件（如 Word），可以使用 Ctrl+C（复制）、Ctrl+X（剪切）、Ctrl+V（粘贴）、Ctrl+Z（撤销）等快捷键，也可以在"编辑"菜单中选择相应的命令完成以上操作。

4. 插入图像

在网页中插入图像的操作步骤如下：

（1）首先必须将图像文件（插入到网页的图像文件格式必须为.jpg、.gif或.png）复制至站点下。为统一管理站点，这里在E:\thl2222下创建一个名为pic的子目录，专门用于存在网页中的图片文件。

（2）将光标置于要插入图像的位置，执行"插入记录"菜单中的"图像"命令，或在插入栏的"常用"类别中单击圖按钮，此时打开"选择图像源文件"对话框，如图5-59所示。

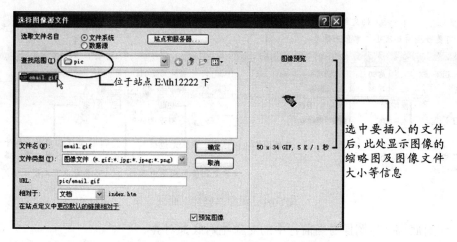

图 5-59　"选择图像源文件"对话框

（3）待设置好后，单击"确定"按钮，弹出如图5-60所示的"图像标签辅助功能属性"对话框。

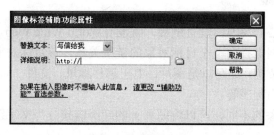

图 5-60　"图像标签辅助功能属性"对话框

- 替换文本　在此处输入"写信给我"，其作用是：第一，当用户的浏览器不能正常显示图像时，便在图像的位置用这个"替换文本"代替图像；第二，用户使用浏览器浏览网页时，当鼠标移动到图像上时，无论图像是否显示，都会显示这个"替换文本"。
- 详细说明　用于说明此图像。

（4）单击"确定"按钮，图像自动插入到网页的相应位置。

此时，可以通过设置图像属性来对图片进行操作，以便达到最佳效果。单击以选中图片，图 5-61 显示了图像的"属性"面板。

设置图像与周围内容的对齐方式（默认为"基线"对齐方式），除"默认值"选项外，其他选项的含义如下：

- 基线　将文本（或同一段落中的其他对象）的基线与选定对象的底部对齐。
- 顶端　将图像的顶端与当前行中最高项（文本或其他对象）的顶端对齐。
- 居中　将图像的中部与当前行的基线对齐。
- 底部　将选定图像的底部与文本（或同一段落中的其他对象）的基线对齐。
- 文本上方　将图像与当前行中的最高字符顶端对齐。
- 绝对居中　将图像与当前行中的对象绝对中部对齐。

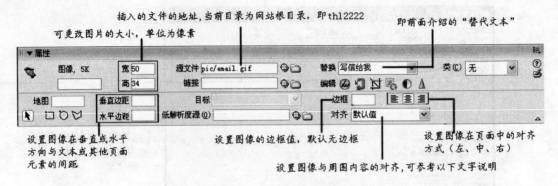

图 5-61 图像"属性"面板

- 绝对底部 将图像与当前行中的对象绝对底部对齐。
- 左对齐 将所选图像放置在左边，文本在图像的右侧换行。
- 右对齐 将所选图像放置在右边，文本在图像的左侧换行。

5.4.2 插入超级链接

链接是网络的核心、灵魂，没有链接，就没有World Wide Web。对于网页中的超级链接，一般是指从一个网页指向一个目标对象的链接关系，该目标对象可以是网页，也可以是当前网页上的不同位置，还可以是图片、电子邮件地址、文件（如多媒体文件或者Office文档等），甚至是应用程序等。

根据链接目标对象的不同，可以将网页上的超级链接分为文字链接、图像链接、电子邮件链接3种。

1. 文字链接

文字链接是Web中最常见的一种，创建时直接选中某处文字，然后在"属性"面板的"链接"文本框中输入链接地址即可，如图5-62所示。

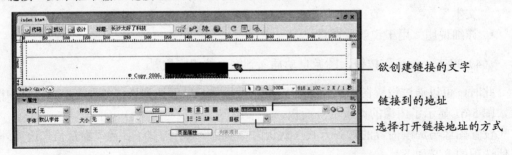

图 5-62 设置文字链接

选择打开链接地址的方式，可以从"目标"下拉列表框中选择一个选项。"目标"下拉列表框中的目标选项共有4个：

- _blank 在一个未命名的新的浏览器窗口打开链接的地址。
- _parent 在该链接所在框架的父框架或父窗口中载入所链接的地址，如果包含链接的框架不是嵌套框架，则所链接的地址载入整个浏览器窗口。

- **_self**　系统默认值，表示在链接所在的同一框架或窗口中载入所链接的地址。
- **_top**　在整个浏览器窗口中载入所链接的文档，同时删除所有框架。

2. 图像链接

创建图像链接与创建文字链接的方法一样——选中图像后，利用"属性"面板进行相关设置即可。Dreamweaver中还提供了一个非常实用的链接——图像映射，即在一幅图像上定义几个热点区域，每个热点区域可以指定一个不同的超级链接，当浏览者单击不同的热点区域时可以跳转到相应的目标地址。

创建图像映射的步骤如下：

（1）选中要创建图像映射的图像，单击"属性"面板上左下角"地图"边的热点工具按钮 □○♡，利用这 3 个按钮，可以在图像上绘制矩形、圆形或多边形等不同的热点区域。

（2）如果需要修改绘制的热点区域，可以单击"属性"面板中的"指针热点工具"按钮，然后拖动热点区域上的控制点或整个热点区域。

（3）"属性"面板变成热点的"属性"面板，如图 5-63 所示。在"链接"文本框中输入目标文件的地址即可。同理，可以设置打开链接地址的方式及替换文本。

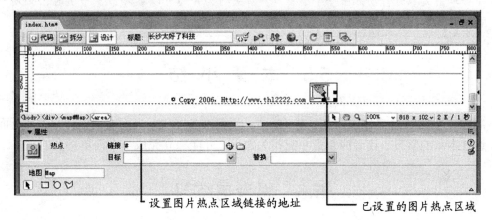

图 5-63　图像映射

3. 电子邮件链接

电子邮件链接是指当浏览者单击该超级链接时，系统会启动默认的客户端电子邮件程序（如Outlook Express），并进入创建新邮件状态，使访问者能方便地撰写电子邮件。

创建电子邮件链接的步骤如下：

（1）将鼠标定位到需要插入电子邮件链接的位置。

（2）执行"插入记录"菜单中的"电子邮件链接"命令，或单击插入栏"常用"类别中的 按钮，弹出如图5-64所示的"电子邮件链接"对话框。

（3）输入欲创建电子邮件链接的"文本"及E-mail地址，单击"确定"按钮即可。

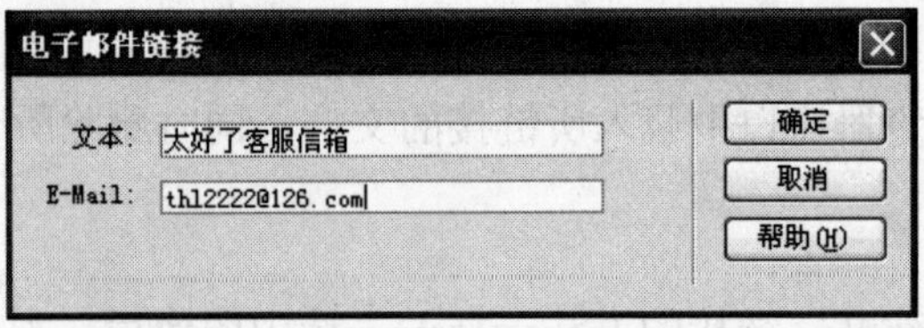

图 5-64 "电子邮件链接"对话框

提示：创建电子邮件链接的快捷操作是直接在欲链接的地址前加入"mailto:"。例如，对上面电子邮件链接的快捷操作为选中"太好了客服信箱"文字，然后在"属性"面板的"链接"文本框中输入 mailto:thl2222@126.com 即可。

小知识：Dreamweaver 中的空链接
设置空链接的方法是在链接的地址中输入一个"#"。
空链接是指没有指定目标文件的链接，这样的超级链接在单击按钮时不进行任何跳转。之所以在 Dreamweaver 中设置空链接，是因为在对文本设置某项"行为"（如单击文本时自动弹出一个小窗口，有关行为介绍可以参考 7.3 节）时，必须首先为文本建立空链接，行为才会有效。

5.5 本 章 小 结

制作一个网站的整体思路为：定义站点→页面准备工作→页面布局设计→添加页面内容。通过本章的学习，读者应重点掌握相关知识，并能独立完成一个简单网页的制作。

5.6 思 考 与 练 习

5.6.1 填空、判断与选择

（1）Dreamweaver中利用＿＿＿＿＿＿＿来构建和管理网站内容。

（2）设置Meta文件头的作用是＿＿＿＿＿＿＿＿＿＿＿＿。

（3）在工作中，Dreamweaver会在未保存的网页后面加上一个＿＿＿＿＿符号，以提示用户。

（4）在Dreamweaver中，换行后不产生空行，应按＿＿＿＿＿键。

（5）要实现E-mail链接，可以在地址前面加＿＿＿＿＿＿。

（6）本地站点与远程站点的唯一区别在于，一个是本地计算机上的文件，一个是远程计算机上的文件。   （   ）

（7）要去除超级链接时的下划线，必须在"页面属性"对话框中操作。   （   ）

（8）利用表格不能实现嵌套，用层则允许嵌套。   （   ）

（9）一般情况下，当插入一个层时，设计视图会显示一个层代码标记。   （   ）

（10）使用 Dreamweaver 上传网站前，最好创建一个远程站点。　　　　（　　）

（11）在调整表格大小时，若要在水平方向调整表格的大小，应拖动_____位置的选择控制点。

  A. 右边　　　　　　B. 底部　　　　　　C. 右下角　　　　D. 右上角

（12）在合并单元格时，所选择的单元格必须是_____。

  A. 一个单元格　　　　　　　　　B. 多个相邻的单元格

  C. 多个不相邻的单元格　　　　　D. 多个表格

（13）在一个未命名的新的浏览器窗口打开链接的地址，应在"属性"面板的"目标"文本框中指定为_____。

  A. _blank　　　　　B. _parent　　　　　C. _self　　　　D. _top

（14）在层中不可以插入_____。

  A. 表格　　　　　　B. 框架　　　　　　C. 层　　　　D. 各种按钮

（15）在"页面属性"对话框中，可以设置_____属性。——多选

  A. 文本颜色　　　　　　　　　　B. 网页标题

  C. 超级链接的颜色　　　　　　　D. 背景图像

5.6.2　问与答

（1）简述创建一个空白文档的过程，

（2）在网页中，如何用文字代替插入的图像？

（3）为什么要设置图像映射？

第6章

美化页面及提高制作效率

内容导读

面对信息社会的强大需求，资料越来越多，人们会花费更多的时间来制作网页。为提高页面美观度及制作时的工作效率，在实际的网站开发和维护过程中，常常要用到一些自动化功能，如 CSS 样式、库、模板等，这些是简化网站开发工作最常用的工具。

本章主要介绍 CSS 样式、模板、库的概念及其在网站开发过程中的应用。

教学重点与难点

1. CSS 的应用
2. 创建及应用库
3. 创建及应用模板

6.1　使用 CSS 美化页面

用户可以在Dreamweaver CS3中使用层叠样式表CSS，在站点的多个页面中以一致的方式应用样式元素。CSS样式非常灵活，并不局限于文本对象，图像、表格、层等都可以定义样式。

6.1.1　关于 CSS

CSS的全称是Cascading Style Sheets，中文简称层叠样式表或CSS样式。CSS是由一系列格式规划构成的，使用CSS样式可以灵活地、更好地控制网页内容的外观，包括精确的布局定位以及特定的字体和样式等。

例如，在制作页面时，要使网页的文本具有统一的格式，可以将每一段文本选中，然后用"属性"面板逐项设置文本格式，但要为多段文本甚至多个网页内的文本进行格式化操作，就太复杂了。此时可以应用CSS样式，先将文本在CSS内定义成统一的格式（如楷体4号字、居中对齐、蓝色等），然后在页面中选中需要应用这种格式的文本，并在"CSS样式"面板中右击所定义的样式名，在弹出的快捷菜单中选择"套用"选项即可。被应用了该样式的内容将同时具有两种格式文件——自身HTML文件和CSS样式文件。

应用CSS样式的作用主要是，实现网页中各种元素的准确定位，可以帮助用户对网页的布局、字体、颜色、背景和其他图文效果实现更加精确的控制。同时，对CSS样式只需修改一个文件（CSS样式文件）就可以改变一批网页的外观和格式，并保证所有浏览器和平台之间的兼容性，使用户设计的网站拥有更少的编码、更少的页数和更快的下载速度。

6.1.2 创建、编辑及应用 CSS

在 Dreamweaver CS3 中，用户选定某段文字并为其设置字体、字号和颜色等属性后，系统将自动创建以 StyleX（X 为数字序列）为名的样式，并且自动显示在"属性"面板的"样式"下拉列表框中，如图 6-1 所示。通过"样式"下拉列表框中显示的样式名，用户可以清楚地了解当前文档中使用的字号、颜色等属性。

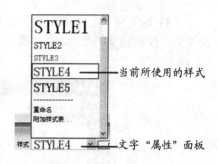

图 6-1　系统自动生成的样式

用户也可以应用 Dreamweaver CS3 来定义自己需要的样式，下面介绍如何创建、应用层叠样式表，具体操作步骤如下：

（1）执行"窗口"菜单中的"CSS 样式"命令，打开"CSS 样式"面板，如图 6-2 所示。

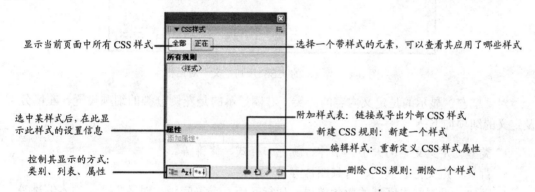

图 6-2　"CSS 样式"面板

（2）单击"新建CSS规则"按钮，弹出"新建 CSS 规则"对话框，如图6-3所示。

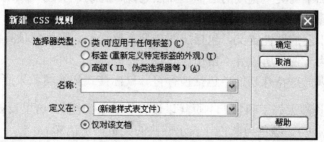

图 6-3　"新建 CSS 规则"对话框

- 选择器类型　"类"为自定义样式、"标签"为重定义 HTML 样式、"高级"为 CSS 选择器样式。

- 名称　样式名默认为 ".unnamed1"，用户可以修改为任何名字，必须注意的是，名称前一定以英文句点 "." 开头，如 ".cce"、".thl" 等。
- 定义在　表示存放 CSS 样式的位置，如选择 "（新建样式表文件）"，则将样式创建在一个新的 ".css" 样式文件中；相反，选择 "仅对该文档"，则将样式以 HTML 代码形式直接写入该文档中。

（3）这里将 "选择器类型" 设置为 "类"，在 "名称" 文本框中输入 ".cce"，"定义在" 设置为 "仅对该文档"，单击 "确定" 按钮，打开 ".cce 的 CSS 规则定义" 对话框，如图 6-4 所示。

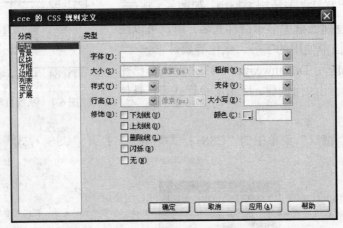

图 6-4　".cce 的 CSS 规则定义" 对话框

对话框左侧显示的是定义内容的分类，右侧显示的是左侧分类的细项设置。左侧分类及定义的细项如下：

- 类型　定义文本的大小、字体、颜色、样式、修饰等。
- 背景　定义背景颜色、背景图片等。
- 区块　设置文本区域的整体效果，如行间距、字符间距、对齐方式、文本缩进等。
- 方框　设置对象在网页上的位置，如间距、边界等。
- 边框　添加不同类型宽度的边框，如点划线、虚线、实线、双线等。
- 列表　创建不同类型的对象，包括创建图片、列表符号等。
- 定位　用于层的属性定义，包括层的类型、位置等。因为此项直接在 "属性" 面板中设置更为方便，所以并不常用。
- 扩展　实现一些特殊功能，包括换行符、鼠标样式和滤境效果等。

（4）结合 "长沙太好了科技" 主页（以设置导航条为例），这里设置 "修饰" 为 "无"（表示无链接下划线）、颜色为紫色（表示链接的文字显示色彩）。

（5）单击 "确定" 按钮，系统自动返回当前编辑文档，此时 "CSS样式" 面板显示结果如图6-5所示。

（6）选中欲操作的文本，在 "CSS样式" 面板中右击相关样式，并在弹出的快捷菜单中选择 "套用" 选项，如图6-6所示。

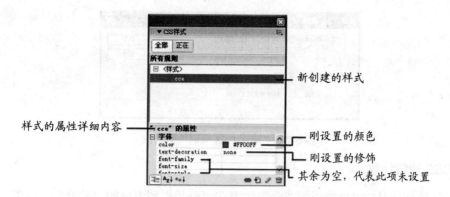

图 6-5 "CSS 样式"面板

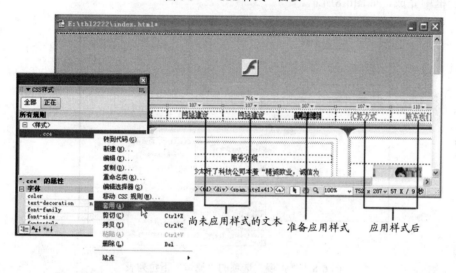

图 6-6 应用样式

6.1.3 CSS 的高级操作

1. CSS 选择器样式

对于网站导航栏的链接操作，实际上可以通过CSS选择器进行。CSS选择器样式共提供4种比较常用的链接样式，如表6-1所示。

表 6-1 CSS 选择器样式的作用

CSS 选择器样式	样式的作用
a:link	正常状态下链接文字的样式
a:active	当前被激活链接（即在链接上单击）的效果
a:visited	访问过后链接的效果
a:hover	当光标停留在链接上时的文字效果

操作方式类似于定义普通样式，只是在"新建 CSS 规则"对话框中设置类型为"高级"，然后在"选择器"下拉列表框中选择某项，如图6-7所示。

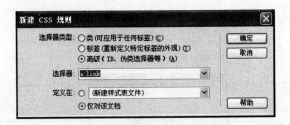

图 6-7 "新建 CSS 规则"对话框

2. CSS 滤镜特效

CSS滤镜特效是CSS最精彩的部分，主要在"分类"列表框的"扩展"选项的"滤镜"下拉列表框中完成，如图6-8所示。

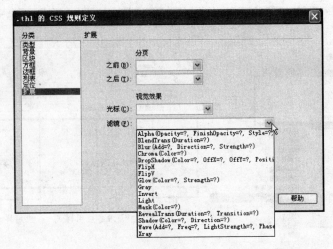

图 6-8 "扩展"选项的"滤镜"下拉列表

从图6-8中可以看出，CSS滤镜特效共有16组，其含义如表6-2所示。

表 6-2 CSS 滤镜特效

CSS 滤镜特效名称	所起的作用	CSS 滤镜特效名称	所起的作用
Alpha	设置透明度	Gray	灰度效果
BlendTrans	转换	Invert	全部翻转
Blur	模糊	Light	投射效果
Chroma	设置对象的颜色为透明色	Mask	创建表面膜
DropShadow	阴影效果	RevealTrans	能产生 23 种转换效果
FlipH	水平翻转对象	Shadow	投影效果
FlipV	垂直翻转对象	Wave	垂直波形样式
Glow	发光效果	Xray	轮廓增亮

设置 Shadow（建立投影效果）的介绍操作方法如下（其他操作类似）：

（1）打开"长沙太好了科技"引导页，并打开Dreamweaver CS3的"CSS样式"面板。

（2）根据图6-9所示的3步（第1步为选中文字；第2步为查看已用样式；第3步为编辑此样式）进行操作。

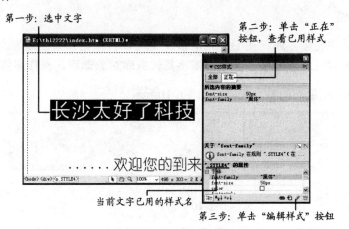

图 6-9　图示操作步骤

（3）在弹出的如图 6-8 所示的 CSS 规则定义对话框中选择 Shadow，参数的含义如下：

- Color=?　表示投影色。
- Direction=?　表示投影的方向。

（4）输入数值等，效果为"滤镜(F): Shadow(Color=#000000, Direction=130)"，单击"确定"按钮。

（5）再次选择"长沙太好了科技"文字，并在"CSS样式"面板中右击.STYLE4样式，在弹出的快捷菜单中选择"套用"选项即可。

> 提示：上述操作就是如何修改一个 CSS 样式属性的步骤。

6.2　使　用　库

在网页制作中有很多劳动都是重复的，如页面的顶部、底部在很多栏目的页面中都是一样的。如果能够将这些工作简化，就能大幅度提高制作的效率，因此，当制作好关键页面后，就可以利用Dreamweaver的库批量制作其他页面。

6.2.1　关于库

库是一种特殊的Dreamweaver文件，用户可以在库中存储各种各样的网页元素，如图像、表格、声音和Flash影片等。库项目文件（*.lbi）存储在站点根文件夹的Library文件夹中，每个站点都有自己的库。

如果只想让网页具有相同的标题和脚注，而具有不同的网页布局，可以使用库项目存储标题和脚注。使用库项目时，Dreamweaver不是在网页中插入库项目，而是向库项目中插入一个链接。如果以后需要更改库项目，如更改某文本的链接地址，则需要在更新库项目时自动在任何已经插入该库项目的网页中更新库的实例。

6.2.2 创建、应用及编辑库

1. 库的创建

要使用库必须先创建库。在 Dreamweaver 中可以将任何元素创建为库项目。例如，一个网页顶部的内容已经做好了，因此只需将其转成库对象即可，操作步骤如下：

（1）选中主页顶部的整个表格，如图6-10所示。

图 6-10　选中主页顶部

（2）执行"修改"菜单中"库"｜"增加对象到库"命令，弹出如图6-11所示的"库"面板，提示用户输入"库项目"名称。

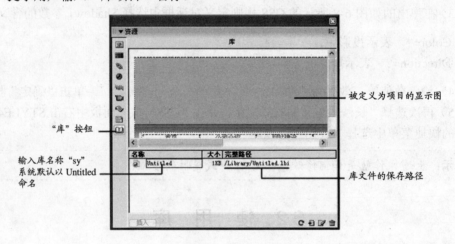

图 6-11　"库"面板

（3）在名称栏输入sy后，即可成功将图6-10中的内容添加到"库项目"中。

> **提示**：打开"库"面板的操作方法是，执行"窗口"菜单中的"资源"命令，打开"资源"面板，并在左侧的按钮中单击"库"按钮切换到"库"面板。

2. 应用库

创建好库项目后，即可在新文档中使用。新建一个文档，并在"库"面板中选中欲插入的库，然后单击左下角的"插入"按钮，此时在页面中出现一个刚插入的库项目内容。

> **注意**：插入到新网页中的库可能与原定义库项目的网页有所不同，如文字变大了、色彩没有了等。这主要是因为原网页中定义了 CSS 样式，此时只需打开"CSS 样式"面板，并链接外部样式表文件，然后重新设置即可。

3. 编辑库

在以后的维护中，如果更改了库项目中的某栏目（如想换一下主页的 Flash），那么，就要修改库中的内容了。编辑库文件的步骤如下：

（1）在"库"面板上双击要修改的库 sy，就会在文档编辑窗口中打开该对象，如图6-12 所示。

注意：所编辑文档为刚创建的 sy.lbi 库文件

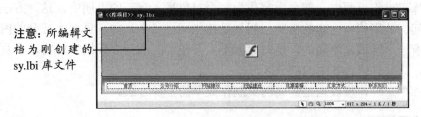

图 6-12　库项目编辑

（2）根据需要更改库内容，然后按快捷键Ctrl+S（保存库文件），打开"更新库项目"对话框，其中显示的是包含正在编辑的库对象的网页文件，如图6-13所示。

（3）单击"更新"按钮，系统自动更新这些文档，并显示更新结果，如图6-14所示。单击"关闭"按钮，完成编辑库。

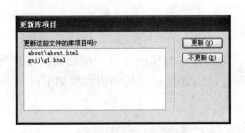

图 6-13　"更新库项目"对话框

图 6-14　更新结果

提示：如果在"更新库项目"对话框中单击了"不更新"按钮，而在后面又要更新，用户随时可以进行补救，执行"修改"菜单中的"库"|"更新页面"命令即可。

6.2.3 库的高级操作

有时用户可能需要将网页中的库和源文件分离，进而能够在网页中直接编辑，这时可以选中页面（任一应用库项目的页面）中的库对象，在"属性"面板中单击"从源文件中分离"按钮，如图6-15所示。

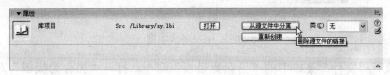

图 6-15　库对象的"属性"面板

被分离后的库对象变成了普通的表格和图像，与库没有任何的联系，即使修改了库，该页面也不会自动更新。

6.3 使 用 模 板

利用库可以将页面中一部分内容作为一个对象插入到新的页面中，这种方法主要用于不同栏目间、共用相同内容的情况。假如是在相同栏目中，并且页面大部分的内容都是相同的，只有一个区域是不同的，这时库就不太方便了。利用"模板"能将这个页面的整体结构保存，只允许修改其中的部分区域。

与"库"一样，模板也是提高网页制作效率的一种方法。

6.3.1 关于模板

模板是一种特殊类型的文档，该文档用于指定哪些是可编辑的区域，并且在模板中设计者可以根据需要控制网页元素、添加CSS样式或行为等。默认状态下，模板文件（*.dwt）存储在站点的本地根文件夹的Templates文件夹中。

模板的强大用途之一在于一次更新多个网页，从模板创建的文档与该模板保持连接状态，用户可以修改模板并立即更新所有基于该模板的文档中的设计。

6.3.2 创建、编辑、应用及更新模板

1. 模板的创建

创建模板的方法主要有两种，一种是将现有文档保存为模板，另一种是以新建的空文档为基础创建模板。一般情况下，均使用第一种方法创建模板，其创建步骤如下：

（1）打开要保存为模板的文档，如图6-16所示。

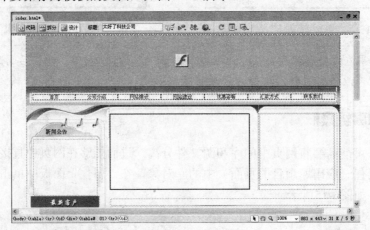

图6-16 网站主页

（2）执行"文件"菜单中的"另存为模板"命令，打开"另存为模板"对话框，如图6-17所示。

（3）设置名称（在"另存为"文本框中输入）为index，单击"保存"按钮，弹出一个提示对话框，提示是否更新链接，单击"是"按钮，将文档另存为模板。

（4）操作成功后，文档编辑窗口标题栏中的名称由原来的index.html变成了"<<模板>>index.dwt"，如图6-18所示。

图6-17 "另存为模板"对话框

图6-18 模板编辑窗口

2. 设置可编辑区域

设置模板的可编辑区域，即将来能进行修改的区域。其操作步骤如下：

（1）将鼠标定位到页面中间的单元格内，然后右击，在弹出的快捷菜单中选择"模板"|"新建可编辑区域"选项，将打开如图6-19所示的"新建可编辑区域"对话框。

（2）输入区域名称ken1，单击"确定"按钮后，模板文件中将产生一个名为ken1的可编辑区域标记，如图6-20所示。

（3）用同样的方法，在右边单元格内创建一个可编辑区域ken2，并再次执行保存模板操作。

图6-19 "新建可编辑区域"对话框

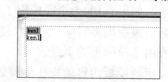

图6-20 新建可编辑区域 ken1

3. 应用模板

在设置模板设计之后，即可在文档中应用模板。其操作步骤如下：

（1）执行"文件"菜单中的"新建"命令，打开"新建文档"对话框，如图6-21所示。

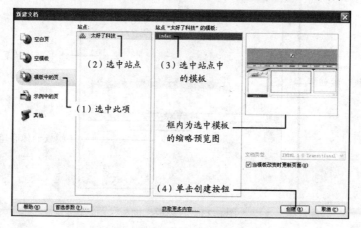

图6-21 "新建文档"对话框

（2）根据图6-21上的提示依次操作，打开网页编辑窗口，会发现页面外观的基本结构已经有了，并且标题、CSS样式等都存在，如图6-22所示。接下来向可编辑区域添加网页内容。

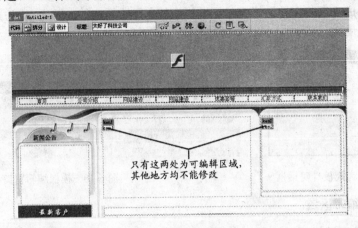

图6-22　网页编辑窗口

提示： 可以在一个已有的文档中套用某一模板，即执行"修改"菜单中的"模板"|"应用模板到页"命令，并根据提示选择套用模板及页面文件。

4. 更新模板内容

模板的应用不但在创建网页时可以大量节省时间，而且在修改网页时能够提高用户的效率。如果有100个页面应用了模板，此时要修改所有页面中的某处，如果逐页面去修改，势必会浪费很多时间，因此快捷的方式是只修改模板文件即可，Dreamweaver会自动更新所有应用了该模板的页面。

更新模板内容的操作步骤如下：

（1）首先打开"资源"面板（执行"窗口"菜单中的"资源"命令），然后单击"模板"按钮切换到"模板"面板，如图6-23所示。

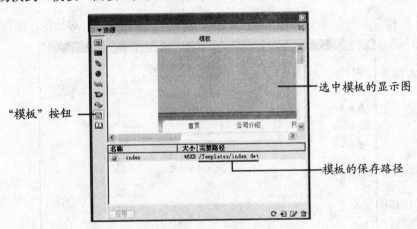

图6-23　"模板"面板

（2）双击模板名index，在文档编辑窗口打开该模板。

（3）根据需要更改模板的内容，然后按快捷键Ctrl+S，打开"更新模板文件"对话框，其中显示的是包含正在应用的模板对象的网页文件，如图6-24所示。

（4）单击"更新"按钮，系统自动更新这些文档，并显示更新结果，如图6-25所示。单击"关闭"按钮，完成模板的编辑。

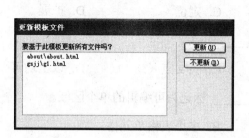

图 6-24   "更新模板文件"对话框

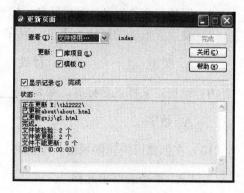

图 6-25   更新结果

注意： 如果此时有应用过模板的网页正处于打开状态，则需要将打开的文件保存，这样改动才能保存到文件中。

6.3.3   模板的高级操作

有时用户需要将网页中的模板和源文件分离，进而能够在网页中直接编辑，这时打开使用模板的网页，然后执行"修改"菜单中的"模板"|"从模板中分离"命令。

被分离后的模板变成了普通页面，普通页面与模板没有任何联系，即使修改了模板，该页面也不会自动更新。

6.4   本 章 小 结

本章讲述了CSS样式、库项目和模板的基础知识与应用，作为美化页面及提高制作效率的3种工具，在各方面均发挥了强大的功能。在学习过程中，读者应根据实例，边学边练，以掌握基本操作，可以避免在网页设计中大量的、重复的操作。

6.5   思 考 与 练 习

6.5.1   填空、判断与选择

（1）CSS的全称为Cascading Style Sheets，中文简称为_____或CSS样式。

（2）可以在Dreamweaver CS3中使用_____，可以在站点内多个页面中以一致的方式应用事先定义的元素。

（3）要断开文档中的项目与库之间的链接，需要单击"属性"面板中的_____按钮。

（4）创建模板的方法主要有＿＿＿＿＿＿＿＿＿和＿＿＿＿＿＿＿＿＿＿两种。

（5）CSS样式的外部文件一般以.css为扩展名。 （　　）

（6）CSS选择器样式共提供4种比较常用的链接样式，即a:link、a:active、a:visited及a:hover。 （　　）

（7）库项目文件以.dwt为扩展名，模板文件以.lbi为扩展名。 （　　）

（8）要设置鼠标的形状为手形，应在CSS样式的＿＿＿＿＿＿分类选项中进行设置。

A. 类型　　　　　　B. 背景　　　　　　C. 定位　　　　　　D. 扩展

（9）在自定义样式名称时，必须以＿＿＿＿＿＿开头。

A. 数字　　　　　　B. 字母　　　　　　C. 英文点（.）　　　D. 以上均可

（10）在创建可编辑区域时，不能将＿＿＿＿＿＿标记为可编辑的单个区域。

A. 单个表格单元格　　　　　　　　　B. 多个表格单元格
C. 整个表格　　　　　　　　　　　　D. 层

6.5.2　问与答

（1）简述CSS样式的作用。

（2）更改了库项目或模板后，如何更新网站？

Dreamweaver CS3与动态网页设计

CHAPTER 07

内容导读

Web源于静态文本HTML文件，采用这种方式制作的网页在内容上都是事先编写好的。动态网页却不一样，不仅包括动态GIF图片，最主要的是指"交互性"，即网页会根据用户的要求和选择来动态改变和响应。例如，当上网申请免费邮箱时，通常要求注册成为这个网站的成员，当网页显示用户注册成功时，用户就成功地实现了与服务器的一次交互。

本章通过Dreamweaver CS3实现简单的动态网页特效，包括熟悉HTML语法、使用表单、行为应用等。

教学重点与难点

1. HTML常用标记
2. 表单的使用
3. 行为的操作

7.1 动态网页框架——HTML

网页只有被解析成HTML才能正常显示，因此不管是利用Dreamweaver还是FrontPage制作的网页，最终均为HTML。

7.1.1 关于HTML

HTML是创建Web文档的编辑语言。由于其编写制作的简易性，所以自从1990年被首次用于网页编辑后，HTML迅速成为网页编程的主流语言。几乎所有的网页都是由HTML或以其他程序语言嵌套在HTML语言中编写的，所以，也有人称HTML是网页的本质。

当浏览者在浏览器中任意打开一个网页，然后在窗口中不是图像的任意位置右击，选择"查看源文件"选项，系统会启动记事本程序，打开网页的源程序，如图7-1所示。

这些文本就是HTML源代码，是表示网页的一种标准。HTML可以使用任意文字编辑器（如图7-1中看到的"记事本"或Dreamweaver）来编写程序，并保存为.htm或.html格式。无论用户使用何种操作系统，只要有相应的浏览器程序，就可以运行HTML文档。

图 7-1　查看网页源程序

利用HTML编写的文档，不仅可以包含原文本内容，也可以有超出文本以外的内容（如图像、链接、声音以及视频）等，所以称HTML是一种超文本标记语言。

从本质上说，一个HTML文件就是添加了许多标识性字符串——HTML标记（tag）的普遍文本文件；从结构上讲，HTML文件是由各种标记元素（Elements）组成的，每个标记由"< >"包含起来，并且大部分成对出现。例如，<font>是一个开始标记，前面加一个斜杠后（即</font>）就构成了结束标记。HTML网页就是由内容及标记组成的页面。

HTML 文件由两部分组成，即头部和体部，每一部分均有特定的标记。结构如下：

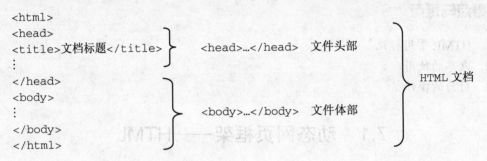

从上面可以看出：

（1）HTML文档由3个主要标记构成，分别为文档标记<HTML>…</HTML>、头部标记<head>…</head>、体部标记<body>…</body>。

（2）标记不区分大小写。

（3）标记名与"<"、">"间不能有空格。

在<head>…</head>内，称为文件头部，这部分信息不会在浏览器的窗口中显示出来。通常包括网页标题（<title>）、Meta 头元素（<meta>）、代码（<script>）等。

在<body>…</body>内，称为文件体部，在浏览器中显示的内容和显示内容的格式标记都放置于此。

7.1.2　HTML 与 Dreamweaver CS3

HTML与Dreamweaver类似于早期的DOS与现在的Windows操作系统。在早期DOS操作系统中，通过熟记DOS命令来完成一系列的操作（如复制文件命令的Copy），而现在的

Windows操作系统，利用图形化界面代替了熟记命令的复杂度（如要复制文件，只需将文件选中直接拖至目的地址即可）。同DOS、Windows类似，HTML、Dreamweaver也是如此，现在单纯使用HTML编写网页的人几乎不存在，而图形化软件Dreamweaver的出现正好省去了熟记标记的复杂度。

打开Dreamweaver，新建一个网页，然后单击工具栏上的"代码"按钮，切换到"代码"视图，如图7-2所示。细心的读者可能已经发现，前面介绍的HTML文件的结构在Dreamweaver中已经自动生成。

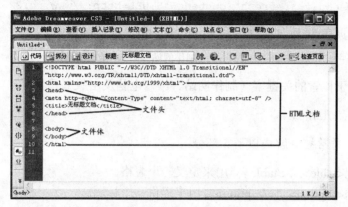

图 7-2　Dreamweaver 代码视图与 HTML 对照

结合本篇所讲内容，下面介绍部分HTML源代码及说明。

1. <body>…</body>

文件头（可以利用参数设置"页面属性"），常用参数如下：

- background 和 bgcolor　定义 HTML 页面的背景图片（Background）和背景颜色（Bgcolor）。例如：

```
<body background="abc.gif" bgcolor="red">
```

将 HTML 页面的背景颜色设为红色，将其背景图片指定为 abc.gif 图像文件。

- text、link、alink 和 vlink　格式化 HTML 页面上所有文本及具有超级链接的颜色风格。text 指定 HTML 文件中文字色彩属性；link 指定 HTML 文件中待连接超级链接对象的色彩属性；alink 指定 HTML 文件中连接超级链接对象的色彩属性；vlink 指定 HTML 文件中已连接超级链接对象的色彩属性。例如：

```
<body link="red" alink="blue" vlink="black">
```

将页面上的链接颜色设为红色，激活的链接设为蓝色，已经访问过且失去焦点的链接设为黑色。

- leftmargin 和 topmargin　设置 Web 页面在浏览器中显示时距浏览器窗口左方和上方的空白宽度，单位为像素。例如：

```
<body leftmargin="0" topmargin="5">
```

将页面左边距设为0，上边距设为5。

2. <meta>

Meta 头元素单独使用，包括 3 个属性：http-equiv（绑定 HTTP 的响应元素）、name（声明版权）、content（为声明的版权赋一个值）。例如：

```
<meta http-equiv="Content-Type" content="text/html; charset=gb2312">
```

说明了该页面的文件类型（HTML 文档）及所用的字符（GB2312 字符集）。

```
<meta http-equiv="refresh" content="5;URL=http://www.thl2222.com">
```

设置当前网页在 5s 后自动跳转到 http://www.thl2222.com 网站。

```
<meta name="keywords" content="制作网站,维修电脑,出版书籍">
```

设置网页用于检索的关键字（制作网站、维修电脑及出版书籍）。

3. <table>…</table>

表格标记，通常被分解成以下 5 部分：

- 表格标记<table>…</table>　用来定义一个表格。
- 表格标题<caption>…</caption>　用来提供一个标题。
- 表格行标记<tr>…</tr>　用来指明表格中一行的开始和结束。
- 字段名标记<th>…</th>　在一列或一行中标识列名或行名。
- 数据标记<td>…</td>　表格内的数据。

4. <frameset>…</frameset>

框架标记，语法结构如下：

```
<frameset [rows | cols]= "…" ]
  ⋮
 <frame src="待链接的文件名">
  ⋮
</frameset>
```

（1）rows 和 cols 用于指定横向还是纵向的分割窗口，如<frameset row="40%,60%"> 表示将浏览器窗口横向分割成两块，第一个窗口占总窗口的 40%，第二个窗口占 60%。

（2）src指出经分割后的每个窗口中对应要显示的文件。被分割成几个窗口就应有几个<frame src="文件名">语句。

5. <font>…</font>

文本格式化标记，使浏览器按照指定的字体类型、字体大小及字体颜色来显示文本。语法格式如下：

```
<font [face="#" | size="#" | color ="#"]>
  ⋮
</font>
```

- face　指定相应字体，# 为 Arial、Times New Roman、宋体、隶书等。

- size 指定字号大小，# 为 0,1,2…或+#、-# 。
- color 指定字体色彩，# 为 red、blue、#000000 等。

例如：

```
<font face="楷体_gb2312" size="8">太好了科技</font>
```

将文字"太好了科技"设置字体为楷体、字号为 8 号。

6. <img>

图像标记，单独使用，语法结构如下：

```
<img src="图像地址" [alt="文字说明" | align="对齐方式" | border="边框值"]>
```

例如：

```
<img src="1.jpg" alt="太好了" >
```

插入 1.jpg 图像，并设置替换文本为"太好了"。

7. <a>…</a>

超级链接标记，语法结构如下：

```
<a href="链接目标的地址" [ target="打开窗口的方式" ]>链接主体</a>
```

如 1：文字链接

```
<a href="1.htm">请单击查看 1.htm 文件内容</a>
```

如 2：图片链接

```
<a href="2.htm"> <img src="1.jpg" > </a>
```

如 3：E-mail 链接

```
<a href="mailto:thl2222@126.com">请给我发信</a>
```

7.2 收集用户信息——表单

表单标记与动态网站设计是分不开的，现在网络上凡是要求用户输入信息的页面，基本上都是由表单实现的。表单最直接的作用就是可以从客户端浏览器收集信息，并将所收集的信息指定一个处理的方法。此处理方法可以是 ASP（一种动态网页编辑工具）的程序，也可以是通过 E-mail 形式发送给指定邮件接收人。

7.2.1 关于表单

表单是实现与用户进行信息交流的主要方式，工作原理可由图 7-3 说明。
根据以上"表单工作原理"图，可以将表单细分成两块。

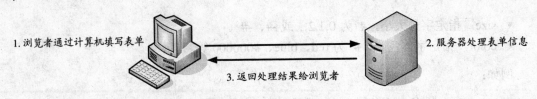

图 7-3　表单工作原理

1. Form 标记（表单）

Form 标记是用于指明处理数据的方法，即浏览者在填好内容后，系统该如何处理，在 Dreamweaver 中一般以红色的虚线框来表示。

2. 表单域

表单域是提供收集用户信息的方式，即在浏览器中是产生文本框还是选择框或其他等。表单的语法格式如下：

```
<form name="名字"  method="方式"  action="方法" target="打开方式" enctype="数据处理方式">
插入相应的表单域标记
</form>
```

参数说明：

- name="名字"　给出该表单的名称。
- method="方式"　指定表单的提交方式（服务器交换信息时所使用的方式），一般选择 POST（以文件形式不限制长度提交）或 GET（附加在 URL 地址后限制长度提交）。
- action="方法"　说明当这个表单提交后将传送给哪个文件处理，或是通过 E-mail 形式发送给指定邮件接收人。
- target="打开方式"　设定提交表单后，打开的目标网页将以哪种形式进行显示，如 "_blank"、"_parent"、"_self"、"_top"。
- enctype="数据处理方式"　指定对提交给服务器进行处理的数据使用的 MIME 编码类型。默认设置 application/x-www-form-urlencoded，该选项通常与 POST 方法协同使用；如果要在表单域中添加文件域，最好选择 multipart/form-data 类型。

这些参数正好对应于 Dreamweaver 中表单的"属性"面板，如图 7-4 所示。

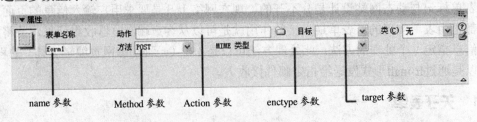

图 7-4　表单的"属性"面板

7.2.2　创建表单及表单域

在 Dreamweaver 中创建表单及表单域主要和两个面板打交道，其一是插入表单对象面板

（在插入栏中切换到"表单"类别），如图7-5所示，其二是"属性"面板（见图7-4）。到目前为止，接触最多的还只是这两个面板。

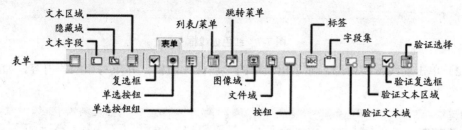

图 7-5　"表单"插入栏

表单的创建分3步进行：

（1）插入表单。插入表单有两层含义：第一，限定了表单的范围，即其他表单域必须要插入到表单内，单击"提交"按钮时，提交的也是表单范围之内的内容；第二，指明用于表单的处理信息（如提交表单的方法、表单处理方式等），这部分信息对于浏览者而言是不可见的，对于处理表单却起了很大的作用。

（2）表单网页的排版。表单域中内容较杂，在网页中必须经过相应的排版处理，才会使原本杂乱的东西显得有条不紊。对表单网页的排版一般采用表格来实现。

（3）插入表单域。在表单内插入相应表单域元素。表单域的类型较多，几乎所有提交到服务器上的内容都可以以表单域的形式表示。

下面结合 HTML 标记，以制作"长沙太好了科技"会员注册页面（如图 7-6 所示）为例，介绍在 Dreamweaver 中应用表单的方法。

图 7-6　注册新会员（利用表单实现）

1. 创建表单

在一个文档中创建表单的步骤如下：

（1）将光标放置在要插入表单的位置，并单击"表单"插入栏（见图7-5）中的"表单"按钮，此时在页面中就会出现一个红色的虚线框，如图7-7所示。

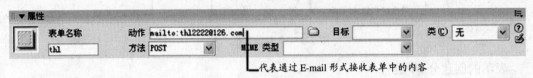

图7-7 红色虚线框

（2）单击虚线框的内部，显示出表单的"属性"面板，并填写相应的内容，如图7-8所示。

图7-8 修改表单属性

切换到代码视图，表单对应的 HTML 代码如下：

```
<form name="thl" method="post" action="mailto:thl2222@126.com">
</form>
```

其中<form>和</form>标记规定了表单的范围，插入的表单元素都要放置在这两个标记之间。

2. 输入相关文本内容

分析"长沙太好了科技"会员注册页面（见图7-6），该文档表单部分至少需要一个11行2列的表格，在表单中（即红色虚线框内）插入表格，并在表格中分别输入对应的文字内容，如图7-9所示。

图7-9 输入文本后的表单

3. 插入表单域

根据文本内容，接下来就可以在相应的位置插入表单域了，其操作步骤如下：

（1）将鼠标定位到表格的第1行、第2列最前位置，并单击"表单"插入栏中的"文本字段"按钮，此时弹出如图7-10所示的"输入标签辅助功能属性"对话框。

（2）因为事先在页面中输入了用于说明的文字"*（用户名长度为3~8位）"，所以此处单击"取消"按钮即可。

（3）成功插入文本域后，在单元格中就出现了一个单行的文本框，如图7-11所示。

选中此文本域，即可在"属性"面板（如图 7-12 所示）中修改文本域的属性。

- 字符宽度 设置文本框在网页中显示的宽度，默认状态下约为 24 个字符的长度。
- 最多字符数 设置文本框内所能填写的最多字符数。之所以限定最多字符数，是因为有些浏览者会随意填写一些无用的信息，当这些信息过长时会加重服务器的负担，占用数据库空间。
- 类型 设置文本域的类型为单行、多行或密码。
- 初始值 设置在默认状态下单行文本框中显示的文字。

图 7-10　"输入标签辅助功能属性"对话框　　　　图 7-11　插入的文本域

图 7-12　文本域"属性"面板

（4）按同样的方式，在"密码"、"确认密码"、"您的姓名"、"身份证号"、"电子邮箱"、"详细地址"后分别插入单行文本域，并在其对应的"属性"面板中设置。

- 密码、确认密码　分别设置为"密码"类型，即当用户在此框内输入内容时，系统默认以"*"（Windows 2000 以上系统显示"·"）显示，如图 7-13 所示。
- 您的姓名　设置"最多字符数"为 8，即代表最多 4 个汉字。
- 身份证号　设置"最多字符数"为 18。
- 电子邮箱　设置"最多字符数"为 30。
- 详细地址　设置为"多行"类型，即当输入字符超过文本框大小时，自动在文本框内出现滚动条，如图 7-14 所示。

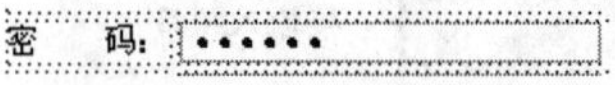

图 7-13　密码文本域 　　　　　　　　　图 7-14　多行文本域

（5）将鼠标定位到表格的第 6 行（即"性别"）、第 2 列最前位置，并单击"表单"插入栏中的"单选按钮"按钮，在弹出的"输入标签辅助功能属性"对话框中单击"取消"按钮。

（6）成功插入单选按钮后，在单元格中出现一个单选按钮，如图 7-15 所示。

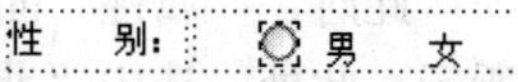

图 7-15　插入的单选按钮

选中此单选按钮域，可以在"属性"面板中修改单选按钮的属性了，如图 7-16 所示。

图 7-16　单选按钮的"属性"面板

- 选定值　用来设置单选按钮提交的值。
- 初始状态　设置初始状态下，此值是否默认为选中状态，有两个参数——已勾选、未选中。

（7）按同样的方式，在"女"的前面也插入一个单选按钮。

> **注意**：为避免同时选中"男"和"女"，设置各单选按钮域的名称为相同的值。

（8）将鼠标定位到表格的第7行（即"所在城市"）、第2列最前位置，并单击"表单"插入工具栏中的"列表/菜单"按钮，在弹出的"输入标签辅助功能属性"对话框中单击"取消"按钮。

（9）成功插入列表/菜单域后，在单元格中就出现了一个下拉
列表框，如图7-17所示。

图 7-17　插入的列表/菜单

选中此列表/菜单域，可以在"属性"面板中修改列表/菜单域的属性，如图7-18所示。

图 7-18　菜单/菜单域的"属性"面板

- 类型　可设置当前域为"菜单"还是"列表"。列表可以同时显示多个选项，如果选项超过了列表高度，就会自动出现滚动条，浏览者可以通过拖曳滚动条查看各个选项；而菜单正常状态下只能看到一个选项，单击按钮展开菜单后才能看到全部的选项。
- 列表值　单击此按钮，即可打开"列表值"对话框，如图 7-19 所示，分别添加"北京"、"长沙"、"上海"等值。

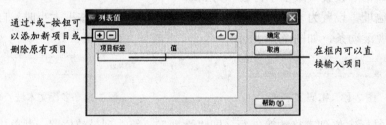

图 7-19　"列表值"对话框

此时，"属性"面板的"初始化时选定"文本框内就显示出刚输入的3个值，如图7-20所示。此处，选中"北京"作为默认值。

（10）单击列表/菜单域"属性"面板"类型"选项组中的"列表"单选按钮，此时"高度"、"选定范围"两项均由最初的不可编辑状态变为可编辑状态，如图7-21所示。

图 7-20　"初始化时选定"选项

图 7-21　列表域的"属性"面板（部分）

- 高度　用来设定列表的高度，单位为行。
- 选定范围　用来设定是否允许多项选择，当允许多项选择时，浏览者可以配合 Shift 键或 Ctrl 键同时选中列表中的多个选项。此处，不允许多选，所以不选中此项。

（11）将鼠标定位到表格的第 8 行（即"个人爱好"）、第 2 列最前位置，并单击"表单"插入栏中的"复选框"按钮，在弹出的"输入标签辅助功能属性"对话框中单击"取消"按钮。

（12）成功插入复选框后，在单元格中出现一个复选框，如图7-22所示。选中此复选框域，可以在"属性"面板中修改复选框的属性，操作类似于单选按钮域，如图7-23所示。

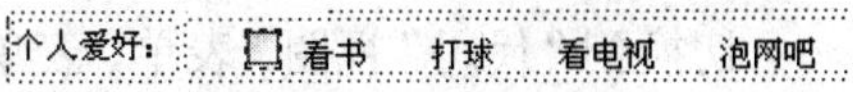

图 7-22　插入的复选框

图 7-23　复选框的"属性"面板

（13）按同样的方式，在单元格的"打球"、"看电视"、"泡网吧"项前面插入一个复选框。

（14）将光标定位到表格的最后1行，并选中此两列，然后执行"合并单元格"命令，将两列合并成1列，同时设置单元格的"水平"对齐方式为"居中对齐"。

（15）单击"表单"插入栏中的"按钮"按钮，在弹出的"输入标签辅助功能属性"对话框中单击"取消"按钮。

（16）成功插入按钮域后，在单元格中就出现了一个按钮，如图7-24所示。

图 7-24　插入的按钮域

选中此按钮域，可以在"属性"面板中修改按钮的属性，如图7-25所示。

图 7-25　按钮的"属性"面板

- 值　用来设置显示在按钮上的名称。
- 动作　用来选择单击按钮时将会触发的动作。

  ‣ 提交表单　当浏览者单击该按钮时，就会将表单中的内容提交给表单目标程序。
  ‣ 重设表单　当浏览者单击该按钮时，就会消除浏览者填写的所有表单内容。
  ‣ 无　当浏览者单击该按钮时，就可以触发自定义的动作。

（17）按同样的方式，在单元格内再插入一个按钮，并设置为"重设表单"。

提示：表单中的按钮域可以用来提交或重置表单，也可以用来触发特定的事件，因此要使表单完成正常功能，必须要有按钮域。

（18）所有操作完成后，按F12键预览网页；当用户输入信息后，单击"提交"按钮，浏览器会将提交的信息发送到表单的"动作"属性中定义的邮箱内，如图7-26所示。

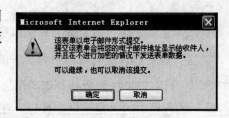

4. 查看对应的 HTML 代码

图 7-26 提示框

切换到"代码"视图，表单、表单域对应的 HTML 代码如下：

```html
<form id="thl" name="thl" method="post" action="mailto:thl2222@126.com">
  <table width="72%" border="0">
   <tr>
    <td width="14%" height="20">会 员 名：</td>
    <td width="86%"><input type="text" name="textfield">
    *（用户名长度为 3-8 位）</td>
   </tr>
   <tr>
    <td>密      码：</td>
    <td><input name="textfield2" type="password">
    *（密码长度为 4-8 位）</td>
   </tr>
   <tr>
    <td>确认密码：</td>
    <td><input type="password" name="textfield3">
    *</td>
   </tr>
   <tr>
    <td>您的姓名：</td>
    <td><input name="textfield4" type="text" maxlength="4">
    *</td>
   </tr>
   <tr>
    <td>身份证号：</td>
    <td><input name="textfield5" type="text" maxlength="18">
    *</td>
   </tr>
   <tr>
    <td>性      别：</td>
    <td>
     <input type="radio" name="sex" value="1">
    男
    <input type="radio" name="wom" value="2">
    女</td>
   </tr>
   <tr>
    <td>所在城市：</td>
    <td><select name="select" size="0">
     <option selected="selected">北京</option>
     <option>长沙</option>
     <option>上海</option>
    </select>       </td>
   </tr>
   <tr>
```

```
    <td>个人爱好：</td>
    <td>
      <input type="checkbox" name="checkbox" value="checkbox">
    看书
    <input type="checkbox" name="checkbox2" value="checkbox">
    打球
    <input type="checkbox" name="checkbox3" value="checkbox">
    看电视
    <input type="checkbox" name="checkbox4" value="checkbox">
    泡网吧</td>
  </tr>
  <tr>
    <td>电子邮箱：</td>
    <td><input type="text" name="textfield6"></td>
  </tr>
  <tr>
    <td>详细地址：</td>
    <td><textarea name="textfield7"></textarea></td>
  </tr>
  <tr>
    <td colspan="2" align="center"><input type="submit" name="Submit"
value="提交">
      <input type="reset" name="Submit2" value="重置"></td>
  </tr>
  </table>
</form>
```

表 7-1 列出了对以上代码中涉及表单域方面的简要说明。

表 7-1　表单域与表单元素的对应关系

表单域	对应的表单元素	对应的显示效果
文本框（单行）	<input type="text">	
文本框（密码）	<input type="password">	••••
文本框（多行）	<textarea></textarea>	
单选按钮	<input type="radio">	○
复选框	<input type="checkbox">	□
下拉列表框	<select></select>	北京▾
列表菜单	<select multiple></select>	北京
提交按钮	<input type="submit">	确定
重置按钮	<input type="reset">	重写

提示：

（1） <input>标记是单独使用的。

（2） 各标记后配合参数 value，代表初始值设定，如<input type="text" value="2008-08-08">代表文本框内显示的初始值为 2008-08-08。

（3） 一个表单中可包含多个表单域，切不可一个表单一个表单域。

7.3 动态网页编程——行为

很多网站在页面上添加了用JavaScript来实现的动态特效，这些效果在Dreamweaver中通过行为也可以实现。

7.3.1 关于行为

Dreamweaver 中的行为将 JavaScript 代码放置在文档中，允许浏览者与 Web 网页进行交互，从而以多种方式更改网页或引起某些任务的执行。

行为是事件和由该事件触发的动作的组合，具体由 3 部分组成（简称行为的三要素）。

1. 对象（Object）

对象产生行为的主体。自然界的任何事物都可以看成一个对象，如计算机、电视机、电话、人等，而在网页中许多元素也可以成为对象，如网页中插入的图片、一段文字、一个多媒体文件等。

2. 事件（Event）

事件是触发动态效果的原因。对象的事件说明对象可以识别和响应的某些操作行为，如单击、关闭浏览器等。对于同一个对象，不同的浏览器支持的事件种类和多少是不一样的，高版本的浏览器（如IE 6.0）支持更多的事件，然而，如果应用了这些只有高版本浏览器支持的事件，在低版本浏览器中是看不到行为效果的。表7-2列举了Dreamweaver中经常使用的一些事件。

表 7-2　Dreamweaver 中经常使用的一些事件

事件名称	事件的含义
onBlur	当指定元素不再被访问者交互时产生。例如，浏览者在文字域内部单击后在文字域外部单击
onChange	当访问者改变网页中的某个值时产生。例如，浏览者在表单的菜单中取值，或者改变了文字域中的填写项目
onClick	当访问者在指定的元素上"单击"时产生
onDblClick	当访问者在指定的元素上"双击"时产生
onError	当浏览器在网页或图像载入产生错位时产生
onHelp	当访问者单击浏览器的 Help（帮助）按钮或选择浏览器菜单中的 Help（帮助）菜单项时产生
onKeyDown	当按下任意键的同时产生
onKeyPress	当按下和松开任意键时产生。此事件相当于把 onKeyDown 和 onKeyUp 这两事件合在一起
onKeyUp	当按下的键松开时产生
onLoad	当图像或网页载入完成时产生

（续表）

事件名称	事件的含义
onMouseDown	当访问者按下鼠标时产生
onMouseMove	当访问者将光标在指定元素上移动时产生
onMouseOut	当光标从指定元素上移开时产生
onMouseOver	当光标第一次移动到指定元素时产生
onMouseUp	当鼠标弹起时产生
onMove	当窗体或框架移动时产生
onReset	当表单内容被重新设置为默认值时产生
onResize	当访问者调整浏览器或框架大小时产生
onScroll	当访问者使用滚动条向上或向下滚动时产生
onSelect	当访问者选择文本框中的文本时产生
onSubmit	当访问者提交表格时产生
onUnload	当访问者离开网页时产生

3. 动作（Action）

动作是行为最终产生的动态效果，也就是让浏览器完成什么功能，如图片的翻转、链接的改变、声音的播放等。

例如，对于翻转图片这一行为，可以用三要素来解释：图片（对象），光标放置在其上时（事件），更换为另一张图片（动作）。在创建此行为时，大致经过3个步骤（注意前后顺序）：

（1）指定目标浏览器，选择对象（图片）。
（2）添加动作（翻转图片）。
（3）设置事件（OnMouseOver）。

提示：行为三要素可概括成一句话——对象由于某事件，产生行为。

7.3.2 使用行为

针对以上翻转图片，制作步骤如下：

（1）执行"窗口"菜单中的"行为"命令，打开"行为"面板，然后单击"添加行为"按钮 +，并在弹出的菜单中选择"显示事件"|"IE 5.0"选项，表示指定目标浏览器，如图7-27所示。

（2）选中主页欲实现翻转的原图片，然后单击"添加行为"按钮 +，并在弹出的菜单中选择"预先载入图像"选项，弹出如图7-28所示的"预先载入图像"对话框。

（3）单击"浏览"按钮可以指定翻转图片的源文件，若要增加多幅图片或删除已添加图片，可以通过 ⊞ ⊟ 按钮实现。

注意：设置的翻转图片大小一定要与原图片大小一致，否则会影响页面排版。

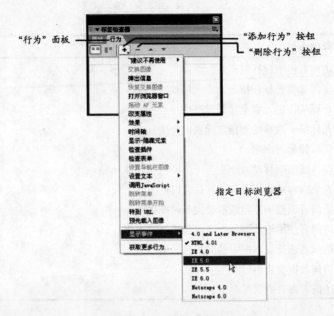

图 7-27 指定目标浏览器

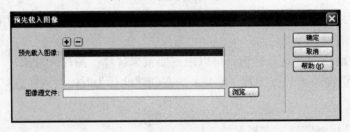

图 7-28 "预先载入图像"对话框

（4）设置完成后，自动返回"行为"面板，如图7-29所示，此时指定事件为OnMouseOver即可。

图 7-29 设置事件

提示：如果要修改刚才的设置，可以直接双击"预先载入图像"区域，则又会打开图 7-28 所示的"预先载入图像"对话框。

切换到代码视图，可以在<head>…</head>中找到这段 JavaScript 代码：

```
<script type="text/JavaScript">
  <!--
    function MM_preloadImages() { //v3.0
```

```
        var d=document; if(d.images){ if(!d.MM_p) d.MM_p=new Array();
        var i,j=d.MM_p.length,a=MM_preloadImages.arguments;
        for(i=0; i<a.length; i++)
        if (a[i].indexOf("#")!=0){ d.MM_p[j]=new Image;
            d.MM_p[j++].src=a[i];}}
    }
  //-->
</script>
```

并且在\<body\>中有一段翻转代码：

```
<img src="pic/wztg.gif" width="97" height="74" onmouseover=
                            "MM_preloadImages('pic/email.gif')"/>
```

也就是说，Dreamweaver 中的行为实际上就是用 JavaScript 实现的一个功能。
下面介绍几项常用的行为操作。

1. 验证表单

为防止有些浏览者随意填写一些无用的信息，利用"验证表单"行为，可以有效检测用户输入的字符，并按事先约定的值进行输入。验证表单的操作步骤如下：

（1）选择表单中的文本框，在"属性"面板中给文本框命名，如图7-30所示。将"长沙太好了科技"会员注册页面的"会员名"文本框命名为name，将"密码"命名为pass，"电子邮箱"命名为email。

（2）选中整个表单，可以单击页面上的红色虚框，或在状态栏上单击form标签，如图7-31所示。

图 7-30　修改表单文本框名称　　　　　　　　图 7-31　单击 form 标签

（3）打开"行为"面板，添加"检查表单"行为，弹出如图7-32所示的"检查表单"对话框。

图 7-32　"检查表单"对话框

（4）分别进行设置，如email设置为"电子邮件地址"，浏览器会验证用户填写的内容中是否有"@"符号。

（5）设置完成后，单击"确定"按钮，自动返回"行为"面板，并设置事件为OnSumbit，即当浏览者单击"确定"按钮时，行为会验证表单的有效性。

> **注意**：验证表单行为只能验证表单中的文字域，对于单选按钮、复选框、列表/菜单等无法验证其有效性。

2. 打开浏览器窗口

在网上经常看见，当打开一个页面时，马上就弹出一个广告窗口。把这个广告窗口称为弹出式窗口，其制作方法用到了行为中的"打开浏览器窗口"，具体制作步骤如下：

（1）将鼠标定位于页面最开始位置，然后打开"行为"面板，在行为菜单中执行"打开浏览器窗口"命令，弹出如图7-33所示的"打开浏览器窗口"对话框。

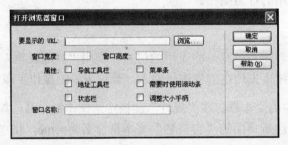

图7-33　"打开浏览器窗口"对话框

（2）分别进行设置。打开文件名为gg.htm，窗口大小为300×60，不带任何属性。

（3）单击"确定"按钮，自动返回"行为"面板，并设置事件为OnLoad，即打开浏览器时自动弹出gg.htm广告窗口，如图7-34所示。

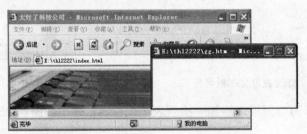

图7-34　在主页中弹出的广告窗口

> **提示**：应用"打开浏览器窗口"行为，不仅可以设置页面的弹出式广告，还可以对页面中某对象（如图片）设置弹出窗口，如单击图片可以打开一个浏览器窗口。

3. 设定状态栏文字

设置浏览器状态栏上的文字在 Web 页面上经常可见，利用行为中的"设置文本"|"设置状态栏文本"即可实现这一功能。其操作步骤如下：

（1）将光标定位于页面最开始位置，然后打开"行为"面板，在行为菜单中执行"设置文本"|"设置状态栏文本"命令，弹出如图7-35 所示的"设置状态栏文本"对话框。

图 7-35 "设置状态栏文本"对话框

（2）在此输入文字"欢迎光临……"。

（3）单击"确定"按钮，自动返回"行为"面板，并设置事件为OnLoad，即打开浏览器时在浏览器的状态栏自动显示此文字，如图7-36所示。

设置的文字

图 7-36 已设置的状态栏文字

小知识：如何实现状态栏走马灯效果？

利用 Dreamweaver "行为"面板中的"设置状态栏文本"实现的只是静态的文本，要实现文字在状态栏中滚动，需要编写程序，下面一段程序即可实现文字来回滚动的效果。

```JavaScript
<script language="JavaScript">
    var msg="欢迎来到网站 http://www.thl2222.com"
    var delay=150
    function scrollStatus() {
        window.status=msg
        msg=msg.substring(1,msg.length)+msg.substring(0,1)
        timeID=setTimeout("scrollStatus()",delay)
    }
</script>
```

同时，修改\<body\>代码为\<body onLoad="scrollStatus()"\>，表示在打开浏览器时自动调用 scrollStatus()函数。

最终效果如图7-37所示。

图 7-37 状态栏走马灯效果

注意：并非所有浏览器都支持更改状态栏文本，某些浏览器会根据用户首选参数来确定是否允许此功能。例如，在 Windows Vista 操作系统下，IE 7.0 浏览器就不支持此项功能。

4. 弹出信息框

网页中的某些对象在一定事件下会弹出信息框，如单击按钮后弹出的信息框。信息框用于显示网页制作人员预先输入的信息。信息框弹出后，用户需要单击信息框上的"确定"按钮才能关闭信息框。其操作步骤如下：

（1）选中要应用这个行为的对象，然后打开"行为"面板，在行为菜单中执行"弹出信息"命令，弹出如图7-38所示的"弹出信息"对话框。

图7-38　"弹出信息"对话框

（2）在"消息"文本框内，输入文字"你点错了……"。

（3）单击"确定"按钮，自动返回"行为"面板，并设置事件为OnClick，即当用户单击时，在浏览器中自动弹出提示框，如图7-39所示。

图7-39　弹出信息框

5. 利用行为控制层的显示与隐藏

层的一个最大特点在于可以被隐藏，这个特性非常适合于在用户浏览网页的过程中动态地显示信息。利用行为来控制层的显示与隐藏，现在已经普遍应用于网页导航栏的设置。例如，当用户将光标指向某栏目时自动打开此栏目的子栏目显示，如图7-40所示，而光标移出此栏目时，子栏目自动消失。

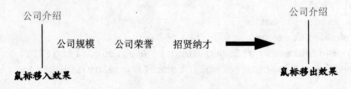

图7-40　栏目的显示与隐藏

经分析，"子栏目"是一个层，通过设置对象"主栏目"的行为来控制此层的显示与隐藏。其操作步骤如下：

（1）在页面中插入一个层，并在层中输入"子栏目"所需的栏目，如公司规模、公司荣誉、招贤纳才等，同时调整好层的大小及适当位置。

（2）选中此层，并在"属性"面板中将该层命名为"a1"，如图7-41所示。

（3）选中"主栏目"（如"公司介绍"），然后打开"行为"面板，在行为菜单中执行"显示-隐藏元素"命令，弹出如图7-42所示的"显示-隐藏元素"对话框。

（4）单击"显示"按钮后再单击"确定"按钮，自动返回"行为"面板，并设置事件为OnMouseMove，即光标移动到文字上面时立即显示该层中的内容。

图 7-41　将层命名为"a1"

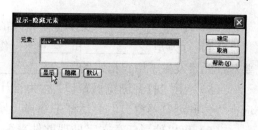

图 7-42　"显示-隐藏层"对话框

（5）再次选中"主栏目"（如"公司介绍"），然后打开"行为"面板，在行为菜单中执行"显示-隐藏元素"命令，弹出"显示-隐藏元素"对话框。单击"隐藏"按钮后再单击"确定"按钮，自动返回"行为"面板，并设置事件为OnMouseOut，如图7-43所示，即光标移开时隐藏该层中的内容。

（6）按F12键预览效果，就可以出现如图7-40所示的效果。

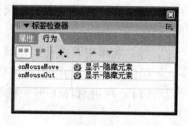

图 7-43　已设置好的"行为"面板

7.4　本章小结

本章内容包括动态网页的相关知识，可以归纳为以下 3 方面：

（1）表单是网站设计者与浏览者之间沟通的桥梁，通过表单，网站设计者可以收集和分析用户的反馈意见，从而做出科学的、合理的决策，使网站更具有吸引力。在Dreamweaver中表单被分成表单（用于指明处理数据的方法，一般以红色的虚线框显示）、表单域（提供收集用户信息的方式）两部分。

（2）使用行为来为网页设计动态特效，而无需自己动手编写JavaScript代码。如果要验证用户输入的信息是否正确，可以使用行为中的"验证表单"，当然还有打开浏览器窗口、设置状态栏文本、设置弹出信息、翻转图片等。

（3）所有的操作均可切换到代码视图，显示出HTML代码。

因此，本章的内容归根到底是以 HTML 为基础的，HTML 也是动态网页的编程基础性语言。

7.5　思考与练习

7.5.1　填空、判断与选择

（1）HTML是一种_____语言，其文件可以分为两部分：_____和_____。

（2）选择表单的方法有两种：一种是通过单击该表单_____选中表单；另一种是从文档窗口左下角的标签选择器中选择_____标签。

（3）在＿＿＿＿＿＿＿＿文本框中输入的信息是不会显示的。

（4）行为是＿＿＿＿＿＿和＿＿＿＿＿＿组合而成的。在将行为附加到网页元素之后，只要对该元素发生了用户指定的＿＿＿＿＿＿＿＿，浏览器就会调用与该事件关联的＿＿＿＿＿。

（5）应用"打开浏览器窗口"行为设计一个弹出式窗口，若要使弹出窗口可改变大小，应在"打开浏览器窗口"对话框中选择"属性"选项组中的＿＿＿＿＿＿选项。

（6）可以使用任意文字处理软件来编写HTML程序。　　　　　　　　　　（　　　）

（7）HTML是网页的本质。　　　　　　　　　　　　　　　　　　　　　（　　　）

（8）为避免同时选中单选按钮中的"男"和"女"，应设置各单选按钮域的名称为不同的值。　　　　　　　　　　　　　　　　　　　　　　　　　　　　　　　（　　　）

（9）表单中若没有按钮域，则填写的信息将无法提交到服务器上。　　　（　　　）

（10）利用行为可以实现状态栏文字的来回滚动效果。　　　　　　　　　（　　　）

（11）利用 HTML 开发的静态网页，其扩展名应为 ＿＿＿＿＿＿＿。

　　　　A．.htm　　　　　　B．.aspx　　　　　　C．.asp　　　　　　D．没有严格限制

（12）以下标记符中，成对使用的标记是＿＿＿＿＿＿＿ 。

　　　　A．<hr>　　　　　　B．<input>　　　　　C．<img>　　　　　D．<title>

（13）若要在页面中创建一个图像超级链接，要显示的图像为 my.jpg，所链接的地址为 http://www.thl2222.com 。以下用法正确的是＿＿＿＿＿＿＿。

　　　　A．<a href="http://www.thl2222.com">my.jpg</a>

　　　　B．<a href="http://www.thl2222.com"><image src="my.jpg"></a>

　　　　C．<image scr="my.jpg"><a href="http://www.thl2222.com"></a>

　　　　D．<a href="http://www.thl2222.com"><image src="my.jpg">

（14）用于设置表格背景颜色的属性是＿＿＿＿＿＿＿。

　　　　A．background　　　B．bgcolor　　　　C．borderColor　　　D．backgroundcolor

（15）若要设置打开某网页时自动弹出窗口特效，应使用的事件是＿＿＿＿＿＿＿。

　　　　A．OnClick　　　　　B．OnLoad　　　　　C．OnMouseOver　　D．OnMouseOut

7.5.2　问与答

（1）试述表单的作用。

（2）在制作一个"信息反馈表"网页时，用到"用户名"、"口令"、"意见"3个文本域，应分别设计何种格式的文本域？

第8章

Fireworks CS3概述

内容导读

Fireworks CS3 是一款用来设计和制作专业化网页图形的工具软件。Fireworks CS3 提供了一个专业化的环境，可以创建和编辑网页图形、对网页图形进行动画处理、添加交互功能以及优化图像等。在 Fireworks 中，可以在单个应用程序中创建和编辑位图图像和矢量图形。

从本章起，除了介绍 Fireworks 的功能及应用外，兼顾前面制作的网页，还将分步介绍如何实施网站中图片的设计与开发。

教学重点与难点

1. Fireworks CS3 的安装和启动
2. Fireworks CS3 的工作环境
3. Fireworks CS3 的简单操作
4. Web 图像的处理流程

8.1 安装和启动

作为一款优秀的 Web 图形设计软件，Fireworks CS3 提供了许多优秀的功能，其中最主要的有以下 6 种。

1. 位图图像编辑

Fireworks CS3 提供了编辑和操作位图图像的环境，并提供了所有常用的专业位图工具与效果（如魔术棒、线条、渐变、锐化工具等）。在 Fireworks 中，每个图像都是一个独立的对象，从而确保了其完全可编辑性。

2. 矢量图形编辑

Fireworks CS3 提供了编辑和操作矢量图形的环境，并提供了路径和多个工具来辅助绘制矢量图形。因为矢量图形不受分辨率的影响，所以当用户在应用程序之间复制与粘贴矢量图形或输入 Freehand 与 Illustrator 文件时，图层将被保留，并且可以在 Fireworks 中对矢量图形进行编辑。

3. 文本处理

Fireworks CS3 通过提供包括颜色设置在内的所有文本属性，可以直接创建和编辑文本。字体预览允许用户在选择字体前观察字体，"丢失字体"对话框允许用户选择替换字体，新的反锯齿控制可以较好地处理小字体。

4. 移至下页

利用 Fireworks CS3 中提供的切片工具，用户可以直接根据选定对象创建切片，或者利用切片工具绘制矩形或多边形切片。经切片后的图像，可以配合"行为"面板设置翻转图像等动作。由于将大图像切成几小块，从而有效避免了因网速慢而显示不出图像的后果。

5. 制作动画

Fireworks CS3 允许用户直接在屏幕上创建和编辑简单动画，这些动画通过在多帧移动、缩放、旋转或淡入（出）对象来实现。

6. 图像优化

在 Fireworks CS3 中，用户可以利用"优化"控制面板设置图像的优化参数。通过快速比较 JPG 与 GIF 图形，可以以最少步骤创建最小尺寸与高质量图形。

8.1.1　Fireworks CS3 对系统的基本要求

用户在安装 Fireworks CS3 之前，首先应了解有关的系统要求，以便合理配置计算机，使 Fireworks CS3 的优越性得以充分发挥。

Fireworks CS3 对系统的基本要求如下所示。

1. 硬件环境

- 处理器　Intel® Pentium® 4、Intel Centrino®、Intel Xeon® 或 Intel Core™ Duo（或兼容）处理器。
- 内存　512MB 内存（建议使用 1GB）。
- 硬盘空间　至少需要 1GB 空闲的磁盘空间。
- 显示器　1024×768 分辨率的显示器，16 位显卡。
- 外部设备　DVD-ROM。

2. 软件环境

- 操作系统　Microsoft® Windows® XP(带有 Service Pack 2)或 Windows Vista™ Home Premium、Business、Ultimate 或 Enterprise（32 位或 64 位版本）。
- 浏览器　Microsoft Internet Explorer 6.0 以上，或者更高版本的 Netscape Navigator 浏览器。

8.1.2　安装和删除过程分析

Fireworks CS3 的安装方法类似 Dreamweaver CS3。在 Windows XP 操作平台上运行

Fireworks CS3 的安装程序，软件自动加载要复制的文件，复制完毕，执行"系统检查"并进入安装界面，如图 8-1 所示。

根据屏幕提示，选择安装语言、安装组件及安装位置。安装完成后提示"安装完成"，如图 8-2 所示。此处显示出安装后的摘要信息（是否安装成功），并要求用户重新启动计算机。

图 8-1　进入安装程序主界面　　　　　　　　　图 8-2　安装完成

在 Windows XP 中，删除 Fireworks CS3 也十分简单。图 8-3 所示为通过"添加/删除程序"，删除 Fireworks CS3 时启动的"管理 Adobe Fireworks CS3 组件"的安装程序。根据提示选择"删除 Adobe Fireworks CS3 组件"，并单击"下一步"按钮，软件会自动完成删除Fireworks CS3 的过程。

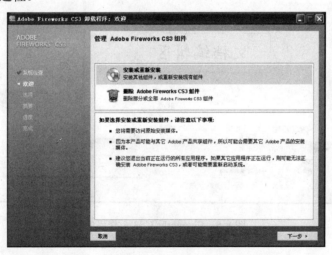

图 8-3　管理 Adobe Fireworks CS3 组件

8.1.3　启动 Fireworks CS3

安装 Fireworks CS3 后，可以使用 Fireworks CS3 制作自己喜欢的图片。执行"开始"|"程序"| Adobe Fireworks CS3 命令，或在 Windows XP 桌面上双击 Adobe Fireworks CS3快捷图标，都可以启动 Fireworks CS3。

启动时界面如图 8-4 所示，类似于 Dreamweaver CS3。

图 8-4　Fireworks CS3 的启动界面

8.2　工 作 环 境

8.2.1　Fireworks CS3 工作界面

Fireworks CS3 具有全新的风格和操作画面，提供了一个将全部元素置于一个窗口中的集成布局。在集成的工作区中，全部窗口和面板都被集成到一个应用程序窗口中，如图 8-5 所示。

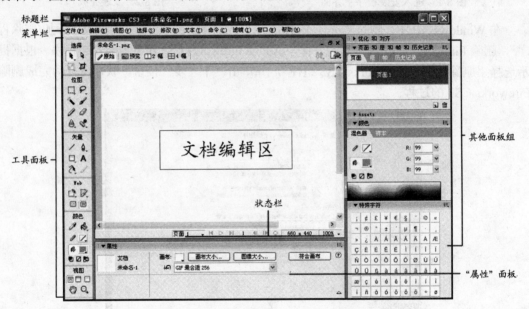

图 8-5　Fireworks CS3 工作界面

1．标题栏

标题栏和其他程序相同，界面最上部即是蓝色的标题栏，其中显示了应用程序的名称、最小化、最大化和还原之间的切换按钮以及"关闭"按钮。

2．菜单栏

菜单栏包含"文件"、"编辑"、"视图"、"选择"、"修改"、"文本"、"命令"、"滤镜"、"窗口"、"帮助"10 个菜单项（功能如表 8-1 所示），几乎所有的功能都可以通过这些菜单来实现。

表 8-1 Fireworks 菜单栏的功能

菜单名	功能
文件	用来管理文件，包括"新建"、"打开"、"保存"、"导入"、"导出"及"打印"等命令
编辑	用来编辑文本，包括"复制"、"剪切"、"粘贴"、"查找"和"替换"、"首选参数"（可以对软件的相关参数进行直接修改，如设置可撤销的步骤数）等命令
视图	用来查看文档缩放比率及显示/隐藏标尺、网格线等辅助视图功能
选择	用来选定文档区域中的对象，设置选定羽化值及对选取框的操作等
修改	实现对页面元素修改的功能，如修改画布大小、动画设置、元件操作、蒙版、路径等
文本	用来对文本进行操作，如设置文本的格式以及文本的相关属性
命令	提供对各种命令的访问，包括运行脚本、Web 操作、创意设计等
滤镜	提供各种图片处理上的特效效果，如模糊图像、调整图像亮度/对比度等
窗口	提供对所有面板、属性、检查器和窗口的访问，显示/隐藏面板及切换文档窗口
帮助	实现联机帮助功能，如按 F1 键，即可打开程序的电子教程

3. 工具面板

默认状态下，工具面板位于工作界面左侧，其中的工具被编排为 6 个类别：选择、位图、矢量、Web、颜色和视图。如果某个工具的右下角有一个小黑三角符号（如 ），代表单击并按住鼠标左键不放将打开该工具的同位工具组，整个同位工具组如图 8-6 所示。

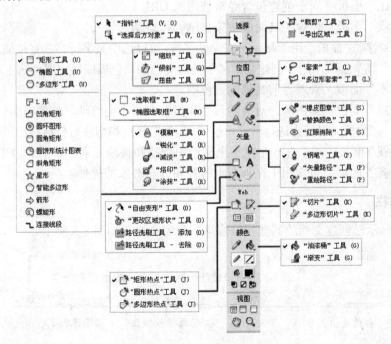

图 8-6 Fireworks CS3 工具面板

4. "属性"面板

"属性"面板是一个上下关联面板，显示当前文档属性、当前工具选项属性等。例如，当用户选中某工具时，在"属性"面板中会对应地显示出该工具的属性。图 8-7 所示为选中"铅笔"工具后的"属性"面板。

图 8-7　"铅笔"工具的"属性"面板

5. 其他面板组

面板组是 Fireworks 中常用的资源面板，也是浮动的控件，能够帮助用户编辑所选对象的各个方面或文档的元素。各面板的主要功能如下：

- "优化"面板　可用于管理和控制文件大小和文件类型的设置，还可用于处理要导出的文件或切片的调色板。
- "层"面板　组织文档的结构，并且包含用于创建、删除和操作层的选项。
- "帧"面板　包括用于创建动画的选项。
- "历史记录"面板　列出最近使用过的命令，方便实现快速撤销和重做。
- "样式"面板　用于存储和重用对象的特性组合或者选择一个常用样式。
- "库"面板　包含图形元件、按钮元件和动画元件。可以直接在"库"面板内选中元件的实例并拖到文档中，相反，只需修改该元件即可对全部实例进行全局更改。
- "URL"面板　用于创建包含经常使用的 URL 的库。
- "形状"面板　包含工具面板中未显示的"自动形状"。
- "特殊字符"面板　用于显示某些特殊字符，可以选中某字符将其直接插入到文档中。
- "混色器"面板　用于创建要添加至当前文档的调色板或要应用到选定对象的颜色。
- "样本"面板　管理当前文档的调色板。
- "信息"面板　提供所选对象的尺寸和指针在画布上移动时的精确坐标。
- "行为"面板　对行为进行管理，这些行为确定热点和切片对鼠标移动所做出的响应。
- "查找"面板　用于在一个或多个文档中查找和替换元素，如文本、URL、字体等。
- "对齐"面板　包含用于在画布上对齐和分布对象的控件。

6. 状态栏

状态栏显示已创建文档的其他相关信息，分为 4 组，如图 8-8 所示。

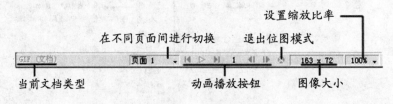

图 8-8　状态栏

- 动画播放按钮　对于制作的动画文件可以用这些按钮进行播放、停止、到最后一帧、显示当前帧数等操作。

- 退出位图模式　在引入了 BMP 格式的图形文件时，单击该按钮就可以退出位图模式，进入矢量编辑模式。
- 图像大小　显示当前编辑图像的大小。
- 设置缩放比率　单击右边的下三角按钮，可在此更改工作区的显示比例，以方便相关操作，但此处操作不会更改图像的实际大小。

7. 文档编辑区

在文档编辑区上不仅可以绘制矢量图形，也可以直接处理位图图像。工作区上有 4 个选项卡，如图 8-9 所示。

图 8-9　文档编辑区选项卡

- 原始　当前是"原始"选项窗，也就是工作区，只有在此窗口中才能编辑图像文件。
- 预览　在"预览"选项窗中，可以模拟浏览器预览制作好的图像。
- 2 幅、4 幅　分别在 2 个和 4 个窗口中显示图像的制作内容。

8.2.2　画面显示调整及文档视图

为了辅助用户进行绘图，Fireworks CS3 提供了对画面的缩放与平移等功能，与这些功能相关的命令主要位于"视图"菜单（如图 8-10 所示）和工具面板的"视图"类别（如图 8-11 所示）中。

1. "视图"菜单

在"视图"菜单中，与之相关的命令说明如下：

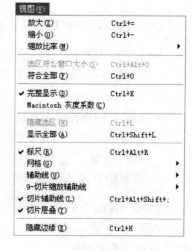

图 8-10　"视图"菜单

- 放大、缩小　用于将当前画面放大或缩小一倍显示。
- 缩放比率　按选定比率显示文档，类似于图 8-8 中的"设置缩放比率"。
- 选区符合窗口大小　以当前窗口大小为基准，在窗口中最大程度地显示选定对象。
- 符合全部　以当前窗口大小为基准，在窗口中最大程度地显示全部文档。
- 完整显示　打开或关闭对象真实效果显示，当文档比较复杂时，可关闭开关，此时将显示对象的框架。
- Macintosh 灰度系数　以 Macintosh 平台效果显示文档。

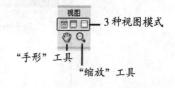

图 8-11　工具面板的"视图"类别

- 隐藏选区　隐藏选定对象。
- 显示全部　显示全部对象。
- 标尺、网络、辅助线、切片辅助线、切片层叠　用于辅助绘图，详见 8.2.3 小节。
- 9-切片缩放辅助线　Fireworks CS3 中新增的一个功能，可以按比例缩放矢量元件和位图元件而不会扭曲其几何形状。
- 隐藏边缘　打开/隐藏对象边界，即绘画时的蓝色线条。

2. "视图"类别

工具面板的"视图"类别内容如下:

- 3 种视图模式 从左至右依次为，⬛标准屏幕模式——默认的文档窗口视图；⬛带有菜单的全屏模式——一个最大化的文档窗口视图，其背景为灰色，上面显示菜单、工具栏、滚动条和面板；⬛全屏模式——一个最大化的文档窗口视图，其背景为黑色，上面没有可见的菜单、工具栏或标题栏。
- "手形"工具 当图像无法在当前窗口中完全显示时，单击此工具，然后在绘图区单击并拖动可以移动图像位置（此时光标变为手形），从而改变图像在窗口中显示的区域。
- "缩放"工具 对应于"视图"菜单中的"放大"或"缩小"命令，单击此工具后，直接在绘图区单击可放大当前显示；按 Alt 键并单击，可缩小显示。在绘图区单击并拖动，可将选定区域放大显示。

8.2.3 使用标尺、网格与引导线

在 Fireworks 中使用标尺、网络与引导线的作用如下:

- 标尺 帮助用户测量、组织和计划作品的布局。因为 Fireworks 图形旨在用于网页，而网页中的图形以像素为单位进行度量，所以不管创建文档时所用的度量单位是什么，Fireworks 中的标尺总是以像素为单位进行度量。
- 网格 网格在画布上显示一个由横线和竖线构成的体系。网格对精确放置对象很有用。
- 引导线 引导线是从标尺拖到文档画布上的线条。可以作为帮助放置和对齐对象的辅助绘制工具。可以使用引导线来标记文档的重要部分，如边距、文档中心点和要在其中精确地进行工作的区域。

执行"视图"菜单中的"标尺"或"网格"|"显示网络"命令可以分别打开标尺和网格，如图 8-12 所示。打开标尺后，将光标移至水平标尺或垂直标尺上单击并移动，可以创建水平或垂直引导线。

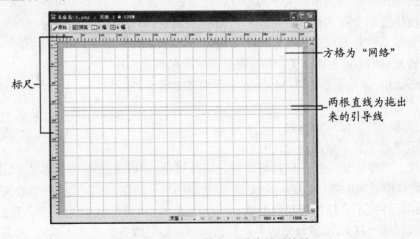

图 8-12 标尺、网格与引导线显示效果

如果要调整网格的疏密、网格线的颜色等,可以执行"视图"菜单中的"网络"|"编辑网格"命令,打开如图 8-13 所示的"编辑网格"对话框,在其中可以设置网格的颜色、打开/关闭网格显示、对齐网格、网格线的间距等。

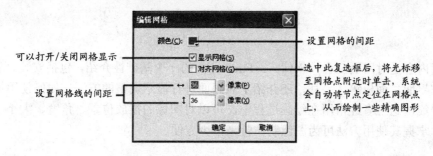

图 8-13　"编辑网格"对话框

注意:标尺、网格与引导线既不驻留在层上,也不随文档导出,只是设计时的辅助工具。

8.3　Web 图像的处理流程

为了更好地在 Web 上传输图像,在将图像插入网页之前,通常需要对图像进行处理。在 Fireworks 中处理图像时一般遵循以下流程。

1. 创建图形图像

使用 Fireworks 可以在两种模式下编辑图像文档。在矢量图形模式中绘制和编辑的是路径(曲线和线段),常用其设计网站的 CI 等;而在位图图像模式中编辑的是像素点,如处理网页中的某张图片、设计主页框架等。

2. 创建 Web 对象

Web 对象是在页面交互中使用到的一些基本的操作对象,包括切片和热区。切片可以把一幅图像分割成不同的小区域,每个小区域上均可添加动作、动画或链接等;使用热区可以方便地在一幅图像的整体或部分定义超级链接响应区域,从而添加交互功能。

3. 优化图像

处理的图像可以在 Fireworks CS3 中进行优化操作,以减少文档的大小,从而使图像在网络中能被快速下载。Fireworks CS3 中对图像的优化,可以在保证一定导出品质的前提下获得较小的文档,如通过减少原图片的色彩数量来减小文档的大小,或通过不同的切割,对每一个切片进行优化设置来减小图像的大小。

4. 导出图像

优化图像后,就要按一定的格式导出图像。Fireworks 默认的图片文件格式为.png,也可以以其他形式（.jpg 或.gif）保存图像，这些被导出的图像可以直接被应用于网页，或者作为其他图像处理程序的素材。

8.4　本 章 小 结

本章内容是对网页三合一软件——Fireworks 的一个基础性介绍，包括安装、启动过程以及工作界面、面板等。另外，还介绍了对画面进行显示调整的方法，如何使用标尺、网格与引导线，这三者经常用在绘画过程中，可以对图像的摆放位置、角度、大小等进行辅助参考，掌握其使用方法可为图像制作带来不少方便。

8.5　思考与练习

8.5.1　填空、判断与选择

（1）Fireworks CS3 默认的图片文件格式为_____。

（2）通过_____快捷键，可以启动/隐藏 Fireworks CS3 的面板组。

（3）可以通过单击 Fireworks CS3 工作界面中的_____栏的⊙按钮，退出位图图像模式，进入矢量图形编辑状态。

（4）在文档编辑区中，直接单击_____按钮，可以模拟浏览器浏览制作好的图像。

（5）在放大镜状态下，按住_____键即可变成缩小状态。

（6）在 Fireworks CS3 中可以制作动画。　　　　　　　　　　（　　）

（7）调整工作区的显示比例，会更改图像的实际大小。　　　　（　　）

（8）网格的大小是不能调整的。　　　　　　　　　　　　　　（　　）

（9）_____面板显示当前选定工具的属性，并且可以用来修改该工具，从而更好地为文档编辑服务。

　　　A. 属性　　　　　　　B. 状态　　　　　　　C. 优化　　　　　　　D. URL

（10）Fireworks CS3 共提供了 3 种视图显示模式，_____ 不是视图显示模式。

　　　A. 标准视图　　　　　　　　　　B. 全屏视图

　　　C. 半屏视图　　　　　　　　　　D. 带有菜单的全屏视图

8.5.2　问与答

（1）安装 Fireworks CS3 的最低配置要求是什么？

（2）简述标尺、网格与引导线各自的作用。

（3）简述利用 Fireworks 处理 Web 图像的流程。

第 9 章

Fireworks CS3基本操作

CHAPTER 09

内容导读

熟悉 Fireworks CS3 的工作界面后，本章介绍利用 Fireworks CS3 编辑图片的一些基本操作方法，包括创建文档、改变文档属性、保存文档、文档格式的转换、输入文本、设置文本属性、文本的变形、图层的操作及图层蒙版的应用等。

本章内容是后面几章的基础，读者只有掌握基本操作后，才能进一步绘制矢量图形及位图图像。

教学重点与难点

1. 文档保存及文件格式转换
2. 文本样式设置
3. 图层及图层蒙版的应用

9.1 创建与编辑文档

创建文档是指创建一个图像格式文件。使用 Fireworks CS3 就是为了设计图片，因此文档的创建与编辑是学习 Fireworks CS3 的基本功。

9.1.1 创建文档

要创建新图像，可以使用"开始页"（与 Dreamweaver CS3 类似，Fireworks CS3 也有开始页）创建文档，也可以通过执行"文件"菜单中的"新建"命令（快捷键为 Ctrl+N），打开如图 9-1 所示的"新建文档"对话框。

设置好参数后，单击"确定"按钮，即可创建一个默认名称为"未命名-X.png"（X 代表新建文档的序列数字，如"未命名-1.png"、"未命名-2.png"……）的空白普通图像文档，如图 9-2 所示。

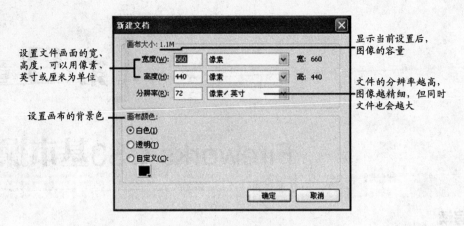

图 9-1 "新建文档"对话框

图 9-2 创建的新文档（注意已设置显示比例为 50%）

9.1.2 改变文档属性

Fireworks CS3 中的画布相当于图像的背景，在绘图的过程中为了使画布的大小或色彩能够和前景的图像保持协调，用户经常要修改画布的相关属性。方法是：单击画布，或在画布的工作区外单击，调出画布的"属性"面板，如图 9-3 所示，在此可以改变文档的属性。

图 9-3 文档"属性"面板

1. 画布颜色

在图 9-3 所示的"属性"面板中，单击"画布"区拾色器，或执行"修改"菜单中的"画布"|"画布颜色"命令，即可重新设置新的画布颜色。

2. 画布大小

在图 9-3 所示的"属性"面板中，单击"画布大小"按钮或执行"修改"菜单中的"画布"|"画布大小"命令，即可弹出"画布大小"对话框，如图 9-4 所示。从图中可以看到，当前画布的宽为 660 像素，高是 440 像素。

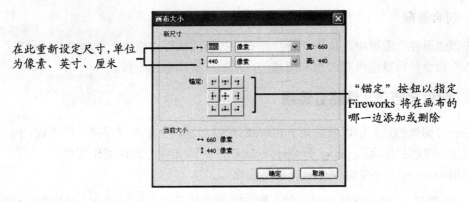

在此重新设定尺寸,单位
为像素、英寸、厘米

"锚定"按钮以指定
Fireworks 将在画布的
哪一边添加或删除

图 9-4 "画布大小"对话框

在"新尺寸"选项组中可以输入新的宽、高像素值。在"锚定"右边是画布的固定点,当画布的大小被改变时,会以选中的点为固定点来更改画布的大小。

注意:默认情况下选择中心锚定,表示对画布大小的更改将在所有边上进行。

3. 图像大小

在图 9-3 所示的"属性"面板中,单击"图像大小"按钮或执行"修改"菜单中的"画布"|"图像大小"命令,即可弹出"图像大小"对话框,如图 9-5 所示。

在"像素尺寸"选项组中,选择合适的度量单位(像素、英寸、厘米)并输入新的宽度和高度尺寸值,即可重新设置工作区的宽、高度数值。

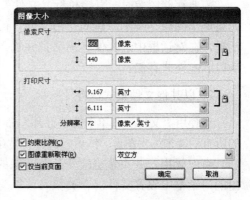

图 9-5 "图像大小"对话框

- 若选中"约束比例"复选框,当宽度或高度中任一数值被改变,另一个数值也会等比例地随着改变;相反,若取消此项,可以单独改变宽度或高度的数值。
- 若选中"图像重新取样"复选框,可以从右边的下拉列表框中选择以"双立方"、"双线性"、"柔化"或"最近的临近区域"设置图像的重新取样功能;如果取消选择"图像重新取样",则可以更改分辨率或打印尺寸,但不能更改像素尺寸。此项的作用是,在调整图像大小时添加或去除像素,使图像在不同大小的情况下具有大致相同的外观。
- 若选中"仅当前页面"复选框,表示设置只作用于当前页面中,若要更改文档内所有页面内容,应取消选中复选框。当前文档中共有多少页面,执行"窗口"菜单中的"页面"命令,在打开的"页面"面板中即可看到。
- 在"打印尺寸"选项组中,选择合适的度量单位(百分比、英寸、厘米)并输入打印图像的宽度和高度尺寸值,在"分辨率"文本框中为图像输入新的分辨率。

提示:更改"画布大小"只改变当前文档的尺寸,而更改"图像大小"则改变当前文档的实际大小。

4. 符合画布

在该"属性"面板中，单击"符合画布"按钮或执行"修改"菜单中的"画布"|"符合画布"命令，可以使画布大小与图像所占用的位置大小相一致。

9.1.3 保存文档及文件格式转换

在处理图像的过程中以及关闭 Fireworks CS3 以前，往往需要存储工作进程，Fireworks CS3 默认的文档扩展名为.png，即 Fireworks CS3 的源文件，或称工作文件。

使用 Fireworks PNG 源文件具有以下优点：

- 源 PNG 文件始终是可编辑的，即使将该文件导出以供在网页上使用后，仍可以返回并对其修改。
- 可以在 PNG 文件中将复杂图形分割成多个切片，然后将这些切片导出为具有不同文件格式和不同优化设置的多个文件。

1. 图像的存储

需要存储图像时，直接执行"文件"菜单中的"保存"命令，也可以按快捷键 Ctrl+S。如果这个图像是刚刚新建的空白文件，而且是第一次进行存储，此时会弹出"另存为"对话框，在对话框中选择保存的路径并输入文件名，然后单击"保存"按钮，图像文档将自动以.png 格式存储。

2. 以其他文件格式保存

当使用"文件"菜单中的"打开"命令打开非 PNG 格式的文件时，可以使用 Fireworks 的所有功能来编辑图像。然后，执行"另存为"命令，将所编辑的文档保存为新的 PNG 文件。

有时候用户并不希望改变某个图像的文件本身，也可以执行"另存为"命令，并在弹出的对话框中设置文件保存类型（可以为 BMP、WBMP、GIF、GIF 动画、JPG、SWF、PSD 或 TIF）。

9.2　编　辑　文　本

Fireworks CS3 提供了丰富的文本功能，可以用不同的字体和字号创建文本，并且可以调整字距、颜色、字顶距和基线等。将 Fireworks 文本编辑功能同大量的笔触、填充、滤镜以及样式相结合，能够使文本成为图形设计中一个生动的元素。

9.2.1 输入文本及设置文本属性

要输入文本，只需选择"工具"面板"矢量"选项组中的"文本"工具 **A**，然后在文档编辑区欲插入文本的位置处单击，此时会产生一个带有控制句柄的矩形（称为文本块），如图 9-6 所示，在此文本块内输入相应文字即可。

对于输入的文本可以利用"属性"面板设置文本的相关属性。图 9-7 所示为文本的"属性"面板及相关选项的功能图示。

要编辑文本，只需用"指针"工具 ↖ 选中整个文本（利用"文本"工具单击并拖动可以选中部分文本），然后利用"属性"面板进行编辑即可。

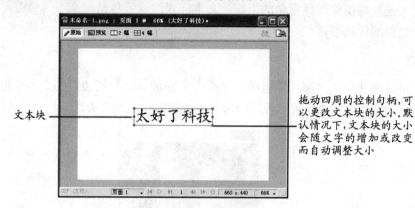

图 9-6　输入文本

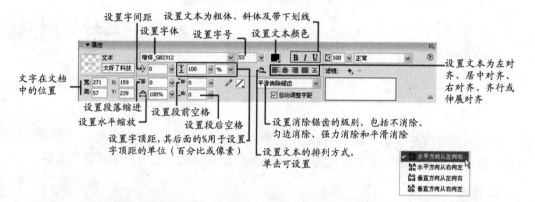

图 9-7　文本"属性"面板

小知识：操作的撤销与恢复

在 Fireworks 中，执行"编辑"菜单中的"撤销"命令（快捷键为 Ctrl+Z）和"重做"命令，可以撤销和重做前面的操作，而利用"历史记录"面板可以一次撤销和重复执行多步操作，如图 9-8 所示。"历史记录"面板的打开可以通过执行"窗口"菜单中的"历史记录"命令实现。

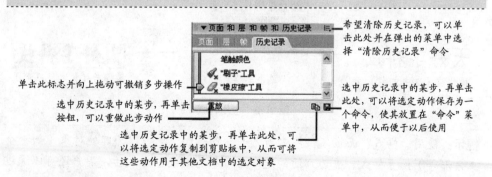

图 9-8　"历史记录"面板及相关操作图示

9.2.2　设置文本样式

修饰文本是处理图像时经常做的工作。文本样式的设置包括对文本的描边、填充及套用系统本身提供的样式等。

1. 描边

对文本进行描边仍在"属性"面板中（　　）完成，执行描边后的文本外边框可以显示预先设定好的颜色。图 9-9 所示为操作前后的效果对比及操作方法。

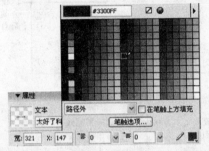

操作前（选中文字）　　　单击"属性"面板中的"笔触"按钮，并选择描边颜色　　　描边后（红边黑字）

图 9-9　执行文字描边

2. 填充

对文本进行填充也在"属性"面板中（　　）完成，经填充后的文本可以改变其原有的颜色，操作方法为，选中文字后直接单击"属性"面板中的"设置文本颜色"图标。

3. 样式

样式实际上是描边、填充和效果设置的综合运用。选定对象后，只需简单地在"样式"面板（执行"窗口"菜单中的"样式"命令即可打开此面板）中单击选定某个样式即可将这些设置用于选定对象，从而快速制作出特效文字。

图 9-10 所示为操作前后的效果对比及操作方法。

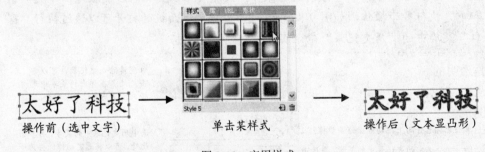

操作前（选中文字）　　　　　单击某样式　　　　　操作后（文本显凸形）

图 9-10　应用样式

> **提示：** 使用"样式"面板不仅可以为文本设置样式，也可以为其他对象（如1个正方形等）设置样式。更为方便的是，为对象选用某个样式后，用户还可以通过调整对象的描边、填充和效果等各项设置，获得不同的效果。

9.2.3 文本的变形

用户可以缩放、旋转、翻转、扭曲或倾斜对象，这些变形的对象可以是文本，也可以是图像、热点区和切片区等。

用于变形和扭曲的工具位于"工具"面板的"选择"选项组中，包括"缩放"工具、"倾斜"工具和"扭曲"工具，其对应菜单为"修改" | "变形"菜单中的相应选项。

在对对象进行变形和扭曲时，关键是对象的中心点及控制点，图 9-11 所示为通过改变文本的中心点位置产生文本变形的效果。

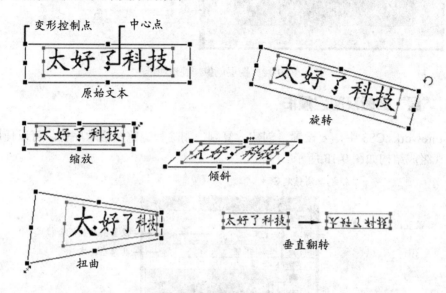

图 9-11　文本变形效果

9.3　使用图层控制图像

图层是 Fireworks CS3 中一个非常重要的概念。现在，越来越多的图形图像处理软件采用图层的概念，如 CorelDRAW 和 Photoshop 等。

可以将图层理解成层叠在一起的透明纸，如图 9-12 所示。如果某个图层中没有任何图像，就是完全透明的；如果图层中有图像，那么有图像的地方是不透明的，没有图像的地方还是透明的。

从图 9-12 可以看出，共有 3 组图层，分别为"网页层"、"层 1"和"背景"层，展开位图图像的"背景"层，可发现有两个图层：由于最底下的图层中有只猫，而正好上面的图层中有只猴子，因此猴子遮住了下面图层的猫。由于背景逐个叠加在一起，所以可以透过上面图层的透明部分看见下面图层中的图像。

图层为图像处理带来了极大的方便。在选中某一图层后，就可以单独地对这个图层进行编辑、移动、颜色调整等操作，而这些改变不会影响到其他图层，这些特点也为图像处理带来了很大的灵活性。

图 9-12　图层就像一叠透明纸

9.3.1　"层"面板及图层操作

在 Fireworks CS3 中，要设置、创建、复制、删除和调整图层顺序等，可以使用"层"面板，其组成结构如图 9-13 所示。

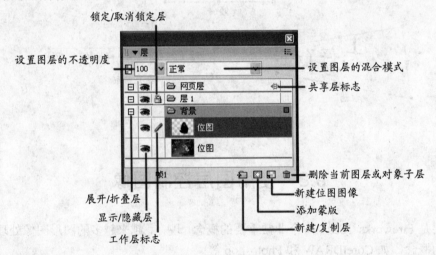

图 9-13　"层"面板的组成

默认情况下，创建一个新文档时只包含两个图层——"网页层"和"层 1"。

- "网页层"是一个特殊的层，显示在每个文档的最顶层。"网页层"中包含用于给导出的 Fireworks 文档指定交互性的网页对象（如切片和热点）。用户可以上下移动该层的位置或暂时关闭该层，但不能停止共享、删除、复制、移动或重命名"网页层"，也不能合并驻留在"网页层"上的对象。

- "层 1"是一个普通的图层，用户所绘制的对象都被放在此层中。例如，新建一个文档后，选择"文本"工具并在文档中输入文字，此时系统自动在"层 1"中产生一个"文字"子图层。

下面介绍有关图层的一些操作方法。

1. 可视化操作

展开/折叠图层

要展开或折叠图层，只需在"层"面板中单击图层的展开/折叠标志 ⊟ 即可。

显示/隐藏图层

要显示/隐藏图层，只需在"层"面板中单击图层的眼睛图标 👁 即可。图层被隐藏后，该层上的全部对象将不被输出。要隐藏/显示全部图层，可以在"层"面板快捷菜单中选择"隐藏全部"或"显示全部"选项。

锁定/解锁图层

要锁定/解锁图层，只需在"层"面板中单击图层左侧的锁定/解锁标志列。图层被锁定后，会在该列出现 🔒 标志，此时将不能对该图层进行任何编辑。要锁定/解锁全部图层，可以在"层"面板快捷菜单中选择"锁定全部"或"解除全部锁定"选项。

设置当前工作图层

要设置当前工作图层，只需在"层"面板中单击层或对象子层即可。当前工作图层的前面会出现 ✏ 标志。

2. 基本操作

新建图层

要新建图层，只需在"层"面板中单击右下角的"新建/重制层"按钮 ▣，或"新建子层"按钮 ▣ 即可。此外，在"层"面板快捷菜单中选择"新建层"或"新建子层"选项也可以创建新图层。

复制图层

要复制图层，只需在"层"面板中单击右下角的"新建/重制层"按钮 ▣ 即可。

重命名图层

要重命名图层或对象子层，可以双击相应的层列表项，然后在出现的编辑框中进行设置即可。

删除图层

要删除图层或对象子层，在选中相应的图层或对象子层后，将其拖至"删除所选"按钮 🗑 即可。

移动图层

要将某个对象由当前所在图层移动到其他图层上，只需简单地在"层"面板中选中该对象子层并将其拖至目标图层中的适当位置即可。

3. 图层的顺序调整及合并

调整图层顺序

要调整图层顺序，只需在"层"面板中选中欲调整顺序的图层并上下拖动即可。位于层列表区上面图层中的对象在文档中也处于上层。

合并图层

如果使用的是位图对象且图层较多时，会发现"层"面板很容易变得混乱，这时可以通过合并某些图层来减少文档图层的数量。要合并图层，在"层"面板上选择需要合并图层的上面一层图层，然后从"层"面板的快捷菜单中选择"向下合并"选项，或者执行"修改"菜单中的"向下合并"命令。合并图层的操作过程如图9-14所示。

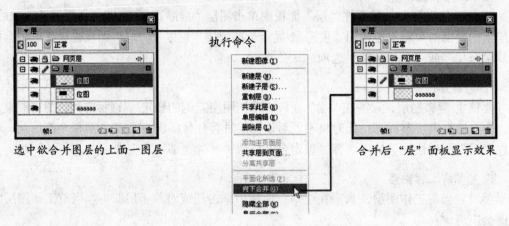

图9-14　合并图层操作过程

4. 其他操作

在"命令"|"文件"菜单中，系统还提供了一组与图层操作相关的命令：

- 分布至各层　将选定的多个对象分别放置在不同的图层中。
- 隐藏其他图层　隐藏除当前图层以外的其他图层。
- 锁定其他图层　锁定除当前图层以外的其他图层。

9.3.2　图层蒙版的应用

蒙版能够隐藏/显示对象或图像的某些部分。在编辑图像时，可以使用图层蒙版来控制图层，决定图层中的不同部分是隐藏的还是可见的。

蒙版是一幅256色灰度图像，必须与图层的基本内容配合才能发挥作用。其中，蒙版中的白色区域为透明区（即完全显示基本内容），黑色区域为非透明区（即该区域显示为白色），而灰色为半透明区。因此，用户在操作带蒙版的对象时，必须清楚当前对象是蒙版还是基本内容。

1. 直接在图像上创建蒙版

直接在图像上创建蒙版的具体操作步骤如下：

（1）打开一幅图像，然后在其上绘制一个椭圆形状（绘制椭圆可以在工具面板的"矢量"选项组中选择"椭圆"工具，并直接在图像上拖动即可），如图9-15所示。

（2）按Ctrl+A快捷键选择全部对象（实际上选中了"路径"及"位图"两个图层），然后执行"修改"|"蒙版"菜单中的"组合为蒙版"命令，所得效果及"层"面板如图9-16所示。

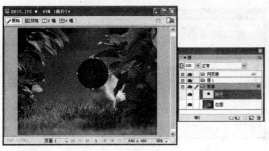

图 9-15　创建蒙版前的画面及"层"面板　　　图 9-16　创建蒙版后的画面及"层"面板

从图 9-16 可以看出，下层对象将被作为蒙版内容，而上层对象被作为蒙版。在合并后的图形的中心位置有一个蓝色的星形，是蒙版控制点，单击该点并拖动可调整对象的位置，从而调整该对象显示在蒙版中的部分。

创建完蒙版后，一个带有钢笔图标的蒙版缩略图（）会出现在"层"面板中，表示已经创建了蒙版。选择该蒙版缩略图后，"属性"面板会显示关于该蒙版应用方式的信息，以及可以编辑蒙版对象的笔触和填充等，如图 9-17 所示。

蒙版的应用方式，若执行完以上操作后，不是显示图 9-16 所示的内容，可以切换此处为"路径轮廓"

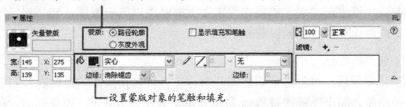

设置蒙版对象的笔触和填充

图 9-17　蒙版的"属性"面板

> **提示：**对于已经创建的蒙版组，若要撤销蒙版，可以执行"修改"菜单中的"取消组合"命令，此时将恢复各对象的初始状态。

2. 通过粘贴方法创建蒙版

具体操作步骤如下：

（1）新建一个文档，并在文档上绘制一个椭圆。

（2）重新打开一幅图像（也可以用其他绘图软件，如 Photoshop、ACDSee 等），将此图像复制到剪贴板（一般选中图像后按快捷键 Ctrl+C 即可）。

（3）如果希望将当前剪贴板中的内容作为蒙版，可以执行"编辑"菜单中的"粘贴为蒙版"命令，效果如图 9-18 所示。

（4）反之，如果希望将当前剪贴板中的内容作为对象，而将当前对象作为蒙版，则可以执行"编辑"菜单中的"粘贴于内部"命令，效果如图 9-19 所示。

3. 创建空白蒙版

在"层"面板中选定对象后，如果希望为该对象创建一个空白蒙版，可以直接在"层"面板中单击"添加蒙版"按钮。创建空白蒙版后，用户以后可以通过编辑蒙版来修改其内容。

图 9-18 "粘贴为蒙版"效果   图 9-19 "粘贴于内部"效果

> **提示**：在 Fireworks 中，蒙版的类型有两种，一种是位图图像蒙版，另一种是路径蒙版（此时在蒙版缩略图的右下角有一个钢笔符号）。大多数情况下，用户创建的蒙版都是位图图像蒙版，如果希望创建路径蒙版，可以在选中路径对象后执行"编辑"菜单中的"粘贴于内部"命令。但是，对于路径蒙版而言，用户只能调整路径形状，而不能在其中绘制新路径。

4. 编辑蒙版

要编辑蒙版，首先在"层"面板中单击蒙版缩略图以选中蒙版，然后用户就可以像编辑普通位图像或路径对象一样编辑蒙版了。

对象与蒙版间的链接

为对象创建蒙版后，对象与蒙版之间就会存在一种链接关系，此时在"层"面板中的对象与蒙版缩略图之间出现链接符号。被链接的对象与蒙版之间，如果移动、缩放、扭曲、倾斜对象，其蒙版内容也会相应地进行变化。

要解除对象与蒙版之间的链接关系，在"层"面板中单击链接符号，则链接符号消失；若要重新创建对象与蒙版间的链接关系，可以再次在该位置单击，此时链接符号又会重新显示出来。

蒙版的禁用

为对象创建蒙版后，如果禁止蒙版起作用，可以暂时禁用蒙版。在"层"面板中选中带蒙版的对象子层后，执行"修改"|"蒙版"菜单中的"禁用蒙版"命令，此时蒙版的缩略图上将显示一个红色叉号（ ），表示处于禁用状态。

要解除蒙版的禁用状态，可以执行"修改"|"蒙版"菜单中的"启用蒙版"命令，或者直接在"层"面板中单击蒙版缩略图。

蒙版的删除

要删除蒙版，可以在"层"面板中选中带蒙版的对象子层后执行"修改"|"蒙版"菜单中的"删除蒙版"命令，或者直接在"层"面板中单击选中蒙版缩略图，然后单击"层"面板右下角的"删除所选"按钮。系统会打开一个是否应用蒙版的提示框，如果选择"放弃"选项则自动丢弃蒙版内所做的修改，反之，选择"应用"选项则将蒙版内的内容应用到当前图像中。

9.3.3　混合及透明度

利用 Fireworks 提供的图层混合模式及透明度设置，可以轻易地获得图像的某种特殊效果。例如：

- 正常　不应用任何混合模式。
- 平均　相当于在"正常"模式下，将不透明度设置为原来的 50% 后产生的效果。
- 变暗　选择混合颜色和基准颜色中较暗的那个作为结果颜色，这将只替换比混合颜色亮的像素。
- 色彩增值　用混合颜色乘以基准颜色，从而产生较暗的颜色。
- 变亮　选择混合颜色和基准颜色中较亮的那个作为结果颜色，这将只替换比混合颜色暗的像素。
- 屏幕　用基准颜色乘以混合颜色的反色，从而产生漂白效果。
- 叠加　把图像的"基色"颜色与"混合色"颜色相混合产生一种中间色。
- 柔光　产生一种柔光照射的效果。
- 模糊光　产生的效果更为柔化，过渡更为平滑，颜色边缘也更为柔软。
- 差异　从基准颜色中去除混合颜色或者从混合颜色中去除基准颜色，从亮度较高的颜色中去除亮度较低的颜色。
- 色相　将混合颜色的色相值与基准颜色的亮度和饱和度合并以生成结果颜色。
- 饱和度　将混合颜色的饱和度与基准颜色的亮度和色相合并以生成结果颜色。
- 颜色　将混合颜色的色相和饱和度与基准颜色的亮度合并以生成结果颜色，同时保留给单色图像着色和给彩色图像着色的灰度级。
- 发光度　将混合颜色的亮度与基准颜色的色相和饱和度合并。
- 反转　反转基准颜色。
- 色调　向基准颜色中添加灰色。
- 擦除　删除所有基准颜色像素，包括背景图像中的像素。

若要应用以上某种混合模式，则首先在"层"面板中选中要应用混合模式的图层，然后选择"层"面板的 正常 下拉列表框中的某项即可。图 9-20 所示为在"猴子"图层中应用差异、反转、擦除效果后的效果图。

差异　　　　　　　　　反转　　　　　　　　　擦除

图 9-20　应用图层混合模式后的效果图

图层透明度的设置是设置图层中图像的可视度，在"层"面板中选中要调整透明度的图层，然后在"层"面板的 100 下拉列表框中设置某数值即可。其中，设置为 100 会将对象渲染为完全不透明，设置为 0（零）会将对象渲染为完全透明。

> 提示：用户可以同时设置图层的混合模式和不透明度。

9.4 本 章 小 结

本章以介绍 Fireworks CS3 基本操作为主，重点介绍了图像处理中文本、图层的使用。目前，各网页中绝大部分的文本设置均可利用 Fireworks CS3 中提供的文本样式来完成。对于新建的文档，应掌握图层的应用技巧，并能正确地将其保存为网页中可识别的图片文件格式。

9.5 思 考 与 练 习

9.5.1 填空、判断与选择

（1）在 Fireworks CS3 中新建一个文档，可以通过快捷键_____完成。

（2）Fireworks 中默认图像文档扩展名为_____。

（3）若撤销多步操作，可以使用_____面板完成。

（4）若要实现文字周围出现一层外边框的效果，可以设置该文字的_____效果。

（5）对图层实施_____后，则不可以编辑图层中的内容。

（6）图层是一层透明的纸，可以透过上面的图层看见下面图层上的内容。　（　　）

（7）若要隐藏某图层，可以直接单击"层"面板中的眼睛图标。　（　　）

（8）利用图层蒙版可隐藏图层中某块区域，以方便图像的处理。　（　　）

（9）默认情况下，存在网页中切片、热点等交互式网页对象的层是_____。

    A. 层 1　　　　　B. 背景层　　　　　C. 网页层　　　　　D. 新建图层

（10）选择网页中的全部对象的快捷键是_____。

    A. Ctrl+A　　　　B. Ctrl+B　　　　C. Ctrl+C　　　　D. Ctrl+D

9.5.2 问与答

（1）简述更改画布大小与更改图像大小的区别。

（2）简述利用图层处理图像的好处。

（3）在 Fireworks 中，蒙版的类型有哪些？

利用Fireworks CS3设计网站CI——矢量图形创建

CHAPTER 10

内容导读

矢量图形是由线条和节点组成的图像，可以无损缩放，并且不会产生锯齿或模糊。矢量图形经常被用于网站的CI。本章从矢量图形的基础创建知识讲起，并概括出使用路径工具进行网站CI的设计与制作的技巧。

教学重点与难点

1. 矢量图形的绘制
2. 路径使用技巧

10.1 创建矢量图形

利用 Fireworks 工具面板提供的几款绘制矢量图形的工具，用户可以创建任意矢量图形，并对图形进行简单的操作。

10.1.1 绘制基本图形

可以使用"直线" ⁄ 、"矩形" □ 、"椭圆" ○ 、"多边形" ○工具快速绘制基本形状。若要绘制直线、矩形、椭圆或多边形，其操作步骤如下：

（1）在工具面板中，选择"直线"、"矩形"或"椭圆"工具，如果工具面板没有显示，执行"窗口"菜单中的"工具"命令来显示。

（2）如果需要，在工具面板中的"颜色"选项组中设置笔触（即画笔）和填充属性，如图 10-1 所示。

每一种颜色都与一个十六进制值相对应，如黑色的十六进制值为#000000，白色的十六进制值为#FFFFFF，所以，在设置颜色时也可以在拾色器中直接输入某值，当然，也可以单击按钮●，打开系统颜色选取器面板，以选择更多颜色。

（3）将光标移到画布上，此时光标会变为"+"字形，在画布上单击，向任意角度拖动即可绘制出相应形状。拖动的距离和方向决定了形状的长度和大小。

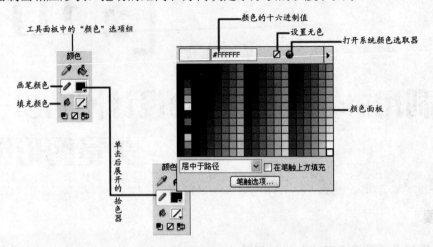

图 10-1　工具面板中的"颜色"选项组

对于绘制的形状可以通过工具面板中的"指针"工具选择该对象。单击所需要编辑的对象，可以选择该对象。如果要选择多个对象，可以用鼠标拖出一个包含所有对象的选择框来选择多个对象，还可以在按住 Shift 键的同时分别单击各个对象，如图 10-2 所示。

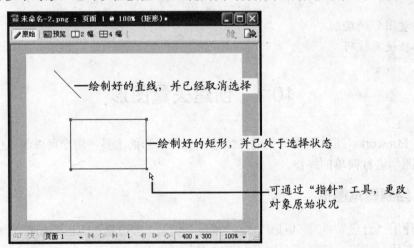

图 10-2　绘制的形状

小知识：使用快捷键绘制精确图案

- 对于"直线"工具，按住 Shift 键并拖动可限制只能按 45°的增量来绘制直线。
- 对于"矩形"或"椭圆"工具，按住 Shift 键并拖动可将形状限制为正方形或圆形。
- 若要从特定中心点绘制直线、矩形或椭圆，可将指针放在预期的中心点，然后按住 Alt 键并拖动绘制工具。
- 若要既限制形状又要从中心点绘制，可将指针放在预期的中心点，按住 Shift+Alt 组合键并拖动绘制工具。

10.1.2 绘制自动形状图形

除基本的图形绘制工具外，Fireworks CS3 还提供了绘制自动形状的工具，这些工具与基本图形绘制工具一样，也位于"工具"面板中，如图 10-3 所示。

自动形状是智能矢量对象组，这些对象组遵循特殊的规则以简化常用可视化元素的创建和编辑。与基本绘图工具不同的是，选定的自动形状除了具有对象组控制手柄外，还具有菱形的控制点。每个控制点都与形状的某个特定可视化属性关联。拖动某个控制点只会改变与其关联的可视化属性。大多数自动形状控制点都带有工具提示（将指针移到一个控制点上可以看到），以描述如何影响自动形状。图 10-4 所示为绘制的 L 形自动形状图形，其绘制方法类似于基本图形的绘制。

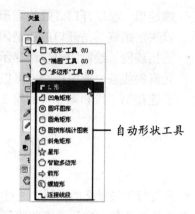

图 10-3 自动形状工具

图 10-4 L 形自动形状图形

对所有自动形状及控制点的说明如下：

- L 形 绘制直角边形状的对象组。使用控制点可以编辑水平和垂直部分的长度、宽度以及边角的曲率。

- 凹角矩形 绘制带有倒角的矩形形状（边角在矩形内部成圆形）的对象组。可以同时编辑所有边角的倒角半径，或者更改个别边角的倒角半径。

- 圆环图形 绘制实心圆环形状的对象组。使用控制点可以调整内环的周长或将圆环形状拆分为几个部分。

- 圆角矩形 绘制带有圆角的矩形形状的对象组。使用控制点可以同时编辑所有边角的圆度，或者更改个别边角的圆度。

- 圆饼形统计图表 绘制饼图形状的对象组。使用控制点可以将饼图形状拆分为几个部分。

- 斜角矩形 绘制带有切角的矩形形状的对象组。使用控制点可以同时编辑所有边角的斜切量，或者更改个别边角的斜切量。

- 星形 绘制星形形状（顶点数在 3~25 之间）的对象组。使用控制点可以添加或删除顶点，并可以调整各顶点的内角和外角。

- 智能多边形 绘制具有 3~25 条边的正多边形形状的对象组。使用控制点可以调整大小和旋转、添加或删除线段、增加或减少边数，或者向图形中添加内侧多边形。

- 箭形 绘制任意比例的普通箭头形状的对象组。使用控制点可以调整箭头的锥度、尾部的长度和宽度，以及箭尖的长度。

- 螺旋形 绘制开口式螺旋形形状的对象组。使用控制点可以编辑螺旋的圈数，并可以决定螺旋形是开口的还是闭合的。
- 连接线段 绘制的对象组显示为3段的连接线形，如那些用来连接流程图或组织图元素的线条。使用控制点可以编辑连接线形的第1段和第3段的端点，以及编辑用于连接第1段和第3段的第2段的位置。

10.2 使用路径工具

路径类似于矢量化的曲线，通过"钢笔"工具、"矢量路径"工具和"重绘路径"工具，可以创建具有各种方向和弧度的路径。对于网站CI，由于要具有某种特殊化的形状，因此常常使用路径工具来进行绘制。

10.2.1 关于路径

路径是由贝塞尔（Bezier）曲线组成的。在贝塞尔曲线的两端存在着两个锚点（Anchor Points），这两个锚点之间是由称为控制点的空间参照物的位置来决定的，每个控制点沿锚点的切线方向排列。如果控制点发生了移动，那么与锚点之间的线性联系也就随之发生变化。因此，贝塞尔曲线的形状也将发生变化。控制点离锚点越近时，曲线所包含的区域就越小，甚至可以使控制点与锚点重合，在这种情况下，曲线就不会成为封闭区域；在特殊情况下，当控制点与锚点重合时，将形成一条直线。

路径上面有贝塞尔曲线、锚点等元素，通过锚点延伸出来的控制线和控制点可以控制路径的外观。整个构成如图10-5所示。

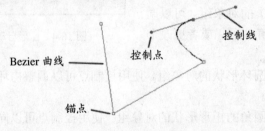

图10-5 路径及其组成

> **小知识：贝塞尔**
> 20世纪60~70年代，法国数学家Bezier在研究精密切割机器的控制问题时，形成了以三角函数为基础，以他的名字Bezier命名的曲线系统。

10.2.2 创建和编辑路径

1. 直线路径与曲线路径

直线路径和曲线路径的绘制都可以使用"钢笔"工具，其操作步骤如下：

（1）新建一个文档，为精确定位，可以执行"视图"菜单中的"标尺"命令以打开标尺。

（2）在工具面板的"矢量"选项组中，选中"钢笔"工具 ，在文档窗口中单击，创建路径的第 1 个锚点，该锚点以蓝色小方块显示。

（3）移动鼠标并再次在文档窗口内单击，此时系统自动将第 1、第 2 个锚点连接成一条直线路径，如图 10-6 所示。

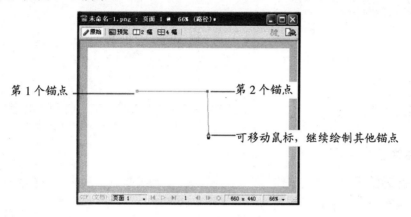

图 10-6　绘制直线路径

（4）再次移动鼠标并单击，以创建第 3 个锚点，同时在第 3 个锚点位置单击并拖动，将产生一条控制线。此时，第 2 个锚点和第 3 个锚点之间以曲线相连，曲线形状随着鼠标的移动而改变。绘制过程如图 10-7 所示。

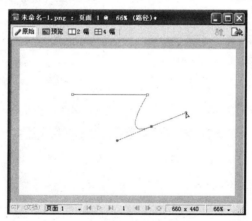

图 10-7　绘制曲线路径

（5）如果要封闭刚才创建的路径，可将"钢笔"工具移动至路径的第 1 个锚点，此时，在光标的右下角出现一个小圆圈，单击之后将在图像窗口形成封闭的路径，如图 10-8 所示。

> **提示**：如果图形复杂，如何快速定位到第 1 个锚点？
>
> 将路径工具放在各锚点上，一般会在路径工具的右下角有相应的提示，只要是圆圈 标记，即代表此锚点为第 1 个锚点。其他提示内容如下：
>
> 加号，代表可在任意两个锚点间再添加一个锚点。
>
> 减号，代表可删除某一锚点。

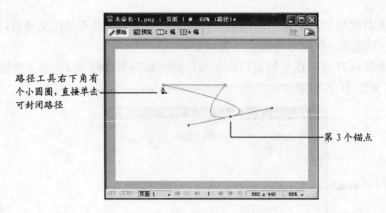

图 10-8　封闭路径

2. 自由路径

　　自由路径的绘制使用"矢量路径"工具 <img>（位于"钢笔"工具弹出菜单中）。使用这个工具，可以像在纸上绘图一样自由地绘制任意形状的路径。在绘制过程中，Fireworks 将自动产生锚点，具体位置事前不可预知。

　　使用"矢量路径"工具并利用"属性"面板（如图 10-9 所示）设置路径的描边种类和颜色后，绘制的"长沙太好了科技"网站的 CI 标志，如图 10-10 所示。

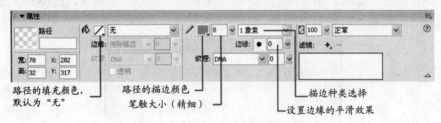

图 10-9　"矢量路径"工具"属性"面板

图 10-10　利用"矢量路径"工具绘制路径

3. 编辑路径

　　路径创建完成后，可以对路径进行简单的操作，如增加、删除、移动锚点，改变控制线的方向和长度等。

移动锚点和控制点

路径编辑操作中最重要的工具是"部分选定"工具 ▶。单击并选中锚点，相邻锚点的两侧将出现控制线和控制点。拖动控制点就可以改变相邻锚点之间的路径形状，如图 10-11 所示。

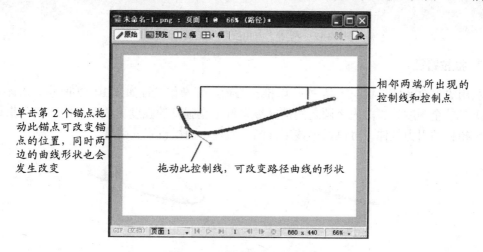

图 10-11　移动锚点和控制点

提示：按住 Shift 键的同时，可以逐个加选锚点，被选中的锚点以实心正方形显示。

锚点的增加、删除

"使用尽可能少的锚点创建路径"是一条应当遵循的原则，但为了使路径曲线拟合复杂的图像，增加锚点也是必然的。

要增加锚点，首先应选中欲操作的路径，然后选择"钢笔"工具，在路径上面需要添加锚点的位置（"钢笔"工具显示为 ♣ 形状）单击，就可以增加一个锚点了。相反，要删除锚点，只需将"钢笔"工具放在某锚点上（"钢笔"工具显示为 ♣ 形状），单击该锚点，系统会自动删除，锚点被删除后，相邻锚点将直接连接。

10.2.3　路径使用技巧

在 Fireworks CS3 中，利用绘图工具绘制路径只是创建 Web 图形的第一步。通常情况下，用户还需对所绘制的图形进行各种编辑，使其更加美观。

1. 弯曲路径

使用"自由变形"工具 ✎ 可以直接对矢量对象执行弯曲和变形操作，而不是对各个锚点执行操作。用户可以利用该工具推动或拉伸路径的任何部分，系统将自动增加、移动或删除路径上的锚点。

当光标靠近路径时，如果光标箭头的右下角显示了一个"s"，此时单击并拖动可以调整路径的弯曲程度，如图 10-12（a）图所示；如果光标离路径稍远，光标箭头的右下角显示为"o"，此时单击可以为路径增加一段圆弧，如图 10-12（b）图所示。

使用"自由变形"工具时，利用"属性"面板可以调整"自由变形"工具的变形半径和压力大小等参数。

（a）　　　　　　　　　　　　　（b）

图 10-12　利用"自由变形"工具弯曲路径

2. 推拉路径

利用"更改区域形状"工具 可以推拉路径，其操作过程如图 10-13 所示。指针的内圆是工具的全强度边界，内外圆之间的区域以低于全强度的强度更改路径的形状。指针外圆决定指针的引力拉伸。可以通过该工具的"属性"面板设置其强度。

图 10-13　利用"更改区域形状"工具推拉路径

3. 重绘路径局部线段

利用"重绘路径"工具 可以重绘路径的局部线段，其操作过程如图 10-14 所示。

图 10-14　重绘路径的局部线段

4. 分割路径

选择"刀子"工具 ，在绘图区单击并拖动可以绘制分割线，释放鼠标后即可分割路径，其操作过程如图 10-15 所示。

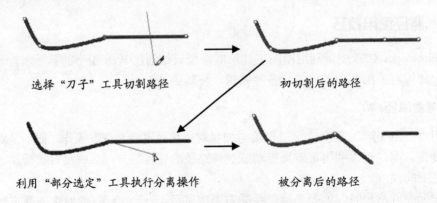

选择"刀子"工具切割路径　　　　　　初切割后的路径

利用"部分选定"工具执行分离操作　　　被分离后的路径

图 10-15　分割路径过程

由于切割路径后两条路径的端点是重合的，因此 Fireworks 仍将其看作是一条路径。若要单独移动一条路径，必须首先选中"部分选定"工具，将切割点分离，然后再分别移动路径。

5. 路径混合

使用路径操作命令，可以通过对多条路径或单个路径执行运算来创建新路径，如通过求取路径的并集、交集等，方便制作各种图案。与路径混合相关的命令在"修改"|"组合路径"菜单中，包括"接合"、"拆分"、"联合"、"交集"、"打孔"及"裁切"，各效果如图10-16 所示。

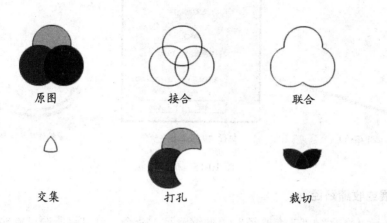

图 10-16　路径混合

6. 简化路径

通过执行"修改"|"改变路径"|"简化"命令，可以根据指定的数量删除路径上多余的锚点，同时保持总体形状。例如，如果有一条包含两个以上锚点的直线路径，则可使用"简化"命令，因为只需两个点即可产生一条直线；对于路径包含恰好重叠的锚点，使用"简化"命令将删除在重新生成所绘制的路径时不需要的锚点。

执行此命令时，系统将打开"简化"对话框，用户可以利用该对话框设置简化数量。整个应用效果如图10-17 所示。

图 10-17　简化路径

7. 扩展笔触

通过执行"修改"|"改变路径"|"扩展笔触"命令，可以将所选路径的笔触转换为闭合路径。得到的新路径是原路径的一个轮廓，该轮廓不包含填充并且具有与原路径相同的笔触属性。

执行该命令后将打开"展开笔触"对话框，在此对话框中可以设置：

- 宽度　最终的闭合路径的宽度。

- 角 选择一种边角类型，包括转角、圆角或斜角。如果选择转角，则设置转角限制，即转角自动变为斜角的点。转角限制是转角长度与笔触宽度的比例。
- 结束端点 选择一种结束端点，包括对接、方形或圆形。

整个应用效果如图 10-18 所示。

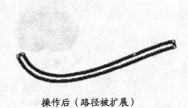

操作前（选中路径）　　　　执行"扩展笔触"命令　　　　操作后（路径被扩展）

图 10-18　扩展笔触

8. 扩展或收缩路径

通过执行"修改"|"改变路径"|"伸缩路径"命令，可以将所选对象的路径扩展或收缩特定数量的像素。

执行此命令后，将打开"伸缩路径"对话框，在此对话框中可以设置：

- 方向 扩展或收缩路径的方向。其中，"内部"会收缩路径；"外部"会扩展路径。
- 宽度 原始路径与扩展或收缩路径之间的宽度。
- 角 选择一种边角类型 转角、圆角或斜角。如果选择转角，则设置转角限制，即转角自动变为斜角的点。转角限制是转角长度与笔触宽度的比例。

整个应用效果如图 10-19 所示。

操作前（选中路径）　　　　执行"伸缩路径"命令　　　　操作后（路径被扩展）

图 10-19　扩展或收缩路径

10.3   本 章 小 结

本章内容以创建网站 CI 标志为基础。通过本章的学习，应该正确掌握如何利用 Fireworks 绘制矢量图形，以及路径的基本操作技巧。

10.4   思考与练习

10.4.1   填空、判断与选择

（1）对于"直线"工具，按住＿＿＿＿＿键并拖动可限制只能按 45° 的增量来绘制直线。

（2）选取"椭圆"工具绘制正圆时，应按住＿＿＿＿＿＿键。

（3）对于网站 CI，由于要具有某种特殊化的形状，因此常常使用＿＿＿＿＿工具来进行绘制。

（4）将所选路径的笔触转换为闭合路径，可以执行"修改" | "改变路径"菜单中的＿＿＿＿＿命令。

（5）将路径工具放在各锚点上，一般会在路径工具的右下角有相应的提示，只要是"圆圈"标记，即代表此锚点为第 1 个锚点。   （   ）

（6）路径上的锚点在初始状态下是以空心显示的，当选中此锚点时会变为实心状态。
                                                                （   ）

（7）利用路径工具中的"部分选定"选中某锚点时，相邻锚点的两侧将出现控制线和控制点。   （   ）

（8）通过执行"修改" | "改变路径" | "简化"命令，可以根据指定的数量删除路径上多余的锚点，同时保持总体形状。   （   ）

（9）若要将已绘制好的路径分割成两块，应使用＿＿＿＿＿。

    A. 多边形工具　　　B. 刀子工具　　　C. 烙印工具　　　D. 切片工具

（10）下列工具除＿＿＿＿＿外，其他均可用于绘制矢量图形。

    A. 路径工具　　　B. 直线工具　　　C. 画笔工具　　　D. 矩形工具

10.4.2   问与答

（1）什么是路径？

（2）简述自动形状与基本绘图形状的不同点。

（3）为个人网站设计一个 CI。

第 11 章

利用Fireworks CS3设计网站主页——位图图像创建

CHAPTER 11

内容导读

Fireworks 中提供了专门的位图图像处理工具。本章以设计网站主页为主线，详细介绍有关位图图像处理工具的使用方法以及图像优化与导出技巧，并结合 Dreamweaver 实现两者之间的互用。

教学重点与难点

1. 选区工具的应用
2. 位图的绘制过程
3. 图像优化与导出

11.1 创 建 选 区

在画布上对任意对象执行操作之前，首先必须选中该对象。直观地讲，选区就是封闭虚线所包围的图像的局部区域。图 11-1 所示为一个正方形的选区。

图 11-1　正方形选区

在 Fireworks CS3 中提供了 5 种创建选区的工具，介绍如下：

- "选取框"工具□　在图像中选择一个矩形像素区域。
- "椭圆选取框"工具○　在图像中选择一个椭圆形像素区域。
- "套索"工具✍　在图像中选择一个自由变形像素区域。
- "多边形套索"工具▷　在图像中选择一个直边的自由变形像素区域。
- "魔术棒"工具✎　在图像中选择一个像素颜色相似的区域。

11.1.1　创建规则选区与不规则选区

规则选区是指具有规则几何外观的选区，如矩形、正方形、圆形等。创建这些规则选区的工具有两种，放置在工具面板的"位图"选项组中，如图 11-2 所示。不规则选区是指除以上规则几何外观外的其他选区，创建这些不规则选区的工具也有两种，放置在工具面板的"位图"选项组中，如图 11-3 所示。

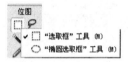

图 11-2　两种规则选区工具　　　　　图 11-3　两种不规则选区工具

下面分别介绍这 4 类工具的具体使用方法。

1. "选取框"工具

"选取框"工具□是使用最多的选区工具之一，经常被用来在图像中选择矩形像素区域。打开一幅图像文件，并选中此工具，此时"属性"面板对应显示该工具的属性参数设置，如图 11-4 所示。

图 11-4　"选取框"工具属性

在"样式"下拉列表框中可以选择选区的类型有"正常"、"固定比例"和"固定大小"3 种。"正常"选项是 Fireworks CS3 默认的选项，可以在图像上自由地拖动出一个矩形作为选区；"固定比例"选项可以将高度和宽度约束为已定义的比例；"固定大小"选项可以将高度和宽度设置为已定义的尺寸，其数值可以直接在下面的↔ 64 ↕ 64 中输入。

在"边缘"下拉列表框中可以设置选区边缘是"实边"、"消除锯齿"和"羽化"3 种。"实边"创建具有已定义边缘的选取框；"消除锯齿"防止选取框中出现锯齿边缘，使选区边缘更加平滑；"羽化"可以柔化像素选区的边缘，其数值可以直接在右边的 10 中输入。

当设置好参数后，即可在图像区域拖动，将产生如图 11-1 所示的选区。

提示： 太高的羽化程度将使选区由普通矩形转变成圆角矩形。

> **小知识：快捷键的配合使用**
>
> - 创建第一块选区后，按住 Shift 键可以实现选区的加选；按住 Alt 键可以实现选区的删除（即原选区与新选区重叠部分将删除）。
> - 选区创建完毕后，按 Ctrl+D 快捷键可以快速取消选区。
> - 在创建选区时，按住 Shift 键不放，可以绘制正方形选区。
> - 在创建选区时，按住 Alt 键不放，再拖动"选取框"工具，将以拖动的起点作为选区的中心。
> - 在创建选区时，按住 Shift+Alt 组合键不放，将创建以鼠标拖动的起点为中心的正方形选区（相当于画正圆一样）。
> - 若对创建的选区的位置不满意，在选区上拖动就可以移动选区的位置。

2. "椭圆选取框"工具

"椭圆选取框"工具 ◯ 用于在图像中选择椭圆形或圆形选区，其操作过程与"选取框"工具类似，快捷键的配合使用也类似。图 11-5 所示为利用"椭圆选取框"工具绘制的连续选区图案。

3. "套索"工具

"套索"工具 ♌ 用来创建不规则选区，操作过程也与"选取框"工具类似，只是"套索"工具可以在图像中选择一个自由变形像素区域。图 11-6 所示为沿着中间猴子的边缘绘制出的选区曲线。

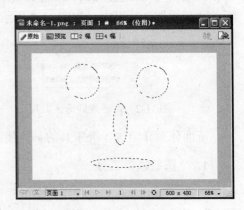

图 11-5　创建连续选区

图 11-6　创建选区曲线

同理，配合 Shift 键可以实现选区的加选，配合 Alt 键可以从原来的选区中删除部分选区，即减掉部分选区。

4. "多边形套索"工具

从上面选择猴子的操作来看，"套索"工具在创建不规则选区时有灵活的一面，但是使用却需要精确地控制选区的形状，因此增大了操作的难度。

使用"多边形套索"工具 ⚑，可以避免"套索"工具带来的繁杂操作，其原理是使用折线作为选区局部的边界，将这些折线连接起来就形成了封闭的选区。

图 11-7 所示为使用"多边形套索"工具再次选择猴子的操作过程。

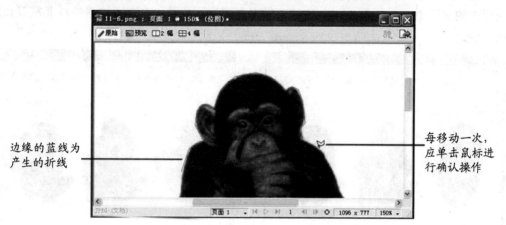

边缘的蓝线为产生的折线

每移动一次，应单击鼠标进行确认操作

图 11-7　绘制多个转折点

提示：在操作过程中，可以多次单击以设置多个转折点，这样选取的对象将更逼近对象的边缘轮廓。

11.1.2　创建特殊选区

Fireworks 提供的"魔术棒"工具 🖌 最大的特点就是能够根据图像中像素颜色的差异程度（即色彩容差度）来确定将哪些像素包含在选区内。这样，只要在前景中单击，就可以轻松地选定想要的前景对象。

仍以选中图 11-7 中的猴子为例，利用"魔术棒"工具操作的步骤如下：

（1）打开图 11-7 中的猴子图像，并选择工具面板中"位图"选项组中的"魔术棒"工具 🖌，对应的"属性"面板如图 11-8 所示。

图 11-8　"魔术棒"工具属性

（2）在"属性"面板的"容差"文本框中输入 100。该数值决定了选区的色差范围，数值越大，选择的色差范围就越大，随着选区范围的增大，选择的准确度会降低；反之亦然。

（3）在"属性"面板的"边缘"下拉列表框中选择"消除锯齿"选项，使选区边缘更加平滑。

（4）单击中间的猴子，将选中如图 11-9 所示的选区。从选区中可以看出，猴子的手、脚和脸等部位并没有被选中，这是因为单击的位置是黑色的色素，而手、脚和脸部等部位是黄色的色素，因此即使"容差"值设置得很高，也不可能选中差异极大（黑色与黄色）的两种色素。

（5）按住 Shift 键不放，然后逐个单击猴子的手、脚和脸部等部位，这些部分将被加选到原来的选区中去，如图 11-10 所示。仔细观察选区曲线，会发现这些曲线非常符合图像的边缘。

图 11-9　使用"魔术棒"工具创建选区　　　　图 11-10　加选选区后的效果

提示：在操作过程中，可以放大图像使所选的选区更加符合图像的边缘。

小知识：使用更快的方法同时选取 3 个猴子
细心的读者可能已经发现，上面 3 个猴子的背景均为白色。因此，使用"魔术棒"工具单击图像中的白色区域，然后通过执行"选择"菜单中的"反选"命令（即反转选择），即可很快地同时选取 3 个猴子。
"反选"命令在以后的图像处理工作中很有用，一定要掌握反转选择功能，其操作快捷键为 Ctrl+Shift+I。

11.1.3　选区的基本操作

1. 选区的移动

选区创建完成后，直接在选区上单击，然后拖动选区即可实现选区的移动。在移动时，被选区包围的图像部分并不随着选区的移动而移动。若要将选区和图像一起移动，操作步骤如下：

（1）选区创建完成后，选择工具面板中的"指针"工具。
（2）在选区上单击并拖动鼠标，选区及其包围的图像将一起移动，如图 11-11 所示。

提示：按照同样的方法，可以将选区及其图像移动到新建的图像窗口或者其他图像窗口中去，从而轻松实现图像的去除背景操作。

2. 选区的复制

复制选区，可以移动选区内所包含的图像并保留原始位置的图像。这在 Fireworks 中是一个非常实用的功能，可以实现图像的去除背景等操作。要复制选区，只需使用"指针"工具在拖动选区的同时按住 Alt 键即可，或者使用快捷键 Ctrl+C（复制）和 Ctrl+V（粘贴）。

图 11-12 所示为通过选区的复制将两幅图像合成一幅图的效果。

第 1 幅图

第 2 幅图（已选中）

合成后效果图

图 11-11　移动选区及选区中所包含的图像　　图 11-12　通过选区的复制将两幅图像合成一幅图

3. 选区的调整

在创建完选区之后，可以通过"选择"菜单中的"扩展选取框"、"收缩选取框"、"平滑选取框"及"边框选取框"等命令来调整整个选区。各命令作用的含义如下：

- 扩展选取框　扩大选区的范围。
- 收缩选取框　缩小选区的范围。
- 平滑选取框　平滑选区的边界。
- 边框选取框　制作边界选区。

图 11-13 所示为应用以上 4 个命令后的效果图。

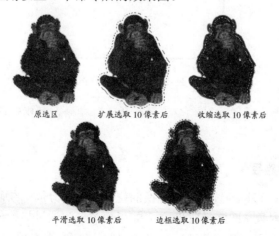

原选区　　　扩展选取 10 像素后　　　收缩选取 10 像素后

平滑选取 10 像素后　　　边框选取 10 像素后

图 11-13　选区调整效果

4. 选区的保存与重新载入

为避免许多重复性的操作，可先将创建的选区保存起来，在下次需要时直接载入原选区即可。

（1）要保存选区，执行"选择"菜单中的"保存位图所选"命令，在打开的"保存所选"对话框（如图11-14所示）中，设置好相关参数后单击"确定"按钮。

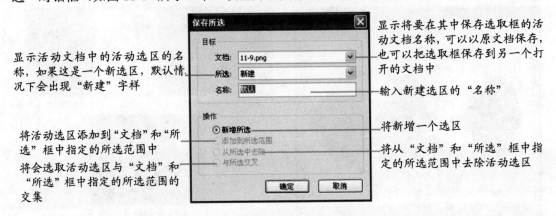

显示活动文档中的活动选区的名称，如果这是一个新选区，默认情况下会出现"新建"字样

将活动选区添加到"文档"和"所选"框中指定的所选范围中

将会选取活动选区与"文档"和"所选"框中指定的所选范围的交集

显示将要在其中保存选取框的活动文档名称，可以以原文档保存，也可以把选取框保存到另一个打开的文档中

输入新建选区的"名称"

将新增一个选区

将从"文档"和"所选"框中指定的所选范围中去除活动选区

图11-14　保存选区

（2）要重新载入刚保存的选区，执行"选择"菜单中的"恢复位图所选"命令，在打开的"恢复所选"对话框（如图11-15所示）中，设置好相关参数后单击"确定"按钮。

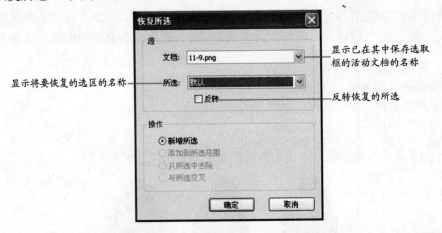

显示将要恢复的选区的名称

显示已在其中保存选取框的活动文档的名称

反转恢复的所选

图11-15　重新载入选区

> **提示**：通过"选择"菜单中的"删除位图所选"命令，可以删除以前命名和保存的选取框。

5. 将选区转换为路径

使用Fireworks时，可以通过在希望转换的位图图像部分周围绘制一个选区来将此位图图像选区转换成矢量对象（即路径）。例如，如果用户希望通过描绘位图中的选区来开始创建动画，则此过程很有用。若要将选区转换为路径，在创建完选区后，执行"选择"菜单

中的"将选取框转换为路径"命令即可，此时文档
的当前笔触和填充属性将应用到新的路径上，如图
11-16 所示。

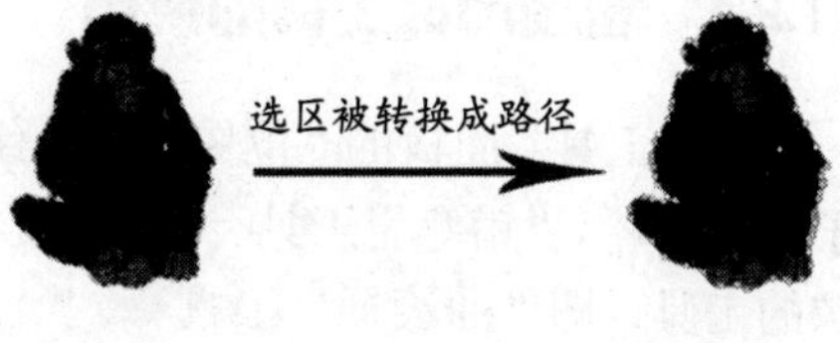

选区被转换成路径

6. 选区图像的高级变换

为了满足对选区及其所包含的图像进行拉伸、
图 11-16 将选区转换为路径
扭曲等操作的要求，Fireworks 在"修改"菜单中提供了"变形"级联菜单，包括"任意变
形"、"缩放"、"倾斜"、"扭曲"、"旋转"、"水平翻转"、"垂直翻转"等命令。

各命令的使用方法类似于 9.2.3 小节中对文本变形的操作。

11.2 绘制位图图像

Fireworks 的强大功能莫过于在设计网站主页中的应用。主页是进入网站后给人的第一印
象，因此要把主页做得漂亮、美观、大方，应用 Dreamweaver 只是辅助，强大的设计理念均
需在 Fireworks 中完成，并将设计好的主页在 Dreamweaver 中添加内容及应用到网页中。

本节以绘制"太好了科技"网站的主页为例，介绍如何应用 Fireworks CS3 实现位图图
像的绘制。草图效果如图 11-17 所示。

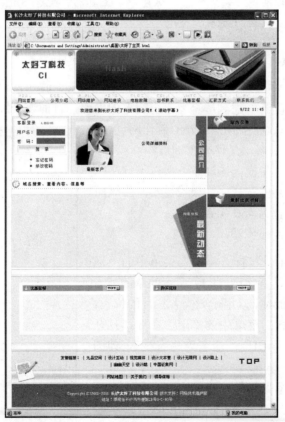

图 11-17 "太好了科技"网站的主页草图效果

11.2.1 位图图像工具的使用

在"工具"面板的"位图"选项组中提供了 3 种用于绘制位图图像对象的工具，即"刷子"工具 ✐、"铅笔"工具 ✐、"橡皮擦"工具 ✐；"颜色"选项组中提供了两种绘制位图图像的工具，即"油漆桶"工具 ✧、"渐变"工具 ✧。下面分别介绍在网站主页的绘制中如何更好地配合使用这些工具。

1. 各工具的功能

- "刷子"工具 ✐ 选中该工具并利用"属性"面板设置笔触颜色、描边种类、纹理及不透明度等选项后，即可在文档窗口中绘画，就好像使用普通的毛笔绘画一样。
- "铅笔"工具 ✐ 用于绘制单个像素自由直线或受约束的直线，只需在选择"铅笔"工具后，利用"属性"面板设置笔触颜色等选项，然后在文档窗口中单击并拖动即可。
- "橡皮擦"工具 ✐ 像日常生活中使用的橡皮擦一样，可擦除文档中不需要的内容。
- "油漆桶"工具 ✧ 使用该工具可以将已设置的填充图案、渐变样式填充位图或选区中颜色相近的区域。
- "渐变"工具 ✧ 选中该工具并利用"属性"面板设置渐变的方式以及渐变的颜色，可设置画面从一种色彩过渡到另一种色彩的效果。

> **提示**：在选中"刷子"、"铅笔"或"橡皮擦"工具后，配合 Shift 键使用可沿垂直或水平方向产生直线操作效果。

2. 具体操作步骤

新建一个宽度为 777、高度为 1059 像素、白色的文档，作为网站主页。之所以设置大小为 777×1059，是因为考虑到屏幕显示分辨率的问题，目前人们经常使用的两种显示器的分辨率分别为 800×600 和 1024×768。制作网页时，为兼顾 1024×768 分辨率，又使得在 800×600 的分辨率下查看网页时不产生横向滚动条，所以设置文档宽度为 777 像素是理想的选择。如果设置不产生纵向滚动条，则高度应设置为 450 像素。

下面介绍具体的制作步骤。

（1）为精确绘图，执行"视图"菜单中的"标尺"命令，打开标尺，并按图 11-17 所示的草图拖出如图 11-18 所示的辅助线，以用于归类各栏目的位置。

（2）执行"窗口"菜单中的"层"命令，打开"层"面板。新建一个图层，命名为"直线"，如图 11-19 所示。

（3）使用"铅笔"工具，在其"属性"面板中设置笔触颜色为灰色（色彩代码为#A7A7A7）。按住

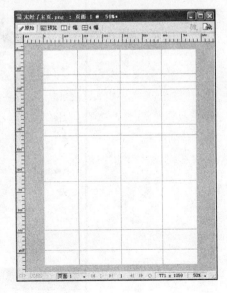

图 11-18　用辅助线定位主页各栏目位置

Shift 键，同时沿第 1 条、第 2 条辅助线分别绘制两条直线。直线内所包含的区域用于放置网站主菜单（即导航条）。

执行"视图"|"辅助线"|"显示辅助线"命令，将辅助线暂时隐藏起来，以便查看操作效果，如图 11-20 所示。

图 11-19　新建图层并重命名　　　　　　图 11-20　绘制两条直线

小知识：色彩模式与色彩代码

色彩模式是把色彩分解成儿组颜色组件，然后根据颜色组件组成的不同，定义出各种不同的颜色。

在图形设计领域，色彩模式提供了一种把色彩协调一致地用数值表示的方法。现在使用最广泛的一种色彩模式为 RGB 模式，可以作为屏幕上使用的显示色彩模式。RGB 的含义为 Red（红色）、Green（绿色）、Blue（蓝色）。即把由红、绿、蓝这 3 种颜色混合，（从理论上来说可以）生成肉眼所能看到的任何颜色。

在 RGB 模式中，3 种颜色组件各具有 256 个亮度级，用 0~255 之间的整数来表示。R、G、B 的数值越小，所代表的颜色就越深，如 3 个色彩数值均为最小值 0 时，就生成了黑色，其对应的色彩代码为#000000（用 6 位数的十六进制代码表示）；相反，R、G、B 值越大，颜色就越浅，如 3 个色彩数值均为最大值 255 时，就生成了白色，其对应的色彩代码为#ffffff。RGB 色彩数值为其他值时，生成的颜色介于这两者之间。

（4）使用"选取框"工具，在第 1 列、第 3 条与第 4 条辅助线上，拖出一个矩形选区，此时"层"面板中自动增加一个名称为"位图"的新层。然后，执行"选择"菜单中的"边框选取框"命令，并在弹出的对话框中设置宽度为 1 像素，用于选择选区的边框。最后，使用"油漆桶"工具 ，并在其"属性"面板中设置填充颜色为灰色（色彩代码为#A7A7A7），同时在选区上单击，以灰色填充选区内容。按快捷键 Ctrl+D 取消选区的选择。整个效果如图 11-21 所示。

创建选区　　　边框选取框（1 像素）　已绘制的边框

图 11-21　使用"选取框"、"油漆桶"等工具绘制边框

（5）用同样的方法分别绘制出"公司简介"、"站内公告"、"最新动态"、"最新出版书籍"等区域的外边框，如图11-22所示。

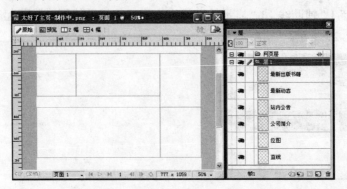

图11-22　绘制其他栏目的外边框

> **注意**：*每绘制一块栏目最好新建一个图层，并以栏目名称命名。这样便于主页后期的维护及修改。*

（6）"客服登录"栏目设计。选中"层"面板中的"位图"层，即使该层成为工作层，并执行如下操作（操作过程图解说明如图11-23所示）：

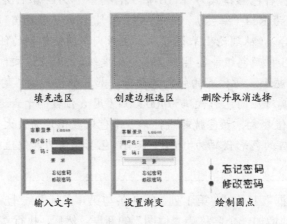

图11-23　"客服登录"栏目设计过程

① 选中"油漆桶"工具，并在其"属性"面板中设置填充颜色为浅灰色（#F1F0F1），然后在"客服登录"栏目区域单击，以浅灰色填充该块区域。

② 使用"选取框"工具，并围绕该栏目边线选择一个小矩形选框。

③ 按Del键清除所选区域，并按快捷键Ctrl+D取消选择。

④ 依次在里面输入文字："客服登录"、"Login"、"用户名:"、"密码:"、"登录"、"忘记密码"、"修改密码"。为了精确定位可以增加辅助线。

⑤ "登录"按钮的制作。首先利用"选取框"工具，在"登录"二字上框出一个矩形选框，大小为覆盖住此二字即可；然后使用"渐变"工具，并在其"属性"面板中设置渐变的方式为"线性"，渐变的颜色为"从灰色到白色"；最后在矩形框内从上往下拉出一条直线。

⑥ 选择"刷子"工具 ✐，在其"属性"面板中设置笔触颜色为蓝色（#6193D5）、大小为 7 像素，然后在"忘记密码"和"修改密码"两行文字前分别单击，以产生小圆点。

（7）"公司简介"栏目设计。选中"层"面板中的"位图"层，即使该层成为工作层，并执行如下操作（操作过程图解说明如图 11-24 所示）：

① 选中"油漆桶"工具，在其"属性"面板中设置填充颜色为浅灰色（#F1F0F1），然后在"公司简介"栏目区域单击，以浅灰色填充该块区域。
② 选中"选取框"工具，在该栏目的右侧选择一个小矩形选框。
③ 再次选中"油漆桶"工具，在其"属性"面板中设置填充颜色为桔黄色（#FF6D02），然后在"公司简介"栏目区域单击，以桔黄色填充该块区域；填充后，再按快捷键 Ctrl+D 取消选择。
④ 设置选区的开口区域（❯）。可以使用两种方法，一种用"钢笔"工具选中路径，然后再将路径转换为选区，并用橙灰色填充此块选区；另一种方法是用"多边形套索"工具选中该选区，再用橙灰色填充此块选区。
⑤ 在黄色区域上，输入"公司简介"4 个文字，文字颜色为白色（#FFFFFF）、大小为 18，字体为方正综艺简体。有关字体可到相关字体网站下载。

（8）用同样的方法分别绘制出"站内公告"、"最新动态"、"最新出版书籍"等区域的布局。

（9）域名搜索、查看内容、信息等 _____ 虚线框的设计。分别使用"文本"工具，在此块区域输入文字"…….."、"域名搜索、查看内容、信息等"、"…….."即可。

（10）下面几块栏目的设计均可参照以上步骤进行操作，在此不再一一讲解。

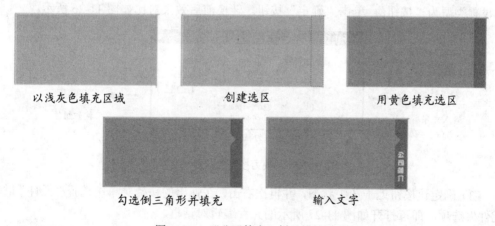

以浅灰色填充区域　　　　　创建选区　　　　　用黄色填充选区

勾选倒三角形并填充　　　　　输入文字

图 11-24　"公司简介"栏目设计过程

提示： 主页中所用到的小图片 ◤、✐、◕、◔、✎、◪，均可到相应的素材网站下载，当然如果用户有很好的图片处理功底，也可自行设计。

11.2.2 创建按钮（导航条）

任何一个主页均有自己的按钮，或称导航条，导航条的作用是帮助浏览者即时回到网站中相应的页面，相当于网页中的"超级链接"。例如，"太好了科技"主页中

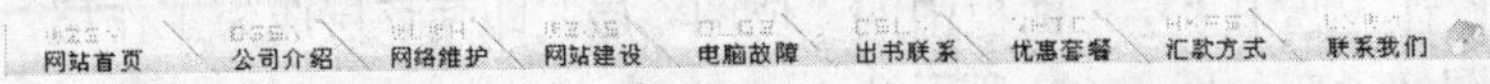

网站首页　　公司介绍　　网络维护　网站建设　　电脑故障　　出书联系　　优惠套餐　　汇款方式　　联系我们　即为主页上的导航条。

在 Fireworks 中，按钮就是一个包含了按钮所有可能外观的翻转图片，分别代表了各种使用状态。每一个按钮都有最多 4 种外观或状态，每个状态又对应了一种鼠标动作：

- 释放状态　一般状态，是按钮的默认外观，指当指针不在该按钮位置时显示的状态。
- 滑过状态　在 Web 浏览器中光标经过此按钮时的显示外观。
- 按下状态　单击按钮时所显示的状态。
- 按下时滑过状态　当光标经过处于"按下"状态时按钮的显示外观。

大部分按钮都至少有两种状态，即释放与滑过状态。由于"滑过状态"通常用于提示用户单击此按钮时将执行的动作，因此该状态使用最为频繁。

下面介绍具体的创建步骤。

（1）依据 11.2.1 节中所介绍的方法，在两条直线区域分别用"渐变"工具设置从白到灰渐变，并用"铅笔工具"绘制斜线，得到如图 11-25 所示的图形。

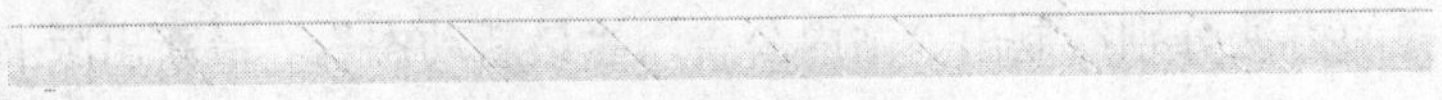

图 11-25　绘制的导航栏区域

（2）在图 11-25 中的第 1 列输入黑色、大小为 12 的"网站首页" 4 个字。然后选中文字，右击并在弹出的快捷菜单中选择"转换为元件"选项，在弹出的"元件属性"对话框中设置类型为"按钮"，单击"确定"按钮。转换前后效果对比如图 11-26 所示。

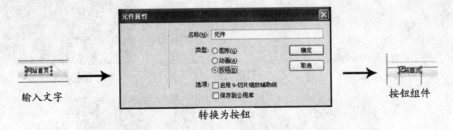

图 11-26　转换为按钮的前后对比

（3）确定该按钮处于选中状态，并再次右击，在弹出的快捷菜单中选择"元件"|"编辑元件"选项，即可打开如图 11-27 所示的元件编辑对话框。

（4）切换到"滑过"选项卡，单击"复制弹起时的图形"按钮，此时在预览框内显示出该按钮。在"属性"面板中设置文字颜色为"红色"，表示当光标经过此按钮时，文字显示为红色外观，如图 11-28 所示。

（5）单击"完成"按钮，关闭元件编辑。再次选中按钮元件，其"属性"面板如图 11-29 所示。可设置当单击该按钮时的超级链接（"链接"下拉列表框）以及打开此链接的方式（"目标"下拉列表框）。

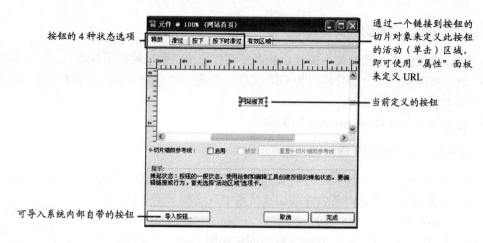

图 11-27　元件编辑对话框

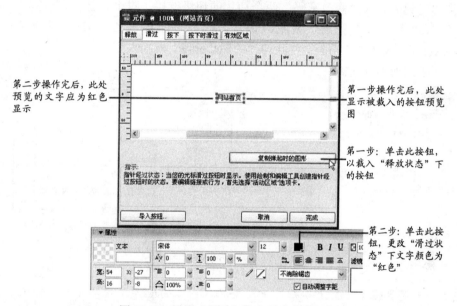

图 11-28　设置"滑过"状态下文字为红色

图 11-29　按钮元件"属性"面板

（6）依次输入其他按钮文字，并按以上步骤设置即可。

11.2.3　创建图像切片

整个主页设计好以后是一张很大的图像。要将其导入到 Dreamweaver，并输入对应栏目中的内容，就需要将整张主页图像分割成一块一块的小区域。在 Fireworks 中使用"切片"工具 或"多边形切片"工具 ，即可完成以上功能。

Fireworks 中的图像切割具有以下优点：

- 可以单独优化图像的每个部分，从而使文件更小、装载速度更快。
- 可以将图像的某个部分输出为 GIF 文件，而将其他部分输出为 JPEG 文件，从而获得更佳的图像效果。
- 更方便导入到 Dreamweaver 中编辑。

下面介绍具体的操作步骤。

（1）选择"切片"工具 ，为主页上每块需要编辑的区域创建切片。"客服登录"栏目内所创建的切片（图中红线框所围区域均为切片）如图 11-30 所示。

（2）设置"切片"属性（其"属性"面板如图 11-31 所示）。分别设置"忘记密码"、"修改密码"两个切片的超级链接。对于"用户名"、"密码"、"登录"区域的切片，因在后面导入到 Dreamweaver 后（见 11.3.3 节）会将此切片的图片删除，并插入表单内容，所以此处不设置属性。

图 11-30　创建切片

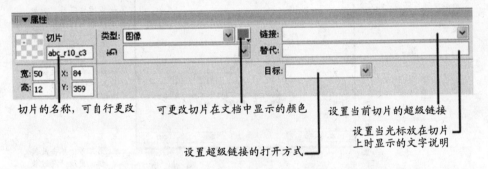

图 11-31　切片"属性"面板

> 提示：一定要根据主页上各栏目中需要插入内容的地方设置切片，这样便于在 Dreamweaver 中删除此切片的图片，并增加其他内容。

11.3　图像优化与导出

Web 图像设计的最终目标是希望获得尽可能高的清晰度与尽可能小的尺寸，从而使图像的下载速度达到最快。为此，必须对图像进行相应的优化，图像只有被"优化"后才能进行"导出"操作。

11.3.1　图像优化过程

图像的优化就是根据所需图像的质量和文件大小的要求，为图像选择合适的格式及压缩选项的过程。在 Fireworks 中，优化设置仅用于导出图像。因此，用户可以自由地对图像进行优化并调整其优化设置，而不必担心会损坏原图。

在 Fireworks 中，通常使用"优化"面板对图像进行优化，然后执行"导出"命令将图像导出，也可以直接执行"文件"I"图像预览"命令在导出过程中对图像进行优化。

1. 以不同的模式显示图像

为了方便图像文档的编辑和各种图像效果的预览，以及在优化图像时对比显示优化前后图像的品质和大小，Fireworks 的文档编辑窗口中提供了原始、预览、2 幅、4 幅共 4 种显示模式（在第 8 章已经介绍过）。

在这 4 种模式间进行切换，可以查看当前正在编辑的文档被优化后的效果。例如，打开"2 幅"选项卡，即可同时显示两种图像优化效果对比图，并在图像下方会显示优化后的图像格式及文档大小等信息，如图 11-32 所示。

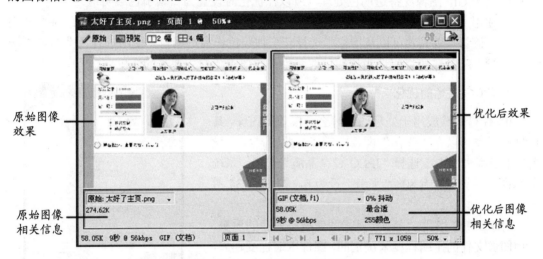

图 11-32 "2 幅"优化显示模式

2. GIF 格式的优化

执行"窗口"菜单中的"优化"命令，打开"优化"面板，如图 11-33 所示。

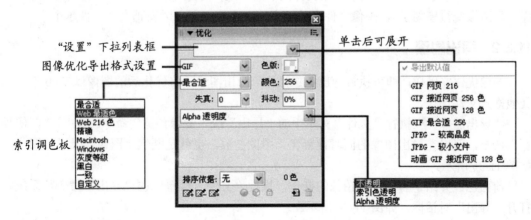

图 11-33 "优化"面板

- 在"设置"下拉列表框中，选择"GIF 接近网页 256 色"选项，表示将非网页安全色转换为与其最接近的网页安全色。调色板最多包含 256 种颜色。
- 在"索引调色板"下拉列表框中，选择"Web 最适色"选项，表示是一个最适色彩调色板，其中接近网页安全色的颜色转换为最接近的网页安全色。
- "失真"下拉列表框用于设置导出图像的压缩损失值，默认为 0，设置在 5~15 之间所产生的效果最好。
- 为了补偿图像压缩对图像颜色的损失，可以通过两种相近颜色的替换对目前所选择的调色板中没有的颜色进行抖动处理。在"抖动"文本框内输入的百分比数值越高，生成的图像质量就越好，但文档也越大。
- 由于 GIF 图像支持透明色处理，所以在优化时设置为"索引色透明"。
- 使用"滴管"工具 ☑ 可以从图像上选取一种颜色作为透明色，使用带有"+"号的"滴管"工具 ☑ 可以从图像中选择若干种颜色作为透明色，使用带有"-"号的"滴管"工具 ☑ 可以将选为透明色的颜色在图像中还原为原来的颜色。

3. JPEG 格式的优化

JPEG 格式一般用于处理照片等全色模式的图像，其优化设置也可以在"优化"面板中完成。此时，在"设置"下拉列表框中应选择"JPEG-较高品质"选项，系统自动将"品质"设为 80、"平滑"设为 0，如图 11-34 所示。

对于 JPEG 格式，"品质"是指图像被压缩后的质量，是由图像文件的压缩程度来决定的，图像压缩程度越大，优化后的图像文件越小，则图像质量越差，即效果越差；图像的压缩程度越小，优化后的图像文件越大，图像质量越好。

图 11-34　JPEG 格式的"优化"面板

"平滑"是另一种有效减小图像文件大小的手段，设置平滑度后，图像会变得光滑（实际上是图像变得模糊了），图像文件也就相应地变小了，即平滑度越大，文件越小。

11.3.2　导出图像

图像优化完以后，即可执行导出图像操作。导出图像，将优化后的图像以 Web 格式或其他格式文件保存。

要导出图像，应执行"文件"菜单中的"导出"或"图像预览"命令。其中，"图像预览"命令，可以在导出图像的同时设置优化图像参数，也就是既优化图像，又导出图像，如图 11-35 所示。

前面已经介绍了有关优化图像的操作，执行"文件"菜单中的"导出"命令，系统将打开"导出"对话框，如图 11-36 所示。

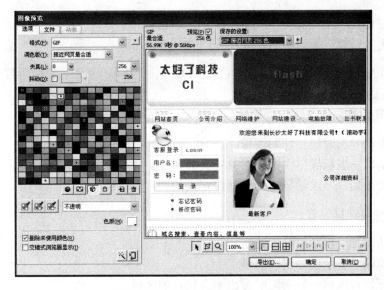

图 11-35　"图像预览"对话框

图 11-36　"导出"对话框

其设置内容如下：

（1）设置导出文件的名称。可以通过"文件名"下拉列表框设置导出文件的基本名称。默认情况下，该名称为文档名称（不含扩展名）。此处，因为是主页文件，所以设置文件名为 index.html。

（2）设置导出的类型。利用"导出"下拉列表框可以选择导出文件的类型，默认为"HTML 和图像"（即 HTML 文件与该文件中所包含的图像）。当然，如果用户只希望导出图像，可以在此选择"仅图像"。

（3）设置 HTML 代码的导出方法。在 HTML 下拉列表框中可以设置：

- 导出 HTML 文件　表示将导出 HTML 文件。
- 复制到剪贴板　表示将 HTML 代码复制到剪贴板。

如果希望改变导出的 HTML 代码规范，可以单击"选项"按钮，利用所打开的"HTML 设置"对话框进行更多的设置。

（4）设置切片导出方法。"切片"下拉列表框中可以设置：

- 无　表示导出时禁止切割图像。
- 导出切片　表示导出由切片对象定义的切片。
- 沿辅助线切片　表示导出由辅助线定义的切片。

（5）其他复选框设置。

- 仅已选切片　表示仅导出选定切片。
- 仅当前帧　表示仅导出当前帧。
- 包括无切片区域　表示同时导出不含切片的区域。
- 仅当前页　表示仅导出当前页。
- 将图像放入子文件夹　表示导出时将图像文件放置在子文件夹中，此时"浏览"按钮可用，单击可指定存放图像文件的文件夹。

（6）导出文件。待所有内容设置好以后，单击"导出"按钮即可导出文件。导出时，Fireworks 将产生在 Web 页面上重新创建该图像的所有文件：

- HTML 文件。
- 根据文档中的切片数量、按钮与翻转图片的状态产生一个或多个图像文件。
- 部分将产生一个特殊的文件——Space.gif，该文件为透明的 1×1 像素大小的 GIF 文件。当切片图像在 HTML 表中重新装配时，Fireworks 使用该文件夹来修复出现的间距问题。

> 注意：以上（3）、（4）、（5）点的设置项仅在文档中包含了诸如切片等对象时才有效，同时也只有当文档中包含有切片时，才有必要导出 HTML 代码。

11.3.3　在 Dreamweaver 中使用 Fireworks 文档

被导出成 HTML 的图像，必须经过 Dreamweaver 的编辑才能使设置的主页图像中的内容更为完善。下面介绍如何在 Dreamweaver 中编辑已导出的 Fireworks 文档，具体操作步骤如下：

（1）用 Dreamweaver 打开刚导出的主页文件 index.html，如图 11-37 所示。

（2）选中图像中需添加内容区域的图片（此部分已在 Fireworks 中设置为切片），然后逐块删除这些区域中的图片。图 11-38 所示为删除"客服登录"栏目内的切片并添加 Dreamweaver 网页元素的操作过程。

图 11-37　用 Dreamweaver 打开导出的 Fireworks 文档

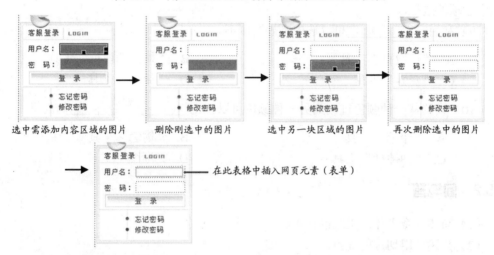

图 11-38　删除 Fireworks 中的切片并添加 Dreamweaver 网页元素

（3）被删除的图片区域已经自动转换成 Dreamweaver 中的表格，此时可以在该区域任意位置添加网页元素。

11.4　本 章 小 结

利用 Fireworks 提供的位图功能设计网站的主页时，应掌握常用的一些网页设计技巧，如设计风格、色彩搭配等，同时掌握 Fireworks 中提供的位图绘制工具。主页设计好以后，必须将要添加网页内容的地方设置为切片，经过优化并导出为 HTML 格式后才能应用到 Dreamweaver 中（在 Dreamweaver 中删除该块区域，再重新添加网页元素）。这也是本章内容的重点。

11.5　思考与练习

11.5.1　填空、判断与选择

（1）选区是由＿＿＿＿＿＿所包围的图像的局部区域，可以对这块内容进行单独操作。

（2）在应用"选取框"工具绘制普通矩形时，若设置太高的＿＿＿＿＿＿＿值将使选区由普通矩形转变成圆角矩形。

（3）选区创建完毕后，按＿＿＿＿＿＿＿键可以快速取消选区。

（4）若要选择色彩范围相差不大的区域，可以使用＿＿＿＿＿＿＿工具。

（5）按住 Ctrl 键可以增加选区。　　　　　　　　　　　　　（　　）

（6）利用"刷子"工具可以绘制单个像素自由直线或受约束的直线。　（　　）

（7）RGB 模式是把红、绿、蓝这 3 种颜色混合后得到的一种色彩模式。　（　　）

（8）图像的优化就是根据所需图像的质量和文件大小的要求，为图像选择合适的格式及压缩选项的过程。　　　　　　　　　　　　　　　　　　　　（　　）

（9）利用＿＿＿＿＿＿＿可以选中不规则图形。

　　A．"选取框"工具　　　　　　　　　B．"椭圆选取框"工具
　　C．"套索"工具　　　　　　　　　　D．"铅笔"工具

（10）设置从一种颜色过渡到另一种颜色可以使用＿＿＿＿＿＿＿＿＿。

　　A．"铅笔"工具　　　　　　　　　　B．"钢笔"工具
　　C．"油漆桶"工具　　　　　　　　　D．"渐变"工具

11.5.2　问与答

（1）简述"魔术棒"工具的作用。

（2）简述使用切片的优点。

第 12 章

Flash CS3 概述

内容导读

Flash 是目前 Internet 上最为流行的 Web 动画制作软件，集矢量编辑和动画创作于一体，同时能够将图形、图像、音频、动画和深层次的交互动作有机地结合在一起，从而创建出美观、新奇、交互性强的动态网页效果。

从本章起，除了介绍 Flash 的基本功能及操作应用外，将兼顾前面制作的网页，还将分步介绍如何实施网站中动画的设计与开发。

教学重点与难点

1. Flash CS3 的安装和启动
2. Flash CS3 的工作环境
3. Flash CS3 动画在网页中的应用

12.1 安装和启动

Flash 是目前 Internet 上最为流行的 Web 动画制作软件，Flash CS3 提供了许多优秀的功能，最主要的有以下几种。

1. 图像、动画两兼顾

Flash CS3 集矢量编辑和动画创作于一体，能够同时将图形、图像、音频、动画和深层次的交互动作有机地结合在一起，创建出美观、新奇、交互性强的动态网页效果。

2. 导入发布功能更强大

Flash CS3 所创建的图像质量高、动画和网页数据量小，同时提供了强大的导入和发布功能。例如，可以导入点阵图、QuickTime 格式电影文件和 MP3 音乐格式文件等，也可以发布 MP3 音乐格式文件、EXE 可执行文件等。

3. "流式技术"的 Flash 播放器

可以直接在网上下载最新版本的 Flash 播放器，只要计算机中安装了 Shockwave Flash 插件的浏览器，即可观看 Flash 动画。采用"流式技术"播放 Flash，文件没有全部下载完就可以观看已下载的内容。

4. ActionScript 编辑

Flash CS3 包含许多功能更强大的 ActionScript 函数、属性和目标对象,并采用与 JavaScript 类似的语法结构,以及新的文本编辑区和调试区,可以进一步提高程序的开发能力,开发更多的可扩展工具。

5. 软件兼容性

Apple 公司授权使用 Flash 的播放器,可以将其内置于 Apple 产品中,这样就可以通过 QuickTime 播放 Flash 的图片、电影和具有交互能力的图像。

6. 支持 XML

XML 是 Extensible Markup Language 的缩写,译为可扩展的标记语言,即可以用来创建自己标记的标记语言。XML 由万维网协会(W3C)创建,用来克服 HTML 的局限。XML 是为 Web 设计的。

12.1.1 Flash CS3 对系统的基本要求

用户在安装 Flash CS3 之前,首先应了解有关的系统要求,以便合理配置计算机,使 Flash CS3 的优越性得以充分发挥。

Flash CS3 对系统的基本要求如下所述。

1. 硬件环境

- 处理器 Intel® Pentium® 4、Intel Centrino®、Intel Xeon® 或 Intel Core™ Duo(或兼容)处理器。
- 内存 512MB 内存(建议使用 1GB)。
- 硬盘空间 至少需要 2.5GB 空闲的磁盘空间。
- 显示器 1024×768 显示器分辨率,16 位显卡。
- 外部设备 DVD-ROM。

2. 软件环境(Flash CS3 以及 Flash Player 8 播放器对系统的要求)

- 操作系统 Microsoft® Windows® XP(带有 Service Pack 2)或 Windows Vista™ Home Premium、Business、Ultimate 或 Enterprise(32 位或 64 位版本)。
- 浏览器 Microsoft Internet Explorer 6.0 以上,或者更高版本的 Netscape Navigator 浏览器。

12.1.2 安装和删除过程分析

Flash CS3 的安装方法类似于 Dreamweaver CS3、Fireworks CS3。在 Windows XP 操作平台上运行 Flash CS3 的安装程序,软件自动加载要复制的文件,复制完毕,执行"系统检查"并进入安装画面,如图 12-1 所示。

根据屏幕提示,选择安装语言、安装组件及安装位置。安装完成后提示"安装完成",如图 12-2 所示。此时显示出安装后的摘要信息(是否安装成功),并要求用户重新启动计算机。

图 12-1　进入安装程序主界面　　　　　　　图 12-2　安装完成

在 Windows XP 中，删除 Flash CS3 也十分简单。图 12-3 所示为通过 "添加/删除程序" 删除 Flash CS3 时启动的 "管理 Adobe Flash CS3 组件" 的安装程序。根据提示选择 "删除 Adobe Flash CS3 组件" 选项，并单击 "下一步" 按钮，软件会自动完成删除 Flash CS3 的过程。

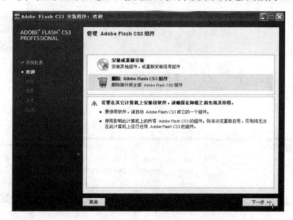

图 12-3　管理 Adobe Flash CS3 组件

12.1.3　**启动** Flash CS3

安装 Flash CS3 后，就可以使用 Flash CS3 制作自己喜欢的动画了。执行 "开始" | "程序" | Adobe Flash CS3 命令，或在 Windows XP 桌面上双击 Adobe Flash CS3 快捷图标，都可以启动 Flash CS3。

启动时画面如图 12-4 所示，类似于 Dreamweaver CS3 和 Fireworks CS3。

图 12-4　Flash CS3 的启动画面

12.2 工作环境

12.2.1 Flash CS3 工作界面

Flash CS3 具有全新的风格和操作画面，提供了一个将全部元素置于一个窗口中的集成布局。在集成的工作区中，全部窗口和面板都被集成到一个应用程序窗口中，如图 12-5 所示。

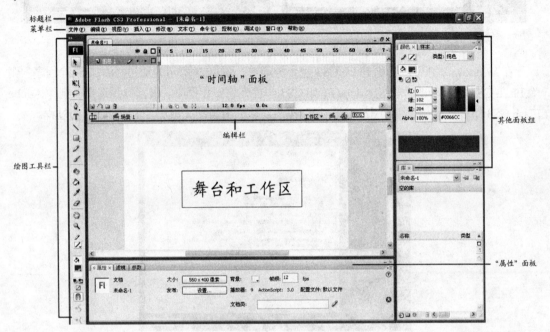

图 12-5 Flash CS3 工作界面

提示： 正常启动 Flash CS3 后，类似于 Dreamweaver CS3 和 Fireworks CS3，首先打开的是 "开始页"，以方便用户进行编辑。

各部分的名称及作用如下：

1. 标题栏

与其他程序相同，Flash 界面最上部是蓝色的标题栏，标题栏上显示了应用程序的名称、最小化、最大化和还原之间的切换按钮以及 "关闭" 按钮。

2. 菜单栏

菜单栏包含 "文件"、"编辑"、"视图"、"插入"、"修改"、"文本"、"命令"、"控制"、"调试"、"窗口"、"帮助" 11 个菜单项，功能如表 12-1 所示。几乎所有的功能都可以通过这些菜单来实现。

表 12-1　Flash 菜单栏的功能

菜单名	功能
文件	用来管理文件,包括"新建"、"打开"、"保存"、"导入"、"导出"、"发布"及"打印"等命令
编辑	用来编辑文本,包括"撤销"、"重做"、"剪切"、"复制"、"粘贴到当前位置"、"首选参数"(可以对软件的相关参数进行直接修改,如是否显示工具提示)等命令
视图	包括控制屏幕显示的各种命令,如缩放比率、效果等,其中的"转到"级联菜单控制在当前场景上显示哪一个场景
插入	用来给当前场景中增添新的层、向当前层中增添新的帧,以及向当前动画中增添新的场景等
修改	用于修改动画中的对象、场景,甚至动画本身的特性(在 Flash 中,一个影片是一个完整的动画,也是最终发布的成品。一个影片可以由许多的场景组成,场景的使用使复杂的交互式动画成为可能,而每一个场景都是由一个或多个帧组成的)
文本	用于设置影片中文本的相应属性,如文本的字体、大小、样式和对齐方式等属性。可以通过在影片中针对具体影片场景的需要,设置各种文本的字体或大小等属性,从而让影片的内容更加丰富多彩
命令	用于编辑操作命令,可以用来运行已经保存的命令、重新编辑保存的命令等
控制	决定了动画的播放方式,并使制作者可以现场控制动画的进程(由于部分内容,如对象的交互性,在场景上无法显示,所以还需要通过此菜单中的"测试影片"或"测试场景"命令实现)
调试	调试影片,帮助制作者随时查看动画的测试结果
窗口	提供对所有面板、属性、检查器和窗口的访问,以及显示/隐藏面板及切换文档窗口
帮助	实现联机帮助功能,如按 F1 键,即可打开程序的电子教程

3. 绘图工具栏

绘图工具栏也称为工具面板。默认状态下,工具面板位于工作界面的左侧,如图 12-6 所示。用户通过此面板可以绘制、选择、修改图形,给图形填充颜色,或者改变场景的显示等。其中编排了 4 个类别,介绍如下:

- "工具"选项组　有绘图、填充、选取、变形和擦除等工具。
- "查看"选项组　有缩放、手形工具,用于调整画面显示。
- "颜色"选项组　用于设置线条和填充颜色。
- "选项"选项组　显示了工具属性或与当前工具相关的工具选项。

在 Flash CS3 中,系统除提供了一个工具面板外,还提供了 3 个工具栏(可以通过"窗口"|"工具栏"选项打开或关闭):

- 主工具栏　如图 12-7 所示,其中的按钮和标准 Windows 程序中"常用"工具栏的按钮作用一样,可以用来快速创建一个新的项目,以及完成打开、保存、打印、剪切、复制、粘贴和其他常用的操作。
- 控制器　如图 12-8 所示,用于控制影片的播放。影片制作完成后,如果需要经常测试影片,可以打开此工具栏。

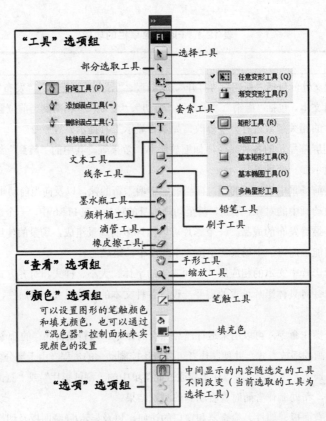

图 12-6　Flash CS3 工具面板

图 12-7　主工具栏

图 12-8　控制器

- 编辑栏　如图 12-9 所示，显示编辑文档时一些常用操作的快捷方式，如显示/隐藏"时间轴"面板、切换场景、切换工作区、编辑场景、编辑元件、更改文档显示比例等命令。

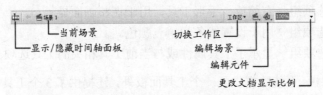

图 12-9　编辑栏

> **小知识：设置面板为"漂浮状态"**
> 由于各面板显示的区域有限，面板里的内容通常在该区域无法完全显示出来。为了让面板中的内容完全显示，可以在某面板上标题栏左方的小图标上单击，并将该面板拖出该区域，即可将该面板变换为漂浮状态。图 12-7 所示为正常状态的面板显示。图 12-8 所示为漂浮状态的面板。

4. "属性"面板

"属性"面板位于主界面场景中的下方，如图 12-10 所示。用户通过此面板可以设置文档的尺寸大小、发布版本、背景颜色和帧频率等控制动画的各种属性。当单击相应的设置按钮时，会弹出对应的对话框，以供用户进一步设置动画的各种属性。

图 12-10　"属性"面板

"属性"面板也是一个上下关联的面板。例如，当用户选择相应的绘图工具时，"属性"面板就显示出该绘图工具对应的属性。图 12-11 显示的为矩形工具对应的"属性"面板。

图 12-11　矩形工具对应的"属性"面板

5. "时间轴"面板

时间轴是一个以时间为基础的线性进度安排表，让设计者很容易地以时间的进行为基础，逐步地安排每一个动作。在 Flash 中，就是利用"时间轴"面板来进行动画制作的，有关该面板的具体操作从第 13 章开始介绍。整个面板外观如图 12-12 所示。

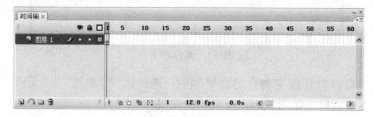

图 12-12　"时间轴"面板

6. 其他面板组

面板组是 Flash 中常用的资源面板，也是浮动的控件，能够帮助用户编辑所选对象的各个方面或文档的元素。各面板的主要功能如下：

- "库"面板　包含大量的增强库，可以在 Flash 文件中查找、组织及使用可用资源，从而使工作变得容易了许多。通过"库"面板，可以提供电影中数据项中的很多信息。
- "动作"面板　创建交互性动画，可以在此编程。
- "行为"面板　对行为进行管理，这些行为确定对象对鼠标移动所做出的响应。
- "调试面板"面板　逐步进行对动画的调试。

- "对齐"面板　包含用于在画布上对齐和分布对象的控件。
- "颜色"面板　用于创建要添加至当前文档的调色板或要应用到选定对象的颜色。
- "信息"面板　提供所选对象的尺寸和指针在画布上移动时的精确坐标。
- "变形"面板　用于改变对象的大小、旋转或倾斜对象。
- "组件"面板　提供许多内嵌组件，如播放器等。
- "场景"面板　帮助用户处理和组织项目中的场景，允许用户创建、删除和重新组织场景，并在不同的场景之间切换。

12.2.2　舞台和工作区

舞台是用户在创作时观看自己作品的场所，也是用户对动画中的对象进行编辑、修改的场所。对于没有特殊效果的动画，在舞台上也可以直接播放。

工作区是舞台周围的灰色区域。通常用作动画的开始点和结束点的设置，即动画过程中对象进入舞台和退出舞台时的位置设置，如图 12-13 所示。

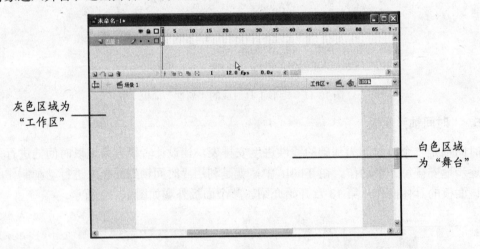

图 12-13　舞台和工作区

当然，用户可以自行改变舞台的背景颜色，通过执行"修改"|"文档"命令，在打开的"文档属性"对话框（如图 12-14 所示）中完成。

图 12-14　"文档属性"对话框

12.3　Flash 动画在网页中的应用

学习 Flash 时，首先应确定网页中放置 Flash 动画的位置，依据目前流行的网页制作风格及本书第 3 章所学知识，可以将网页中应用 Flash 动画的位置分成两大类。

1. Flash 动画应用于网页中

Flash 动画应用于网页中的表现形式如图 12-15 所示。此类动画的制作过程一般比较简单，在设计网页草图时，先规划出动画所放的位置，然后根据所放位置的大小，利用 Flash 来制作此处的动画。因此初学者基本都能操作，只是动画的效果差些而已。

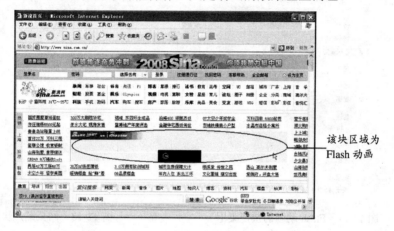

该块区域为
Flash 动画

图 12-15　"新浪"网站主页

2. Flash 动画作为网页

Flash 动画作为网页的表现形式如图 12-16 所示，可以看出整个网页就是一幅 Flash 动画，网页中所有的元素也全部集成到了该 Flash 中。此块动画的制作过程必须在 Flash 中完成，其制作过程较前者复杂，同时要求制作者必须具备一定的知识功底，能熟练操作 Flash 软件。

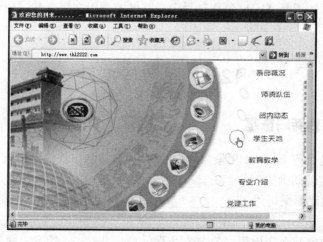

图 12-16　某学校网站主页

小知识：如何判断网页中的元素为 Flash 动画？

一个完整的网页不仅包含图片、文字，还包含 Flash 动画，可以先直接用眼力去识别，然后将光标放在认为是动画的元素上，右击，若弹出如图 12-17 所示的快捷菜单，则可立即断定此元素为 Flash 动画；若弹出如图 12-18 所示的快捷菜单，则为 GIF 图片。

图 12-17　Flash 动画的快捷菜单

图 12-18　网页图片快捷菜单

12.4　本章小结

本章内容是对网页三合一软件——Flash 的一个基础性介绍，包括安装、启动过程，工作界面及面板等。另外，还分别介绍了有关舞台和工作区的操作知识及 Flash 动画在网页中的应用等。本章知识是 Flash 制作动画中最基础的理论知识，掌握后可以为动画的制作带来很多方便。

12.5　思考与练习

12.5.1　填空、判断与选择

（1）Flash 是目前 Internet 上最为流行的 Web 动画制作软件，集矢量编辑和_____创作于一体，以便实现动画的创作。

（2）Flash 的动画采用"_____"播放，即使文件没有全部下载完，也可以观看已下载的内容。

（3）Flash 的安装分应用程序的安装以及_____的安装两个部分。

（4）通过_____快捷键，可以启动/隐藏 Flash CS3 的面板组。

（5）利用_____面板，可以进行绘图操作。

（6）Flash CS3 中提供的"控制器"工具栏可以用于控制影片的播放、停止、快进、后退等操作。 （　　）

（7）可以利用 Flash 制作音乐动画。 （　　）

（8）Flash 中的动画全部是靠"属性"来完成的。 （　　）

（9）判断网页中的元素是否为 Flash 动画，只需将光标移到某元素上，右击，看是否弹出 Flash 动画的快捷菜单即可。 （　　）

（10）在制作动作时，通常将动画的开始点和结束点设置在"_____"内，即动画过程中对象进入舞台和退出舞台时的位置设置。

  A. 工作区   B. 舞台

  C. 时间轴   D. "属性"面板

12.5.2 问与答

（1）安装 Flash CS3 的最低配置要求是什么？

（2）简述如何设置面板为"漂浮状态"。

第13章

利用Flash CS3制作简单动画网页
CHAPTER 13

内容导读

本章从介绍 Flash CS3 的工具开始，接着深入介绍了如何导入图像以及层、元件、时间轴、帧的概念和用法，并以实例形式向读者演示怎样制作简单的动画网页以及如何在动画中添加声音。

通过本章的学习，读者应掌握 Flash 的基本功能并能制作出简单的动画网页，为学习下一章的交互式动画打好基础。

教学重点与难点

1. 常用工具的使用
2. 层、元件、时间轴、帧的用法
3. 如何创建动画

13.1 对象的绘制与编辑——常用工具的使用

第 12 章已经介绍了"工具"面板的基础知识，要使用 Flash 制作出精美的动画，首先应掌握如何绘制对象以及如何编辑对象，而这些工作均要通过"工具"面板中所提供的工具来实现。

13.1.1 绘图类工具的使用

绘图类工具主要包括线条工具、铅笔工具、钢笔工具、矩形工具、椭圆工具、刷子工具等。

1. 线条工具和铅笔工具

线条工具 ✎ 和铅笔工具 ✎ 是最常用的画线工具，使用这两种工具可以绘制任何形状的线条和图形。

- 单击线条工具，并在舞台上拖动进行绘制即可。若要更改线条样式、颜色、粗细等，可以通过线条工具对应的"属性"面板进行调整。如果在绘制过程中按住 Shift 键不放，可以绘制一条笔直的、沿水平或垂直方向的直线。

- 单击铅笔工具，并在舞台上拖动进行绘制即可。同样可以通过铅笔工具对应的"属性"面板来设置描绘颜色、宽度以及样式，并可以在工具面板的"选项"区中选择绘图模式，如图 13-1 所示。

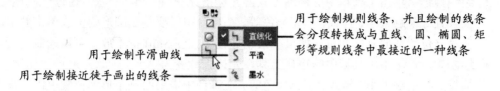

图 13-1　铅笔模式选择

图 13-2 显示了使用线条工具和铅笔工具绘制的图形。

图 13-2　使用线条工具和铅笔工具绘制的图形

注意：与使用矩形和椭圆工具画图不同，使用铅笔工具画图时，无论图形是否封闭，系统均不会自动为其填充内容。因此，要想为图形填充内容，可以使用颜料桶工具。

---

2. 钢笔工具

使用钢笔工具 ♦ 可以绘制出各种形状的图形，如直线、曲线等。

- 绘制直线　单击工具箱的钢笔工具，此时光标指针变为 ♦× 形状，通过"属性"面板设置好笔触大小、样式等。在想要开始绘制直线的地方单击定义第一个定位点，然后移动光标指针到想要结束的地方并单击，即可绘制出一段直线。
- 绘制曲线　在想要开始绘制直线的地方单击定义第一个定位点，然后移动光标指针到想要的曲线段后单击并向反方向拖动，直到绘制出想要的曲线再松开鼠标。

图 13-3 显示了使用钢笔工具绘制的直线和曲线。

图 13-3　使用钢笔工具绘制的直线和曲线

提示：钢笔工具的详细操作方法类似于 Fireworks 中的钢笔工具（见 10.2 节）。

---

3. 椭圆工具和矩形工具

椭圆工具 ○ 和矩形工具 □ 分别用于绘制圆形和矩形。

- **绘制圆形**　单击工具箱中的椭圆工具，光标指针变为"＋"形状，通过"属性"面板设置好笔触大小、样式、填充颜色等。在舞台中需要绘制圆形的位置单击并拖动，在另一位置释放鼠标即可。如果在绘制过程中按住 Shift 键不放，可以绘制正圆。
- **绘制矩形**　单击工具箱中的矩形工具，光标指针变为"＋"形状，通过"属性"面板设置好笔触大小、样式、填充颜色等。在舞台中需要绘制矩形的位置单击并拖动，在另一位置释放鼠标即可。如果在绘制过程中按住 Shift 键不放，可以绘制正方形。

图 13-4 显示了使用椭圆工具和矩形工具绘制的圆形和矩形。

图 13-4　绘制椭圆、正圆、矩形和正方形

若要绘制圆角矩形，单击"矩形"工具，并在其"属性"面板中设置边角值，然后在舞台区进行绘制即可。操作过程如图 13-5 所示。注意：此处可直接输入内径的数值，或单击右边的 按钮，在产生的滑块（ ）上直接拖动，以调整半径的大小；如果输入负值，则创建的是反半径。。

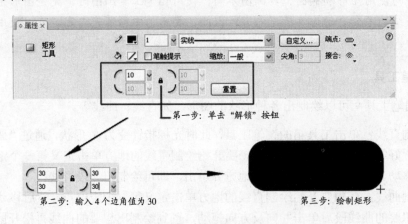

图 13-5　绘制圆角矩形

小知识：椭圆工具、铅笔工具和钢笔工具三者的区别

（1）椭圆工具绘制的图形是椭圆或圆形图案，而钢笔和铅笔等主要绘制的是直线或曲线。

（2）使用椭圆工具绘制椭圆时可以设置椭圆的填充色，而钢笔、铅笔工具则不能。

---

4. 刷子工具

刷子工具 用于绘制由封闭的填充色构成的图形。该工具和矩形工具类似，在操作前，颜色的确定均在填充色 中设置。

单击工具箱中的刷子工具，光标指针变为●形状，可以通过"属性"面板设置填充颜色等，也可以在工具面板的"选项"区中选择绘图模式（有关参数如表 13-1 所示）、刷子大小、刷子形状，如图 13-6 所示。

表 13-1　刷子工具的绘图模式

绘图模式	说明
标准绘画	所绘制的颜色区域会覆盖为笔刷的颜色
颜料填充	所绘制的颜色区域会影响对象的填色内容，但不会完全覆盖对象的框线
后面绘图	会将所绘制的颜色区域置于对象的后方，不会影响对象的填色内容
颜料选择	只会影响所选取的区域，如果没有选择任何对象，则这个模式不会影响对象的填色
内部绘图	会将笔刷色彩填入封闭区域中，超出封闭区域的色彩区域则会自动清除

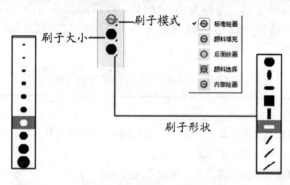

图 13-6　笔刷附属选项按钮

然后，在舞台中需要作为刷子起点的位置单击并拖动，在刷子的终点处释放，即可完成刷子的绘制，如图 13-7 所示。

图 13-7　标准绘画模式下刷子的操作

> 提示：Flash CS3 刷子的笔触一旦完成，就可以作为一个几何图形被其他绘图工具处理。图 13-8 所示表示一个用刷子绘制的图形，可以使用选择工具对该刷子的轮廓线进行选取并修改轮廓外形。

图 13-8　处理刷子

13.1.2　填充类工具的使用

填充类工具主要包括墨水瓶工具、颜料桶工具、滴管工具、橡皮擦工具等。

1. 墨水瓶工具

使用墨水瓶工具 能够在选定的图形的外轮廓上加上选定的线条，或是改变一条线条的粗细、颜色、线形等。

单击工具箱的墨水瓶工具，光标变为 形状，通过"属性"面板设置好笔触大小、样式、填充颜色等，在舞台中选中需要使用墨水瓶的图形对象并单击即可。

图 13-9 显示了应用墨水瓶工具更改线条的过程。

第 1 步：利用线条工具绘制的 12 像素宽的直线

墨水瓶
工具
6
实线
笔触提示
缩放：一般

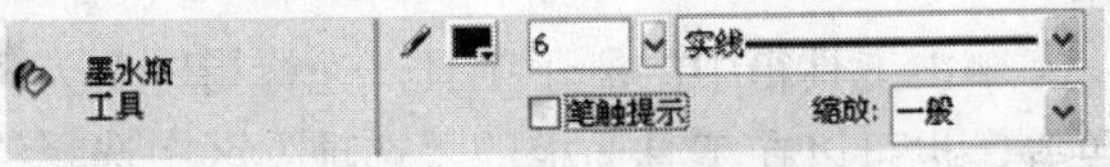

第 2 步：选择“/墨水瓶工具”，并设置其属性

第 3 步：在直线上单击，应用后的效果

图 13-9　应用墨水瓶工具更改线条的过程

2. 颜料桶工具

使用颜料桶工具可以给场景内有封闭区域的图形填色，也可以给一些没有完全封闭但接近于封闭的图形区域内填充颜色。

单击工具箱的颜料桶工具，光标变为形状，可以通过“属性”面板设置填充颜色等，也可以在工具面板的“选项”区中选择空隙大小（有关参数如表 13-2 所示）、是否锁定填充等，如图 13-10 所示。

表 13-2　颜料桶工具的空隙大小选择

空隙大小	说明
不封闭空隙	在颜料桶填充颜色前，Flash 将不自行封闭所选区域的任何空隙，即在所选区域的所有未封闭曲线内将不会被填色
封闭小空隙	在颜料桶填充颜色前，自行封闭所选区域的小空隙
封闭中等空隙	在颜料桶填充颜色前，自行封闭所选区域的中等空隙
封闭大空隙	在颜料桶填充颜色前，自行封闭所选区域的大空隙

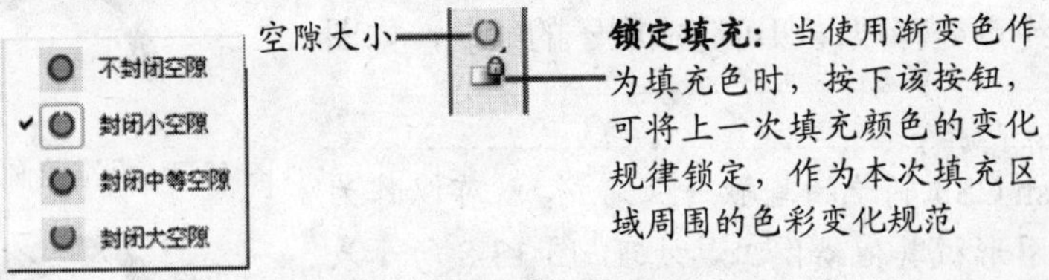

不封闭空隙
封闭小空隙
封闭中等空隙
封闭大空隙
空隙大小
锁定填充：当使用渐变色作为填充色时，按下该按钮，可将上一次填充颜色的变化规律锁定，作为本次填充区域周围的色彩变化规范

图 13-10　颜料桶工具附属选项按钮

然后，在舞台中需要填充颜色的封闭区域内单击，即可在该区域内填充所选择的颜色。其操作过程示意如图 13-11 所示。

属性
颜料桶
工具
属性面板设置
最终填充效果

图 13-11　颜料桶工具的操作

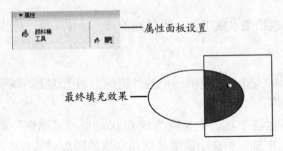

图 13-12 所示的椭圆有 3 个缺口，但缺口并不大。此时，如果在选项区内选择"封闭大空隙"选项，然后对该图形使用颜料桶工具，仍然可以看到填充效果，如图 13-13 所示。

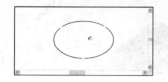
图 13-12　需要填充的图案

图 13-13　填充后的效果

3. 滴管工具

使用滴管工具 🖋 可以选取线条或填充色块的特征（如线条的线形及对象的颜色），以供其他绘图工具使用。

单击工具箱中的滴管工具，光标变为 🖋 形状，在需要取色的对象上单击，即可选取该色彩，此时系统自动调出墨水瓶工具，墨水瓶工具当前的颜色就是所采集的颜色。如果该区域是采集对象的轮廓线，滴管的光标附近将出现铅笔标志 🖉 。

4. 橡皮擦工具

使用橡皮擦工具 🖉 ，可以擦除图形的外轮廓线和内部颜色，还可以被设置为只擦除图形的外轮廓线或内部颜色，甚至可以定义只擦除某一部分内容。

单击工具箱中的橡皮擦工具，光标变为橡皮擦形状，在舞台中需要擦除的区域内单击并拖动，光标经过的位置即被擦除，结束如图 13-14 所示。

图 13-14　橡皮擦工具的操作结果

13.1.3　选择类工具的使用

选择类工具主要包括选择工具、部分选取工具、套索工具等。

1. 选择工具

选择工具 ▶ 是 Flash 中使用相当频繁的一个绘图工具，这是由于在绘图操作过程中用户常常需要选择需要处理的对象，然后进行处理。Flash CS3 提供的选择工具就是用于对欲选对象的选择。当某一对象被选中后，图像将由实变虚，表示已被选中。

单击工具箱中的选择工具，光标变为 ▶ 形状，然后可通过以下任意一种方法在舞台上选取或编辑对象：

- 选择单一对象　如果只想选择某一个对象（对象可以是线段、图形、图形组或文字等），只需在该对象上单击即可。
- 全选一个互相连接的对象　如果要全选一个互相连接的对象，只需在该对象的任何部位双击即可。
- 选择某一区域内的对象　如果要选取某一区域内的对象，将光标移到该区域左上角，单击并向该区域右下方拖动鼠标，这时将有一个矩形框出现。松开鼠标左键后，这个矩形框内的对象都将被选中。

- 改变对象造型　如果想改变某一对象的形状，将鼠标移向该对象的边缘，当光标变为 形状（如图 13-15（a）所示）时，单击并拖动鼠标，即可改变对象的造型，如图 13-15（b）所示。

(a)　　　　　　　　(b)

图 13-15　用鼠标改变对象造型

提示：

（1）如果要逐一选择多个对象，按住 Shift 键，指向每一个欲选的对象并单击。

（2）移到任一线段上，按住 Ctrl 键，然后拖动鼠标，原光标所在处将产生一个拐角点。

（3）单击并拖动，可以将所选对象移动；若拖动时按住 Ctrl 键，将复制出对象。

当"选择工具"被选中后，工具面板的"选项"区将显示其对应的相关选项，如图 13-16 所示。

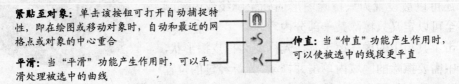

紧贴至对象：单击该按钮可打开自动捕捉特性，即在绘图或移动对象时，自动和最近的网格点或对象的中心重合

平滑：当"平滑"功能产生作用时，可以平滑处理被选中的曲线

伸直：当"伸直"功能产生作用时，可以使被选中的线段更平直

图 13-16　"选择工具"的选项区

2. 部分选取工具

部分选取工具 与选择工具类似，可以对动画中的元素进行选中、拖动，但不能对对象进行旋转、变形等操作。选中图形对象后，会在上方出现一些小方块，通过这些小方块可以修改图形对象的外观，如图 13-17 所示。

图 13-17　用部分选取工具修改图形对象的外观

3. 套索工具

使用套索工具 可以圈选对象。与选择工具相比，套索工具的选择方式有所不同，可以徒手在某一对象上划定区域，即以不规则的形状来圈选对象。与选择工具一样的是，套索工具在开始一个新选择的同时，将上一个被选区域放弃。

当"套索工具"被选中后，工具面板的"选项"区将显示其对应的相关选项，如图 13-18 所示。

图 13-19 显示了利用魔术棒及多边形模式对图形的选择操作。

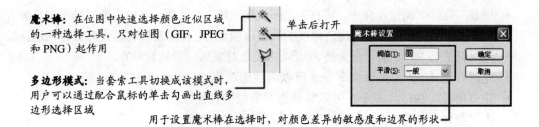

魔术棒: 在位图中快速选择颜色近似区域的一种选择工具,只对位图(GIF,JPEG 和 PNG)起作用

单击后打开

魔术棒设置

阈值(T): 10   确定

平滑(S): 一般   取消

用于设置魔术棒在选择时,对颜色差异的敏感度和边界的形状

多边形模式: 当套索工具切换成该模式时,用户可以通过配合鼠标的单击勾画出直线多边形选择区域

图 13-18 "套索工具"的选项区

图 13-19 利用魔术棒(左)及多边形模式(右)对图形的选择操作

13.1.4 其他工具的使用

除一些常用的工具外,Flash CS3 还提供了许多用于对象的编辑工具,如任意变形工具、填充变形工具、文本工具、手形工具、缩放工具等。

1. 任意变形工具

任意变形工具 ⊡ 主要用于对对象进行各种方式的变形处理,如拉伸、压缩、旋转、翻转和自由变形等。通过任意变形工具的使用,用户可以将选择对象变形处理为自己需要的样式。

单击工具箱中的任意变形工具,光标变为 ✎ 形状,然后在需要做变形处理的图形对象上单击,被选择图形的边框将增加可变形的标志(如图 13-20 所示)即可对该对象进行各种变形处理。

当任意变形工具被选中后,工具面板的"选项"区将显示其对应的相关选项,如图 13-21 所示。

图 13-20 可变形标志

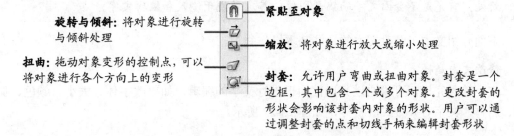

旋转与倾斜: 将对象进行旋转与倾斜处理

紧贴至对象

缩放: 将对象进行放大或缩小处理

扭曲: 拖动对象变形的控制点,可以将对象进行各个方向上的变形

封套: 允许用户弯曲或扭曲对象。封套是一个边框,其中包含一个或多个对象。更改封套的形状会影响该封套内对象的形状。用户可以通过调整封套的点和切线手柄来编辑封套形状

图 13-21 任意变形工具的选项区

为了精确操作,用户也可以在"修改"菜单下的"变形"级联菜单中实现对对象的任意变形操作,命令如下:

- 缩放与旋转　执行此命令，将打开"缩放和旋转"对话框，可以用数字精确定义放大倍数和旋转角度（在定义旋转角度的数值前加负号，说明旋转将向逆时针方向进行）。
- 顺时针旋转 90°　执行此命令，可以将被选对象顺时针旋转 90°。
- 逆时针旋转 90°　执行此命令，可以将被选对象逆时针旋转 90°。
- 垂直翻转　执行此命令，可以将被选对象做垂直镜像。
- 水平翻转　执行此命令，可以将被选对象做水平镜像。
- 取消变形　执行此命令，可以取消被选对象的所有变换操作，恢复原状。

2. 填充变形工具

填充变形工具 🥄 主要用于对对象进行各种方式的填充颜色的变形处理，如选择过渡色、旋转颜色和拉伸缩放颜色等。通过填充变形工具，用户可以将选择对象的填充颜色处理为自己需要的色彩。

在使用填充变形工具前，应首先确定需要用于颜色填充变换的对象，然后单击填充变形工具按钮，光标将变为梯度颜色的一个小方块，最后选择需要做填充变形处理的图形对象，就可以对该对象进行各种填充变形处理了。

3. 文本工具

文本工具 **A** 用于向舞台上添加文字，是 Flash 中一个非常重要的工具之一。合理使用文本工具，将增加 Flash 动画的整体完美效果，使动画显得更加丰富多彩。

单击工具箱中的文字工具，鼠标将变为 ⁺A 形状，然后可以通过以下两种方法在舞台上输入文字：

- 标签方式输入文字　只需将文本工具的光标移到指定的区域并单击，标签方式的输入域即刻出现（𝄙），此时用户可以在该处直接输入文本。标签方式的输入区域可以根据实际需要自动横向增长。
- 建立文本块方式输入文字　只需将文本工具的鼠标移到需要输入文字的区域，单击并横向拖动，当输入区域的宽度满足要求后松开左键（⌐⋯⋯⌐A）。文本块方式的输入区域可根据实际需要自动纵向增长。

> **注意**：在 Flash CS3 中，文字和文字输入域总是处于绘画层的顶层。这样有两个好处：首先是不会因文字而搞乱图像；其次是便于输入和编辑文字。

下面介绍文本工具对文本的一些基本操作知识。

修改文本属性

文字输入完毕，可以通过其属性面板进行文字的编辑，如更改字体、大小、颜色、加粗、斜体、文字对齐方式调整等，如图 13-22 所示。

改变文字大小

由于输入的文字都是以组为单位的，所以可以使用选择工具或任意变形工具进行一些简单的操作，如移动、旋转、缩放和倾斜等。

图 13-22　文本工具的属性面板

编辑文字

如果要编辑文字，则在编辑文字之前，用文字工具选中要进行处理的文字（选中后系统会突出显示出来），然后对其进行插入、删除、改变字体和改变颜色等操作。

文字转换成矢量图形

要使文字具有多样化的特性，如变形文字，则必须将文字对象转换成矢量图形。需要注意的是，文字一旦被转换成矢量图形，就无法再使用文字工具修改文字了。

要将文字对象转换成矢量图形，执行"修改"|"分离"命令（或按 Ctrl+B 快捷键）即可。经转换后的文字，可以使用选择工具对其进行所有的编辑操作，如图 13-23 所示，选择工具正在改变文字"了"的形状。从图 13-23 可以看出，此时的文字内部属性已经不是可编辑的文本，而是一幅图形，因为只有对图形才能这样使用选择工具。

图 13-23　用选择工具变形文字

> **提示：** 在执行文字转换成矢量图形操作时，对于超过 1 个以上的文字，必须按两次 Ctrl+B 快捷键，即第 1 次将所有的文字分解成单个文字，第 2 次将单个文字分解成图形。

4. 手形工具

手形工具🖐用来移动场景的视图区域。单击工具箱中查看区域的手形工具，鼠标变为🖐形状，按住鼠标左键不放，即可上、下、左、右移动场景的视图区域。

该工具与前面介绍的选择工具是有区别的。选择工具的移动是指在场景内移动对象，所移动对象的实际坐标值是改变的；而手形工具移动的是对象的视图区域，表面上看到对象产生了移动，但对象的实际坐标或相对于其他对象的位置并没有改变，即手形工具实际上移动的是画布。

5. 缩放工具

在绘图过程中，缩放工具🔍和手形工具相同的是，手形工具并不改变场景中的任何实际图形。缩放工具的主要作用是在绘图过程中，若需要浏览大图形的整体外貌时缩小视图，或在需要编辑小图形对象时放大视图以便编辑。

单击工具箱中查看区域的缩放工具，光标将变为🔍形状，在场景中单击即可放大视图区域。在操作的同时按住 Alt 键单击便是缩小。在舞台上单击并拖出一个矩形区域，将自动放大到充满窗口。

小知识：快速设置场景显示区域

双击工具栏中的放大镜图标，可以实现 100%显示状态；而双击工具栏中手形工具的图标，可以实现"充满窗口"显示状态。

13.2　动画制作基础

在制作动画之前，首先应了解应用 Flash 制作动画的基本概念，如导入图像、层及元件的使用等。

13.2.1　导入图像

在 Flash 动画中，除了可以利用工具箱的绘图工具创建图形和文本外，还可以从外部将现有的各种类型图形导入到 Flash 中，包括位图图像和矢量图形。导入的位图图像还可以矢量化后再加以利用，这为填充颜色和创建图案效果提供了便利条件。

1. 导入图形图像

Flash CS3 允许从外部导入多种位图图像和矢量图形文件格式，其操作步骤如下：

（1）执行"文件"|"导入"|"导入到舞台"命令，打开"导入"对话框（如图 13-24 所示），在此定位并选中所需要导入的图片文件。

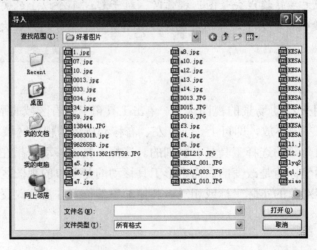

图 13-24　"导入"对话框

（2）单击"打开"按钮，将图像导入到舞台中，如图 13-25 所示。

如果导入的是图像序列中的某一个文件，并且该序列中的其他文件都位于相同的文件夹中（例如，"THL"文件夹下共有 10 个图片文件，文件名分别为 T1.jpg、T2.jpg、…、T10.jpg，现导入 T5.jpg 文件），则 Flash 会自动将其识别为图像序列，并提示是否导入图像序列，如图 13-26 所示。当单击"是"按钮，将导入图像序列中从导入文件起至终的所有文件（即 T5.jpg~T10.jpg，共 6 个文件）；单击"否"按钮将只导入当前制定的文件。

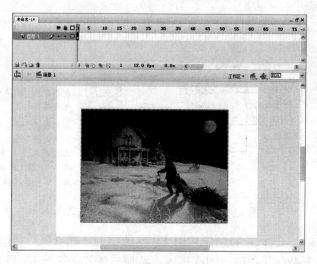

图 13-25　被导入的图像

被导入到 Flash 中的图像序列在场景中显示的只是选中的图像（即 T5.jpg），其他图像则没有被显示出来，这时如果要使用其他图像，可以选择"窗口"菜单中的"库"命令，打开"库"控制面板，在"库"控制面板中选择需要的图像（如图 13-27 所示），直接拖到舞台上即可。

图 13-26　图片序列提示对话框

图 13-27　"库"面板

> **提示：** 如果要从其他的应用程序中导入图像，可以先将图像复制到 Windows 剪贴板上，然后在 Flash 中粘贴。

2. 转换位图图像为矢量图形

导入到 Flash 中的图像只有经过矢量化后才能进行操作和编辑。Flash 中实现矢量化位图功能的方法是分析组成位图的像素，将近似的颜色划在一个区域，然后在这些颜色区域的基础上建立矢量图形。

将位图图像转换为矢量图形的操作步骤如下：

（1）执行"文件"|"导入"|"导入到舞台"命令，打开"导入"对话框（参见图 13-24），在此定位并选中所需要导入的图片文件。

（2）执行"修改"｜"位图"｜"转换位图为矢量图"命令，打开"转换位图为矢量图"对话框，如图 13-28 所示。

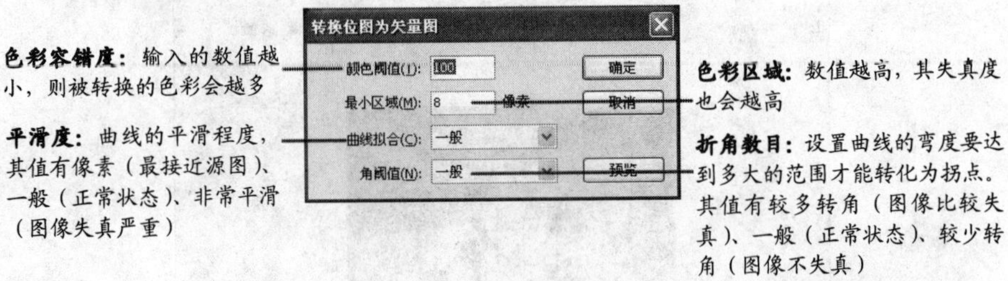

色彩容错度：输入的数值越小，则被转换的色彩会越多

平滑度：曲线的平滑程度，其值有像素（最接近源图）、一般（正常状态）、非常平滑（图像失真严重）

色彩区域：数值越高，其失真度也会越高

折角数目：设置曲线的弯度要达到多大的范围才能转化为拐点。其值有较多转角（图像比较失真）、一般（正常状态）、较少转角（图像不失真）

图 13-28　"转换位图为矢量图"对话框

（3）单击"确定"按钮，将产生如图 13-29 所示的转换进度对话框，表示图片正在转换中。图形文件越复杂，花费的时间就越多。转换后，效果如图 13-30 所示。

图 13-29　转换进度对话框

图 13-30　转换后的图像效果

> **提示：** 被导入到舞台中的图像，也可以使用"修改"菜单中的"分离"命令（快捷键为 Ctrl+B），将图像转换为矢量色块，即生成多个独立的填充区域线条。此操作与矢量转换的结果有所不同，如图 13-31 所示。将图像分解后，可以使用魔术棒工具移动某块色块。

图 13-31　分解并移动色块后的图像

13.2.2　层的使用

层是 Flash 中一个最基础的概念，可以把层理解为相互堆叠在一起的许多透明的薄纸，当图层上没有任何东西的时候，可以透过上边的图层看到下边的图层。在最上边一层里的对象将始终被显示在下面的层所包含的对象的上边。

新创建的影像只有一个图层。可以增加多个图层，并利用图层来组织和安排影像中的文字、图像和动画。但层的数目受计算机内存的限制，并且增加层不会增加最终输出动画文件的大小。

使用层有许多好处，为处理复杂场景及动画提供了许多便利的条件，如通过将不同的元素（图像或声音）放置在不同的层上，用户就很容易用不同的方式对动画进行定位、分离和重排序等操作。层使用户能够对动画的特定区域进行处理而不影响其他部分，并且还不会被其他层上的对象所干扰。使用层还可以避免偶然删除或编辑一个对象。

1. 创建层

每次新建一个 Flash 文件时，在默认的情况下只有一个图层（称为图层 1）。若要增加一个图层，执行"插入"|"时间轴"|"图层"命令，或单击图层编辑区左下方的图图标，即可在当前编辑的图层上方插入一个新的图层，新插入的图层以"图层 2"命名，如图 13-32 所示。

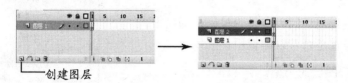

创建图层

图 13-32　创建一个新图层

2. 层的状态与编辑层

在图 13-32 所示的图片中，有一些代表图层状态的图标，状态如下：

- 带铅笔图标 的图层代表绘图状态　表明该层正处于活动状态，即当前层，可以进行各种操作；若该层被隐藏或锁定了，此时铅笔图标将带叉 ，表明不能对该层进行任何修改。
- 带红色叉子图标 的图层代表隐藏层　表明在编辑的时候，该层的内容是看不见的，但在测试和输出时却是看得见的。因此当编辑某个层而不想被其他层干扰时，就可以使用该功能隐藏其他层。
- 带锁图标 的图层代表锁定图层　表明该层处于锁定状态，不能对层的内容进行修改。因此将某个层锁定后，不必担心因为误操作而修改该层的内容。
- 带轮廓图标 的图层代表该层的内容以轮廓形式显示　当要同时编辑多个层时，使用轮廓显示模式可以更方便工作。

图 13-33 显示了图层的各种状态。

3. 层的属性设置

在任意一个层上右击，然后从弹出的菜单中选择"属性"选项，即可打开如图 13-34 所示的"图层属性"对话框。

在"图层属性"对话框中可以设置以下参数。

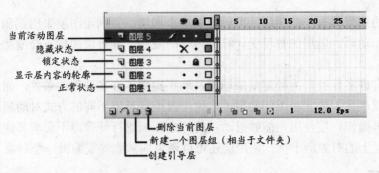

图 13-33　图层的各种状态

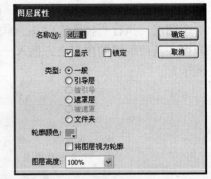

（1）名称：图层的名称，可以在后面的文本框输入一个层的名称。若要快速重的名称图层，只需双击该图层的名字，当高亮显示文字时直接输入新的名称，最后按 Enter 键即可。

- 显示　设置层里的内容是否显示在场景中。
- 锁定　设置是否可以编辑层里的内容。

（2）类型：图层的类型。

- 一般　设置该层为一般层，这是默认的图层类型，一般是在这样的图层上进行绘画和处理对象的。

图 13-34　"图层属性"对话框

- 引导层　设置该层为运动引导层，这种类型的层能引导与之相连接的任意层中的过渡动画（参考第 13.3.2 小节）。
- 被引导　设置该层为被引导层，意思是被连接到运动引导层。只有当该层在运动引导层或另一个被连接的被引导层正下方时，该选项才可用。
- 遮罩层　允许用户把当前层类型设置成遮罩层。这种类型的层将遮掩与之相连接的任何层上的对象（参考第 13.3.2 小节）。
- 被遮罩　设置当前层为被遮罩层，即必须连接到一个遮罩层上。只有该层在运动引导层或另一个连接的被引导层正下方时，该选项才可用。
- 文件夹　设置当前层为文件夹形式，将清除该层所包含的全部内容。

（3）轮廓颜色：图层的外框颜色，用于设置该层上对象轮廓的颜色。

- 将图层视为轮廓　使用轮廓模式查看图层。
- ■　单击可更改当前轮廓颜色

（4）图层高度：设置层的高度，这个选项对于更细致地查看声音的波形是非常有用的，有 100%、200% 和 300% 共 3 种高度。

13.2.3　元件的使用

元件是指一个可以重用的图像、影片或按钮。"一个对象，多次使用"是元件在 Flash CS3 中的作用。简单地说，元件是一个特殊的对象，在 Flash 中只创建一次，然后可以在整部影片中反复使用。

元件可以是一个形状，也可以是飞翔的小鸟的影片，并且用户所创建的任何元件都自动成为库中的一部分。在制作动画时经常会使用到元件，这样可以在影片中方便地重复使用这一个对象，有利于加快动画播放的速度，缩短文件下载的时间，还可以减少动画文件的体积。

Flash 中的元件类型一共有 3 种，分别是"影片剪辑"元件、"按钮"元件和"图形"元件。

- "影片剪辑"元件　一个动画元件，作为 Flash 中最具有交互性、用途最多及功能最强的部分，基本上是小的独立影片，并且可以包含主要影片中的所有组成部分（包括声音、影片及按钮）。在一个影片片段中，可以包含其他多个动画片段，这样便形成一种嵌套的结构。在播入影片时，影片剪辑元件不会随着主动画的停止而结束工作，因此非常适合制作诸如下拉式菜单之类的功能。
- "按钮"元件　主要工作是检测鼠标动作并产生交互功能，除此之外，"按钮"元件还能夹带音效，使按钮的功能更加灵活。在 Flash 中，首先要为按钮分配用于不同状态的外观，然后为按钮的实例分配动作。
- "图形"元件　通常用来存放单独的图像，也可以制作动画，动画中也可以包含其他元件，但不能产生互动式的效果和声音。使用图形元件所制作的动画在执行时会随主动画一起播放，当主动画停止时，图形元件也会停止播入。

> **提示：**在影片制作中，将元件应用到场景就成为实例（Instance）。

1. 创建元件

创建元件时，可以从场景中选择若干对象将其转换为元件，也可以直接创建一个空白元件，然后进入元件编辑状态，以创建和编辑元件的内容。

将场景中的元素转换成元件

将场景中的元素转换成元件的操作步骤如下：

（1）右击场景中的某元素，在弹出的快捷菜单中选择"转换为元件"选项，打开"转换为元件"对话框，在此设置元件名及元件类型后单击"确定"按钮，即可将选中的元素转换成为一个元件。

（2）执行"窗口"菜单中的"库"命令，打开"库"面板，这时在元件库中可以看到创建的元件。

图 13-35 显示了将场景中的"圆"元素转换成"图形"元件的整个过程。

创建新元件

创建新元件的操作步骤如下：

（1）执行"插入"菜单中的"新建元件"命令，在弹出的"创建新元件"对话框中设置元件名及元件类型后，单击"确定"按钮。

（2）场景自动从场景编辑模式转换为元件编辑模式，元件名称将显示在窗口的左上角，在场景中心位置会出现元件的注册点，以"+"表示。

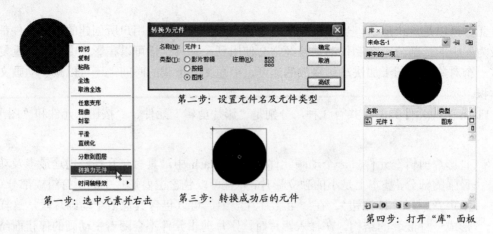

图 13-35　将场景中的元素转换成元件的过程

（3）在元件中进行编辑，制作完毕后单击窗口左上角的场景图标"场景 1"，切换到场景编辑模式，这时在元件库中将看到创建的新元件。

图 13-36 显示了新建一个"按钮"元件并绘制圆形按钮的整个过程。

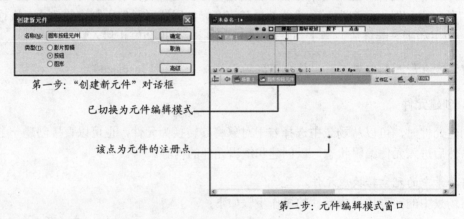

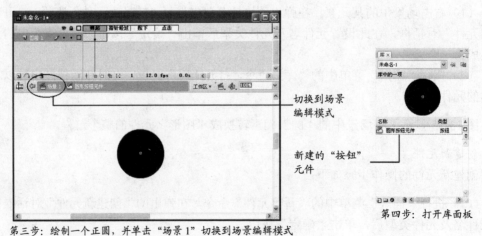

图 13-36　创建新元件的过程

小知识："按钮"元件的 4 种状态

在 Flash 影片中，可以有按钮。按钮也是对象，当指针移到按钮之上或单击按钮（即产生交互时），按钮会改变外观。在制作按钮元件时，可以为其分配对事件产生的动作。在 Flash 中，按钮有 4 种状态：

- 弹起状态　鼠标指针没有接触按钮时，按钮处于弹起状态。
- 指针经过状态　鼠标指针移到按钮上面但没有按下时，按钮处于此状态。
- 按下状态　鼠标指针移到按钮上面并单击时，按钮处于按下状态。
- 点击状态　在这种状态下可以定义响应鼠标事件的动作。

一个"按钮"元件的时间轴的每一帧都有特定的功能，并且每一帧按固定的名称（弹起、指针经过、按下和点击）分别与上面的 4 种状态相对应。在每一帧中分别设置相应状态的按钮外观。"点击"帧的图形在影片中不显示，但定义了按钮响应鼠标事件的区域和动作。如果"点击"帧没有图形，则由"弹起"和"指针经过"帧图形来定义按钮响应鼠标事件的区域。

有关"帧"概念的叙述将在 13.3.1 小节介绍。

2. 编辑元件

应用到场景中的元件有时还需要重新进行编辑，元件的编辑会直接影响到使用元件的实例。要编辑元件，可以直接选中场景中所应用的元件并右击，从弹出的快捷菜单中可以用以下 3 种方式编辑元件：

（1）编辑：在元件编辑模式情况下编辑，当场景窗口中包含多个元件时，只有选中的元件显示在编辑窗口中。

（2）在当前位置编辑：在元件编辑模式情况下编辑，当场景窗口中包含多个元件时，只有选中的元件可以编辑，其他元件将变为灰色。

（3）在新窗口中编辑：将打开一个新的场景窗口，并在该窗口中只有选中的元件。

3. 管理元件

Flash CS3 提供了强大的元件管理功能，所有操作均可借助"库"面板（打开快捷键 Ctrl+L）来完成，如图 13-37 所示。可以任意地拖曳"库"面板的外框来改变窗口的大小。

"库"面板的右上方有一个"选项下拉按钮"，单击该按钮后会显示一个下拉式菜单，可以根据菜单所提供的命令来管理元件库，如新建、编辑、删除元件等，当然也可以在"元件名称"上右击，同样可以打开一个快捷菜单来对元件进行操作，如图 13-38 所示。

提示：Flash CS3 新增了共享组件库功能，可以让同一个项目里的开发人员共享组件库里的元素。首先确定要应用共享组件库的文件，然后执行"窗口"菜单中的"公用库"命令，即可打开系统自带的元件，如图 13-39 所示。

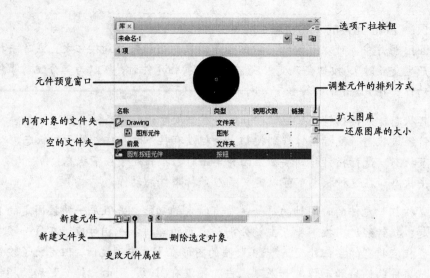

图 13-37 "库"面板

图 13-38 "库"面板的下拉菜单（左）及元件的快捷菜单（右）

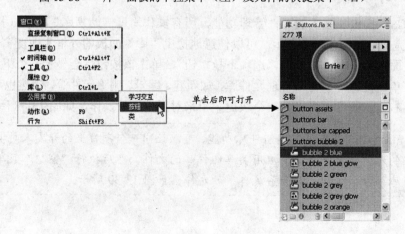

图 13-39 打开共享组件库

4. 设置实例属性

将对象转换成元件后，就可以在任何需要的时候重复调用，这就是使用元件的好处。将组件库中的元件拖至场景后就会变成实例，也就是元件的替身。每一个实例都会连接一个元件，而其属性也是从该元件获得，不过每一个实例也有其各自的属性。

改变实例的颜色和透明度

从元件库中选择"太好了"影片剪辑拖至场景中，创建一个实例，如图 13-40 所示。然后通过实例的"属性"面板来更改实例的颜色、透明度等。

图 13-40　创建元件实例

在图 13-40 所示实例的"属性"面板中的"颜色"下拉列表框中共有 5 个选项：

- 无 颜色: 无 　不设置颜色效果。

- 亮度 颜色: 亮度 0% 　可以直接输入亮度值，也可以通过单击按钮利用弹出的滑动块调整实例的相对亮度，从最暗（黑色）调到最亮（白色），其中 100% 为白色，–100% 为黑色。

- 色调 颜色: 色调 50% 　可以使用一种颜色对实例图像进行着色操作。用于选择着色的颜色，50% 表示着色比例，0% 表示完全没有影响，100% 表示完全被选定的颜色覆盖。

- Alpha 颜色: Alpha 100% 　可以调整实例图像的透明度，0% 表示实例完全不可见，100% 表示完全可见。

- 高级 颜色: 高级 设置... 　单击后面的"设置"按钮，将打开"高级效果"对话框，如图 13-41 所示。在"高级效果"对话框中，可以单独调整实例图像的红、绿、蓝三原色和透明度。这在制作颜色变化非常精细的动画时最有用。每一项都通过左右两个文本框调整，左边的文本框用来输入减少相应颜色分量或透明度的比例，右边的文本框通过具体数值来增加或减少相应颜色或透明度的值。

图 13-41　"高级效果"对话框

设置图形实例的播放模式

设置播放模式选项可以决定图形实例中的动画序列在影片中的播放方式。首先选中"图形"元件，然后在其属性面板（如图 13-42 所示）的"图形选项"下拉列表框中进行设置：

图 13-42　"图形"元件的"属性"面板

- 循环　动画播放 1 次结束后再从头播放。
- 播放一次　动画从头到尾只播放 1 次。
- 单帧　显示动画中的任意一帧。

在"属性"面板的"第一帧"文本框中输入一个帧编号可以设置动画播放的第 1 帧，该值对 3 种播放模式都有效。

13.3　创 建 动 画

动画的制作是学习 Flash 的核心。通过上一节理论知识的学习，下面开始介绍如何创建动画。

13.3.1　时间轴与帧

在 Flash 中，采用"时间轴"与"帧（Frame）"的设计方式来进行动画的制作。时间轴是一个以时间为基础的线性进度安排表，让设计者很容易以时间为基础，逐步地安排每一个动作。而帧是最通用的动画计量单位，设计者可以将不同的对象安排在时间轴内，让不同的对象或图层上的部件有一个共同的时间标准。只要对准了同一帧，就可以保证所有的动作都会在同一时间发生。

图 13-43 所示即为"时间轴"面板。

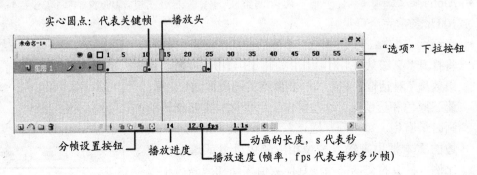

图 13-43　"时间轴"面板

在 Flash 时间轴中，有两种帧格式，分别为关键帧（Keyframe）、帧。关键帧是动画片段开始与结束的决定画面，即动画的播放是依照第 1 帧的关键帧和最后 1 帧的关键帧来决定的。帧是除关键帧之外的所有出现在时间轴中的帧，代表从第 1 帧到最后 1 帧画面间的渐变过程。

13.3.2 引导层和遮罩层动画

引导层能引导与之相连接的任意层中的过渡动画，就像前面的车拖着后面坏了的车一样，后面的车只能跟着前车运行。遮罩层能遮掩与之相连接的任何层上的对象，就像用户房间中的一堵墙将一间屋子和另一间屋子隔开一样。

Flash 中所提供的这两个特殊的图层能帮助动画设计者快速实现许多功能。对于系统而言，引导层和遮罩层只起引导和遮掩作用，在动画的最终输出效果中是不会显示这两层的内容的。

实例 1：沿特定路径运动的动画

效果如图 13-44 所示，可以看到一架飞机按预定的轨道飞行（图上数字表示运动顺序）。

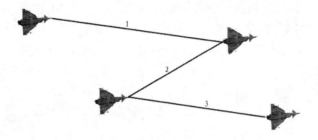

图 13-44　飞机按预定的轨道飞行

（1）新建一个文件，执行"插入" | "新建元件"命令，插入一个图形元件 Plane，并粘贴一架飞机至该元件中，如图 13-45 所示。

（2）单击"时间轴"面板上的"场景 1"选项，返回到场景中。按 Ctrl+L 快捷键以打开"库"面板，并将 Plane 图形元件拖到场景的左上端，如果飞机过大，可以使用任意变形工具 缩小图片，如图 13-46 所示。

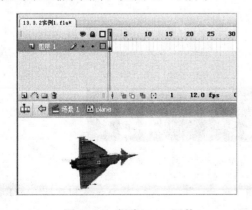

图 13-45　新建 Plane 元件

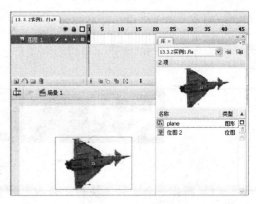

图 13-46　将 Plane 元件拖至场景中

（3）单击时间轴面板上的 按钮，此时会在"图层1"的上方添加一个引导层。然后使用铅笔工具 在"引导层"画出一段曲线，用于控制飞机的运动路径，如图13-47所示。

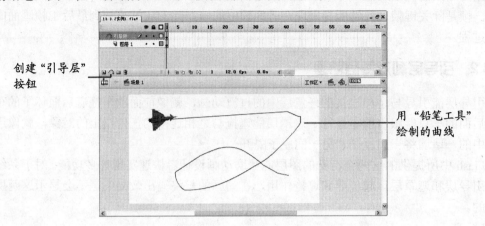

创建"引导层"
按钮

用"铅笔工具"
绘制的曲线

图13-47　创建引导层并绘制引导路径

（4）分别在两个图层的第30帧处按F6键（即插入一个关键帧），然后单击"图层1"使其成为活动图层，并将飞机拖至曲线的最后端点上，如图13-48所示。

（5）右击"图层1"的第1帧，在弹出的快捷菜单中选择"创建补间动画"选项，如图13-49所示。至此，本例制作完毕，按Ctrl+Enter快捷键可以预览效果。

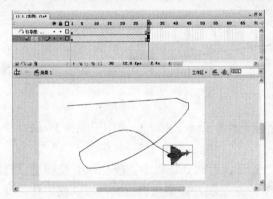
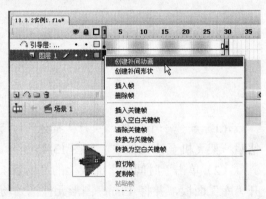

图13-48　将飞机拖至曲线的最后一个端点上　　图13-49　在图层1的第1~30帧间创建补间动画

实例2：遮罩效果制作公司徽标

效果如图13-50所示，可以看到类似于夜市中的霓虹灯效果（图上的数字表示运动顺序）。

图13-50　遮罩效果制作的公司徽标

（1）新建一个文件，执行"修改"|"文档"命令，设置文档大小为700×120，背景颜色为黑色。

（2）在场景中输入文字"长沙太好了科技"，并设置文字大小为 96，字体颜色为白色（在"属性"面板中设置），如图 13-51 所示。

图 13-51　在场景中输入欲遮罩的文字

（3）执行"插入"|"新建元件"命令，插入一个图形元件 Round，并在其中绘制一个正圆，注意圆的大小至少要比单个文字大。

（4）单击"时间轴"面板上的"场景 1"选项，返回到场景中。并新建一个"图层 2"，使"图层 2"为当前活动图层，然后按 Ctrl+L 快捷键以打开"库"面板，并将 Round 图形组件拖到文字的最左边，如图 13-52 所示。

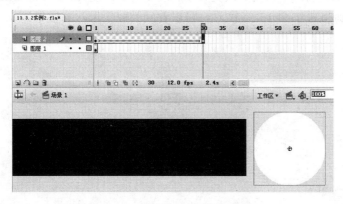

图 13-52　设置遮罩位置的开始

（5）在"图层 2"的第 30 帧处按 F6 键（即插入一个关键帧），并将左边的圆拖至文字的末尾。然后右击"图层 2"的第 1 帧，在弹出的快捷菜单中选择"创建补间动画"选项，如图 13-53 所示。

图 13-53　设置遮罩位置的结束

（6）右击"图层 1"的第 30 帧，在弹出的快捷菜单中选择"插入帧"，延伸第 1 帧，这时场景中的文字呈现出来。

（7）右击"时间轴"面板上的"图层 2"，并在弹出的快捷菜单中选择"遮罩层"选项，如图 13-54 所示。至此，本例制作完毕，按 Ctrl+Enter 快捷键可以预览效果。

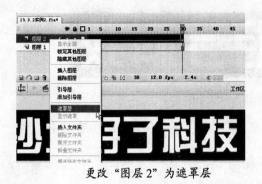

更改"图层 2"为遮罩层

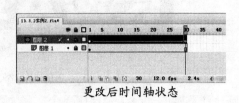

更改后时间轴状态

图 13-54　创建遮罩层

思考：用一张图片代替遮罩层中的圆，效果会是什么样的？

13.3.3　运动过渡动画和变形过渡动画

在 Flash 中，所有创建的动画只有两类，即过渡动画和帧—帧动画。

- 过渡动画　制作好若干关键帧的画面，由 Flash 通过计算生成中间各帧，使画面从一个关键帧过渡到另一个关键帧。过渡动画又分为运动过渡动画和变形过渡动画两种。上面制作的引导层及遮罩层动画均属于运动过渡动画。
- 帧—帧动画　制作好每一帧画面，然后生成动画效果，传统的动画都是这样做出来的。类似于写一个字，需要一笔一划，这种动画需要逐帧设计。

实例 1：运动过渡动画制作风吹效果文字

运动过渡动画是过渡动画中的一种。在 Flash 中可以创建出丰富多彩的运动过渡动画效果，使一个对象在画面中移动、改变大小、改变形状，使其旋转、产生淡入淡出效果等。本例中的动画效果如图 13-55 所示，可以看到类似于风吹的效果。

图 13-55　风吹效果文字

具体制作过程如下：

（1）新建一个文件，执行"修改"|"文档"命令，设置文档背景颜色为黄色。

（2）执行"插入"|"新建元件"命令，插入一个图形元件"诚"，并且用文字工具在其中的"十"字符号处输入文字"诚"，如图 13-56 所示。

创建"诚"图形元件 　　　　　　在图形元件中输入文字

图 13-56　创建图形元件并输入文字

（3）使用同样的方法，制作其他文字元件。

（4）返回到场景中，按 Ctrl+L 快捷键以打开"库"面板，并将"诚"元件拖至舞台中。然后新建"图层 2"，并将"信"元件拖至舞台"诚"字的右边。依此类推，将制作好的文字按顺序分别拖放到相应的图层中，效果如图 13-57 所示。

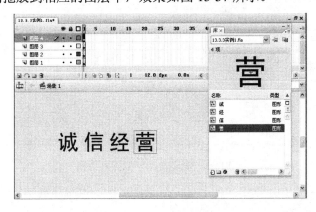

图 13-57　将文字拖到相应的图层

（5）选中所有的文字，执行"修改"|"对齐"菜单中的"底对齐"和"按宽度均匀分布"命令，将文字底端对齐及文字的水平间距一致。

（6）分别右击"图层 1"的第 10 帧和第 20 帧，在弹出的快捷菜单中选择"插入关键帧"选项，然后选取第 20 帧，将该帧内的文字向右上方移动一段距离后执行"修改"|"变形"|"缩放和旋转"命令，在弹出的对话框中的"旋转"文本框中输入 180，即将文字旋转 180°。操作步骤如图 13-58 所示。

图 13-58　第 6 步操作步骤

（7）执行"窗口"菜单中的"信息"命令，打开"信息"面板，并记录该文字的 X、Y 坐标值，便于在后面统一其他文字的高度，如图 13-59 所示。

（8）确认"诚"字为选中状态，在其"属性"面板的"颜色"下拉列表框中选择"Alpha"选项，并设置其值为 0%，表示没有明亮度，如图 13-60 所示。

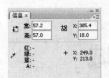

图 13-59 "信息"面板   图 13-60 "属性"面板

（9）在第 10 帧上右击，在弹出的快捷菜单中选择"创建补间动画"选项，表示在第 10 帧与第 20 帧之间产生一段连续的动画。

（10）按以上步骤制作其他文字的动画效果，最终图层及文字的排列情况如图 13-61 所示。

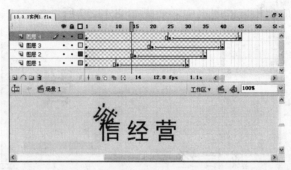

图 13-61 图层及文字的排列情况

（11）至此，本例制作完毕，按 Ctrl+Enter 快捷键可以预览效果。

实例2：变形过渡动画制作花样字母

变形过渡动画是通过在时间轴的某个帧中绘制一个对象，再在另一帧中修改该对象或重新绘制其他对象，然后由 Flash 计算两帧之间的差距并插入变形帧，从而创建出动画效果。

本例中的动画效果如图 13-62 所示，可以看到字母的花样变形效果。

具体操作规程步骤如下：

图 13-62 字母的花样变形图

（1）新建一个文件，执行"修改"|"文档"命令，设置文档背景颜色为黄色。

（2）选中文字工具，在场景中输入字母 F，并设置字体为黑体，字号为 300，颜色为黑色。然后执行"修改"菜单中的"分离"命令（或按 Ctrl+B 快捷键）打散字母，可以看到字母变为灰色网格，如图 13-63 所示。

（3）右击"图层 1"的第 10 帧，在弹出的快捷菜单中选择"插入空白关键帧"选项，这时场景中的字母将会消失。若让字母能正常显示又不影响实际播放效果，可以单击时间轴下面的"绘图纸外观"按钮（如图 13-64 所示），此时字母又呈现出来。

（4）再次选中文字工具，在场景中输入字母 L，并设置字体为黑体，字号为 300，颜色为黑色。然后执行"修改"菜单中的"分离"命令（或按 Ctrl+B 快捷键）打散字母。

（5）使用同样的方法，分别在时间轴的第 20、30、40 帧处输入字母 A、S、H，并将其打散，效果如图 13-65 所示。

输入文字　　　打散文字

图 13-63　输入字母并打散字母

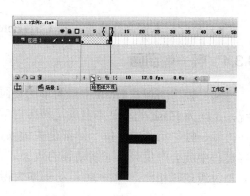

图 13-64　"绘图纸外观"按钮

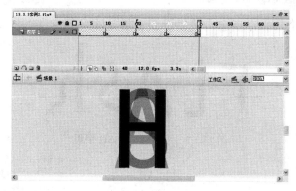

图 13-65　输入完字母并打散后的效果

（6）在时间轴的第 1 帧单击，并在"属性"面板中的"补间"下拉列表框中选择"形状"选项，以创建从第 1 帧到第 10 帧的变形过渡动画。设置完毕后，可以看到在这两帧之间产生了一条绿色的箭头线。

> 提示：运动过渡动画与变形过渡动画的显著区分标志为，运动过渡动画的帧与帧之间是以蓝色的箭头线表示的，而变形过渡动画的帧与帧之间是以绿色的箭头线表示的。

（7）使用同样的方法，在第 20、30、40 帧处分别创建变形过渡动画，效果如图 13-66 所示。

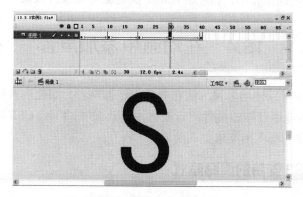

图 13-66　创建变形动画后的效果

（8）至此，本例制作完毕，按 Ctrl+Enter 快捷键可以预览效果。

13.3.4 帧—帧动画

"帧—帧"动画是 Flash 中最简单的动画，也是最具有传统模式的动画。之所以简单、传统，是因为 Flash 的动画本身就是按照时间轴上的帧来一帧一帧地运行并组织成动画的，而在"帧—帧"动画中，每一帧都是关键帧，对每一帧加以不同的图片或对象，在动画的运行过程中就会产生一个连续动画的效果。

与过渡动画相比，"帧—帧"动画增大得很快。

实例：创建手写版 FLASH 字母

动画运行效果如图 13-67 所示，可以看到每隔一帧即产生一个手写的字母。

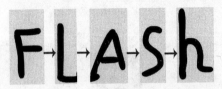

图 13-67　手写版 FLASH 字母

具体制作过程如下：

（1）新建一个文件，执行"修改"|"文档"命令，设置文档背景颜色为黄色，帧数为 2，即让动画慢动作播放。

（2）选中刷子工具，并在场景中手动画出一个 F，如图 13-68 所示。

（3）右击"图层 1"的第 2 帧，在弹出的快捷菜单中选择"插入关键帧"选项，并在场景中使用刷子工具手动画出一个 L。

（4）按照同样的方法在第 3、4、5 帧分别画出 A、S、H。

图 13-68　使用刷子工具手动画出一个 F

（5）至此，本例制作完毕，按 Ctrl+Enter 快捷键可以预览效果。

13.4　在动画中添加声音

在 Flash CS3 中可以使用多种方法在影片中添加声音，如使声音独立于时间轴连续播放、与动画同步播放或通过按钮设置声音淡入淡出效果等。Flash CS3 对声音的支持已经由先前的实用变为现在的既实用又求美的阶段。

13.4.1 Flash CS3 支持的声音格式

在 Flash 中有两种类型的声音，即事件声音和流式声音。

1. 事件声音

事件声音在平时不发出声音，只有在某一特定的事件驱动时才发声。能够驱动的事件包括对按钮的单击、时间轴到达某个带有声音的关键帧上。

2. 流式声音

在动画中，声音往往需要和动画同步，而流式声音可以与动画中的可视元素同步播放。

不管使用何种类型的声音，制作者首先应确定放入到时间轴上的声音是事件声音还是流式声音，其次应考虑 Flash 所能支持的文件格式。

可以将以下声音文件格式导入到 Flash 中：

- WAV（仅限 Windows）。
- AIFF（仅限 Macintosh）。
- MP3（Windows 或 Macintosh）。

如果系统安装了 QuickTime 4 或更高版本，则可以导入这些附加的声音文件格式：

- AIFF（Windows 或 Macintosh）。
- Sound Designer II（仅限 Macintosh）。
- 只有声音的 QuickTime 影片（Windows 或 Macintosh）。
- Sun AU（Windows 或 Macintosh）。
- System 7 声音（仅限 Macintosh）。
- WAV（Windows 或 Macintosh）。

Flash 中不能使用 MIDI 文件，要在 Flash 中使用 MIDI 文件，必须使用 JavaScript。

13.4.2 导入与编辑声音

1. 导入声音到库

执行"文件"|"导入"|"导入到库"命令，在打开的"导入到库"对话框中选择欲导入的声音文件，即可将该文件导入到"库"面板中，如图 13-69 所示。

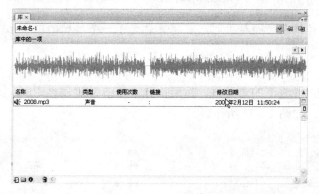

图 13-69 被导入到库的声音文件

声音导入到 Flash 后就成为 Flash 文件的一部分，同时增加了 Flash 文件的大小。选中

"库"面板中的一个声音文件的名称或图标，单击"库"面板左上角中的播放按钮 ▶，即可听到播放的声音。

2. 将声音添加到时间轴上

只有将声音添加到时间轴上后，声音文件才可以应用。选中"库"面板中的一个声音文件并将其拖到场景内即可看到在当前图层中的第 1 帧内显示出声音的波形，如图 13-70 所示。此处已设置"时间轴"面板帧格显示为"大"。

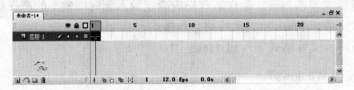

图 13-70　将"库"面板中的声音文件拖到场景内

要使声音持续，右击"图层 1"的第 20 帧，在弹出的快捷菜单中选择"插入关键帧"选项，即可在第 1 帧到第 20 帧内看到声音波形，如图 13-71 所示。

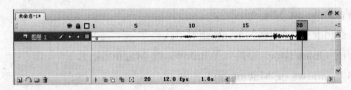

图 13-71　图层中的声音波形

同时，可以拖动图层中的声音波形，以调整位置，如图 13-72 所示。调整声音波形的位置，可以使声音与动画同步播放。

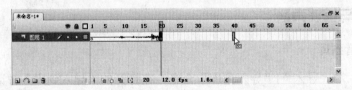

图 13-72　鼠标拖动调整图层中的声音波形的位置

> **注意：** 当将声音放在时间轴上时，应将声音置于一个单独的图层上。

3. 编辑声音

单击图层中带声音波形的单元格，然后执行"窗口"|"属性"|"属性"命令，打开声音的"属性"面板，如图 13-73 所示。

图 13-73　声音的"属性"面板

声音

可以通过"声音"下拉列表框选择当前影片文件中声音文件的名字。

效果

可以通过"效果"下拉列表框选择各种播放声音效果的选项。

- 无　不加任何效果。
- 左声道　只播放左声道声音。
- 右声道　只播放右声道声音。
- 从左到右淡出　声音的播放从左声道切换到右声道。
- 从右到左淡出　声音的播放从右声道切换到左声道。
- 淡入　声音由小逐渐增大。
- 淡出　声音由大逐渐减小。
- 自定义　根据用户需求设置特殊效果。

同步

用于设置影片播放与声音的同步技术。

- 事件　设置事件方式，即声音与某一个事件同步。当动画播放到引入声音的帧时开始播放声音，而且不受时间轴的限制，直到声音播放完毕。
- 开始　设置开始方式，即当动画播放到导入声音的帧时声音开始播放。如果声音播放中再次遇到导入的统一声音帧时，将继续播放该声音，而不播放再次导入的声音。选择"事件"选项时，可以同时播放两个声音。
- 停止　设置停止方式，用于停止声音播放。
- 数据流　设置流方式，即 Flash 强制声音与动画同步（动画开始播放时，声音也随之播放；动画停止时，声音也随之停止）。

重复

用于设置声音重复播放的次数，以数字形式表示。

13.4.3　声音应用实例

实例：让按钮发出声音

在 Flash CS3 中，可以使声音与按钮元件的各种状态相关联。当按钮元件关联了声音后，该按钮元件的所有实例都带有了声音。

（1）新建一个文件，执行"窗口"|"公用库"|"按钮"命令，在打开的"公用库"面板内任意选择一个按钮，拖至场景中。

（2）双击刚拖入的按钮元件，进入元件编辑模式。

（3）新建一个图层，命名为"声音"，放置导入的声音文件，并在此图层中创建关键帧，使其与要出现声音的按钮状态相对应。例如，在按钮被单击时播放声音，则在"按下"帧以创建关键帧，如图 13-74 所示。

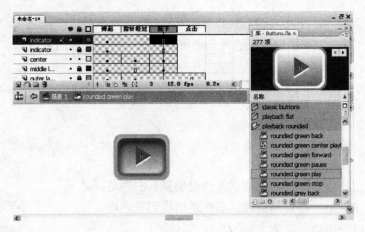

图 13-74 创建新图层并插入关键帧

（4）选择需要的声音导入到库中，打开"库"面板，确保当前已经选中"声音"图层的"按下"帧，并从"库"面板中将导入的声音拖至场景中。这时，在"按下"帧将自动添加声音的波形。

（5）退出元件编辑模式，按 Ctrl+Enter 快捷键测试。单击按钮，将自动播放声音文件。

13.5　本章小结

本章内容以 Flash 基础知识为主，涉及面广、内容多，读者在学习过程中应抓住基础知识（常用工具使用，层、元件、时间轴和帧的概念），掌握点面（制作动画过程），然后深入美化动画（添加声音）。

13.6　思考与练习

13.6.1　填空、判断与选择

（1）使用铅笔工具在绘制过程中按住_____键不放，可以绘制一条笔直的、沿水平或垂直方向的直线。

（2）使用_____工具可以任意绘制出各种形状的图形，如直线、曲线等。

（3）在选定的图形的外轮廓上加上选定的线条，或是改变一条线条的粗细、颜色、线形等，应使用_____工具。

（4）如果要逐一选择多个对象，按住_____键，将鼠标指向每一个欲选的对象并单击。

（5）要将文字对象转换成矢量图形，可以选中文字后按_____快捷键。

（6）在同一层上，Flash 根据对象创建的先后顺序层叠放置。最晚创建的对象将放置在_____，而最早创建的对象被放置在_____。

（7）_____层能引导与之相连接的任意层中的过渡动画。

（8）若设置某一对象为不透明色，应选中该对象，然后将其"属性"面板＿＿＿＿＿＿项设为 0 即可。

（9）制作动画的霓虹灯效果必须有＿＿＿＿＿＿图层。

（10）运动过渡动画的帧与帧之间是以＿＿＿＿＿＿＿的箭头线表示的，而变形过渡动画的帧与帧之间是以＿＿＿＿＿＿＿的箭头线表示的。

（11）使用缩放工具可以改变场景中的任何实际图形。　　　　　　　　　　　（　　）

（12）双击工具栏中的放大镜图标，可以实现 100% 显示状态；而双击工具栏中手形工具的图标，可以实现"充满窗口"显示状态。　　　　　　　　　　　（　　）

（13）Flash CS3 可以导入位图图像和矢量图形。　　　　　　　　　　　（　　）

（14）Flash CS3 可以导入 MP3 格式的声音文件。　　　　　　　　　　　（　　）

（15）Flash 制作动画就是以时间轴为基础的帧动画，每一个由 Flash 制作出来的动画作品都是以时间为基础、由先后排列的一系列的帧组成的。　　　　　　　（　　）

（16）当将声音放在时间轴上时，可以与对象放在同一图层上，也可以将声音置于一个单独的图层上。　　　　　　　　　　　　　　　　　　　　　　（　　）

（17）利用＿＿＿＿＿＿＿可以同时达到拉伸、压缩、旋转、翻转和自由变形等效果。

A. 缩放工具　　　　　　　　　　　B. 油漆桶工具
C. 任意变形工具　　　　　　　　　D. 转换工具

（18）带＿＿＿＿＿＿＿表明该层正处于活动状态，即当前层。

A. 铅笔图标　　　　　　　　　　　B. 红色叉子图标
C. 锁图标　　　　　　　　　　　　D. 轮廓图标

（19）"按钮"元件的 4 种状态为＿＿＿＿＿＿＿。——多选

A. 弹起状态　　　　　　　　　　　B. 按下状态
C. 指针经过状态　　　　　　　　　D. 点击状态

（20）Shift 键的功能有多种，如按住该键并配合相应的工具可以绘制＿＿＿＿＿＿。——多选

A. 正圆　　　　　　B. 正方形　　　　　　C. 曲线　　　　　　D. 直线

13.6.2　问与答

（1）在使用 Flash 绘制直线的过程中，开启"对齐网格"功能会对绘制的直线有什么影响？

（2）简述椭圆工具、铅笔工具和钢笔工具三者的区别。

（3）简述 Flash 中的元件类型各有什么区别及用法。

第14章

利用Flash CS3制作交互式动画网页
CHAPTER 14

内容导读

交互是指网页能够根据用户的选择做出及时的响应。在 Flash CS3 中，虽然可以通过添加声音和动画吸引观众的注意力，但是如果想真正抓住观众，更好的方法是允许观众对这些动画进行控制，即交互。

交互是影片与观众间的纽带。本章内容既是对前面内容的总结，又是一个深入的过程，这为学习 Flash 自带的脚本 ActionScript 来进行编程打下了一个较好的基础。

通过本章的学习，可以掌握整个交互动画的过程。

教学重点与难点

1. Flash 编程基础及 ActionScript 语法
2. 在 Flash 中添加代码的位置
3. 创建交互操作动画

14.1　Flash 编程基础

Flash ActionScript 是 Flash 开发应用程序和交互动画时所使用的语言。利用该语言可以实现与用户的交互，以便动画能根据需求而做出动态的响应。例如，一个影片如果没有对任何关键帧添加控制脚本，这个影片将从第 1 帧一直播放到最后 1 帧；但是如果要影片运行到第 5 帧时直接跳到第 10 帧，就需要加入控制脚本"gotoAndPlay(10); "。Flash ActionScript 也可以轻松实现场景的跳转、网页链接、控制播放、网页游戏等。因此，交互性是影片和观众之间的纽带。

14.1.1　认识"动作"面板

"动作"面板是 ActionScript 的主要工作环境，启动 Flash CS3 后，选择"窗口"菜单中的"动作"命令（或按 F9 快捷键）即可打开"动作"面板，如图 14-1 所示。

"动作"面板由两部分组成，左侧是"动作"工具箱，每种 Flash 元素在其中都有对应的条目；右侧是脚本输入窗口及功能显示。

下面介绍该面板的基本操作。

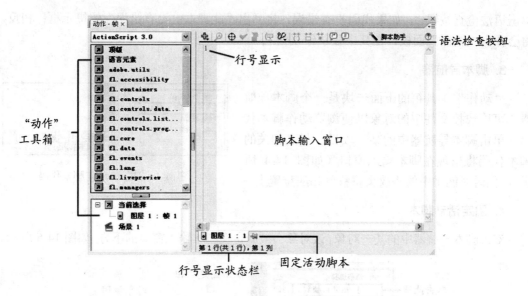

图 14-1 "动作"面板

1. 输入脚本

要创建文档的脚本，直接在右侧的"脚本输入窗口"中输入即可。此时 Flash 可以检测到正在输入的动作并显示包含该动作完整语法的代码提示信息，供用户快捷操作，如图 14-2 所示。

在输入过程中，如果代码提示未出现，可以执行"编辑"菜单中的"首选参数"命令，在打开的"首选参数"对话框的"ActionScript"选项卡中确认"代码提示"复选框是否已选中。在输入过程中，也可以手动显示代码提示：将

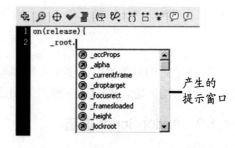

图 14-2 输入脚本过程中产生的代码提示

光标放在要显示代码提示的位置，然后单击脚本输入窗口上方的显示代码提示按钮 💬。

注意：ActionScript 是区分大小写的，因此在输入时一定要分清代码的大小写。

---

2. 语法检查按钮

语法检查按钮的设置为用户在编写程序时提供了极大的方便，如图 14-3 所示。

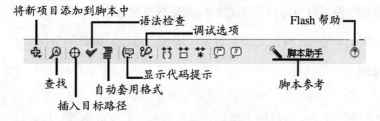

图 14-3 语法检查按钮

一般情况下，如果要测试编写的代码是否能像预期的那样运行，可以在输入完代码后

单击语法检查按钮✔，如果代码没有错误，将弹出"此脚本中没有错误"的提示框；相反，将会弹出"输出"面板，在其中显示错误信息。

3. 脚本导航器

"动作"工具箱的下面一块是一个脚本导航器，可以选择文件中的对象以便浏览动作脚本代码。单击脚本导航器中的某一项目，与之相关的脚本代码将出现在脚本输入窗口（如图 14-4 所示），同时时间轴中的播放头将移到相应位置上。

图 14-4　对象的动作脚本代码

4. 固定活动脚本

双击脚本导航器中的某一对象，该对象会被固定在脚本输入窗口的下方，如图 14-5 所示。

图 14-5　固定对象

被固定后的对象始终会出现在脚本输入窗口的下方，这样用户可以方便地再次将其选中；若要取消固定，单击其左侧的关闭已固定的脚本按钮☑即可。

14.1.2　ActionScript 语法

ActionScript 是一种面向对象的语言，因此 Flash 编程必然会涉及对象、属性、方法、事件等术语，以及语法结构、数据类型、变量、运算符、函数等。

1. 对象、属性、方法、事件

将自然界的任何事物都可以看成是一个对象，如计算机、电视机、电话、人等。每个对象都有自己的属性、方法和事件。

- 对象的属性用于描述这个对象，如计算机具有款式、颜色等。
- 对象的方法说明对象该如何去做事情，如利用计算机编程等。
- 对象的事件说明对象可以识别和响应的某些操作行为，如计算机程序的运行结果。

在后面的学习过程中，将反复用到对象、属性、方法、事件等名词。

2. 语法结构

点语法

在动作脚本中，点（.）可以用于指示对象的属性、方法或事件；也可以用于标识变量、函数等。因此在 ActionScript 中，使用对象的格式为

对象名.[属性|方法|事件]

例如："mc._y"，其中 mc 代表影片剪辑的实例名称，_y 属性表示在舞台上的 Y 轴位置。
又如："mc.play();"，其中 play()是影片剪辑类中的一个方法，用于播入影片剪辑内的动画。

> **提示**：在点语法中，有 2 个特殊的别名：_root 和_parent。
>
> （1）_root 指主场景（舞台）的时间轴，使用_root 可以创建一个绝对目标路径。例如，"_root.mc"表示指定舞台上的一个影片剪辑（mc）的实例。
>
> （2）_parent 引用当前对象的上一级对象，通常该对象为影片剪辑。使用_parent 可以创建相对目标路径。例如，如果影片剪辑 mc1 位于影片剪辑 mc 中，则在 mc 上添加代码 "_parent.stop();"，可以停止播入 mc1。

分号

动作脚本语句以分号（;）结束。如果省略了结束分号，Flash 仍然能够成功地编译脚本，但为养成良好的编写习惯，建议写上分号。

注释

注释的使用有助于向其他开发人员提供信息。注释是程序中不执行的语句。

- 若要指示某一行或一行的某一部分为注释，可以在注释前加两个斜杠（//），默认情况下，被注释的行显示为灰色。
- 若要创建注释块，则需在命令行开头添加"/*"，在末尾添加"*/"。

例如：

```
on(release){
    //创建新的 Date 对象
    da=new Date();
    mo=da.getMonth();
}
```

3. 数据类型

数据类型是描述变量或动作脚本元素可以包含的信息的种类。ActionScript 数据类型主要有以下 4 类：

（1）字符串型：由字母、数字和标点符号等字符组成。例如，T1 是一个字符串。在动作脚本语句中，输入字符串的方式是将其放在单引号或双引号之间。

（2）数值型：由双精度浮点数字组成。例如，100 是一个数值型。ActionScript 可使用加（+）、减（-）、乘（*）、除（/）、取余（%）、递增（++）、递减（--）等来处理数值。

（3）布尔型：即逻辑型，其值为 1（true，真）、0（false，假）。布尔值与一般比较控制脚本一起使用。例如，如果 name 为 1，则播放动画，代码如下。

```
onClipEvent(enterFrame){
    if (name=true){
    play();
    }
}
```

（4）影片剪辑（MovieClip）型：Flash 的一种元件，是唯一的图形元素数据类型。用户可以使用 MovieClip 类型的方法控制影片剪辑元件。例如，"my.play();" 播放影片剪辑实例 my。

4. 变量

变量是代表能够存储程序信息的计算机内存位置的符号，在程序的运行过程中可以进行调用变量或者改变变量值等操作。变量中可以包含任何类型的数据。

使用变量必须先命名变量，变量命名时必须以字母开头，不能包含句点，长度在 255 个字符内并且在其作用域内必须唯一。

在 ActionScript 中，有 3 种类型的变量范围：

（1）本地变量：使用范围只限于在当前的程序块中。

（2）时间轴变量：可用于该时间轴上的任何脚本。但在声明此变量后，最好在第 1 帧上初始化该变量，否则位于声明变量的帧之前的那些帧上的脚本均无法使用该变量。例如，在 10 帧上有代码 "Var x = 20;"，则在 10 帧之前的帧上都无法使用该变量。

（3）全局变量：对于文档中的每个时间轴和所有范围而言都是可见的。例如，"_global.my = "THL";" 创建了一个 my 全局变量，并赋值为字符串 THL。注意：创建全局变量不使用 Var 语句。

5. 运算符

ActionScript 的运算符包括算术运算符、字符串（连接）运算符、逻辑运算符、比较运算符等。

算术运算符
算术运算符除了加（+）、减（−）、乘（*）、除（/）外，还有经常使用的取余（%）、增量或减量（++或−−）等。例如，5 % 3 结果为 2；i++代表 i=i+1。

字符串运算符
字符串运算符 "+" 用于将两个字符串进行连接，如 name="my"+"name"。

逻辑运算符
最常用的逻辑运算符有与（&&）、或（||）、非（!）3 种，用于判断表达式是否成立，其返回值为真（True）或假（False）。

- && 只有两个值全为真时，结果才为真。例如，（5>3）&&（5>10）的值为 False。
- || 只要有一个值为真时，结果就为真。例如，（5>3）||（5>10）的值为 True。
- ! 非真则为假，非假则为真。例如，!（5>3）的值为 False；!（5>10）的值为 True。

比较运算符
最常用的比较运算符有等于（=）、严格等于（==，即不执行数据类型转换）、不等于（!=）、严格不等于（!==）、小于（<）、大于（>）、小于等于（<=）、大于等于（>=）8 种。比较运算符用于对表达式两边的值做出比较，其返回值为真（True）或假（False）。

例如，如果变量 my 大于 50，则加载 a.swf 文件；否则加载 b.swf 文件，代码如下：

```
if (my>50) {
  loadMovieNum("a.swf",5);
} else {
  loadMovieNum("b.swf",5);
}
```

运算符的优先级

当一个表达式中包含有多种运算符时，就必须遵守一个优先级的规则，即先算术，后比较，再逻辑。各运算符的优先级如表 14-1 所示。

表 14-1 运算符的优先级

算术运算符	乘	除	取余	加	减
	*	/	%	+	−
比较运算符	具有相同的优先顺序，按出现的顺序从左到右进行计算				
逻辑运算符	逻辑非	逻辑与	逻辑或		
	!	&&	‖		

6. 函数

函数是一段表示完成某种特定的运算或功能的程序。与数学中使用的函数类似，当函数的参数（或称自变量）的值变化时，函数的值也按某种规律变化。

内置函数

Flash 具有一些内置函数，可以用于访问特定的信息，执行特定的任务。例如，取系统当前时间的小时数，函数为 "getHours();"。

自定义函数

用户可以自行定义函数，然后在程序中反复调用该函数。

- 定义全局函数　例如，计算(x*2)+3，代码如下：

```
_global.myFunction = function(x){
    reture(x*2)+3;
}
```

- 定义时间轴函数　例如，求圆面积，代码如下：

```
function areaOfCircle(radius){
  return Math.PI * radius * radius;
}
```

调用自定义函数

若要调用函数，输入函数名称的目标路径（如果函数使用_global 标识声明，则无需使用路径），若有必要，在括号内输入所有必需的参数。例如，在主时间轴上调用影片剪辑 **myMovie** 中的函数 abc()，并传递参数 3，然后将结果存储在变量 **temp** 中，代码如下：

```
var temp=_root.myMovie.abc(3);
```

14.1.3 添加代码的位置

在动画中放置代码的位置有 3 处，即帧、按钮或影片剪辑上。

1. 在帧上添加代码

在帧上输入代码后，当动画播放到此帧时就会触发该帧上的脚本。例如，动画播放到第 10 帧时自动停止，操作如下：

（1）选中时间轴上的第 10 帧，按快捷键 F6，在此位置插入一个关键帧。

（2）执行"窗口"菜单中的"动作"命令，打开"动作"面板。

（3）在"动作"画板中加入代码"stop();"，表示到第 10 帧动画立即停止播放。

2. 在按钮上添加代码

在按钮上添加代码，需要一定的事件进行触发才能使代码生效，其基本格式为

```
on (事件){
    语句;
}
```

例如，用户单击按钮后停止动画的播放，操作如下：

（1）新建一个文件，并在"图层 1"中创建一个简单的动画，动画内容自拟。

（2）执行"插入"菜单中的"新建元件"命令，在弹出的对话框中新建一个"按钮"元件，名称自拟。

（3）在元件编辑窗口中的"指针经过"帧插入一个关键帧，并在文档中绘制一个简单的矩形（当作按钮）；同时在"按下"帧也插入一个关键帧，并将矩形填充为另一种颜色。

（4）返回到"场景 1"编辑状态，新建"图层 2"，并从"库"面板中将刚创建的按钮元件拖入舞台中。

（5）选中该按钮，在"动作"面板中输入如下代码：

```
on (release){       //release 代表按下并释放鼠标后触发
    stop();
}
```

（6）测试影片，可以发现在播放动画的同时，单击"矩形按钮"即可停止正在插放的动画。

3. 在影片剪辑上添加代码

在影片剪辑上添加代码与在按钮上添加代码类似，也需要有事件触发才行，其基本格式为

```
onClipEvent(事件){
    语句;
}
```

例如，在导入影片剪辑时停止动画播放，代码如下：

```
onClipEvent(load){          //load 代表当影片剪辑被载入时触发
    stop();
}
```

具体操作方法可以参考 14.2.3 小节。

14.2　创建交互式操作动画

若进行交互式动画的制作，需要具备一定的逻辑思维能力和简单的语法知识。读者在熟知以上语法后，本节将以实例形式详细介绍几种典型的交互式动画的制作。

14.2.1　创建动态系统日期（帧动画的制作）

Flash 中内置了 Date 函数，为用户提供了获取或修改日期及时间的功能。利用 Date 函数及配合 ActionScript 中的 If 语句，可以实现动态文本显示日期及制作出类似于时钟的效果。

实例 1：动态文本显示日期

效果如图 14-6 所示，可以看到一个显示出日期、星期及时间的动态文本，并且时间是不断刷新的。

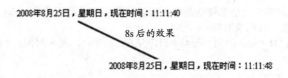

图 14-6　动态文本显示日期效果

具体操作如下：

（1）新建一个文件，选择文本工具**A**，在舞台上拖出一个文本字段，用于放置显示的动态日期，如图 14-7 所示。

图 14-7　拖出的文本框

（2）选中此文本框，并在"属性"面板中设置为动态文本，实例名为 text，变量名为 time，如图 14-8 所示。

图 14-8　修改文本框属性

（3）选中时间轴上的第 1 帧，按快捷键 F9 打开"动作"面板，并在其中输入以下代码：

```
_root.onEnterFrame = function(){        //当开始运行动画时执行函数
    s1 = new Date();                    //创建日期对象 s1
    s2 = s1.getFullYear();              //截取系统年份
```

```
s3 = s1.getMonth()+1;                    //截取月份
s4 = s1.getDate()+1;                     //截取天数
s5 = s1.getHours();                      //截取小时数
s6 = s1.getMinutes();                    //截取分数
s7 = s1.getSeconds();                    //截取秒数
s8 = s1.getDay();                        //截取出星期的数值
// 以下利用条件语句判断星期的数值，并将中文星期名称赋予 s9 变量
if (s8 == 0){
    s9="日";
}
if (s8 == 1){
    s9="一";
}
if (s8 == 2){
    s9="二";
}if (s8 == 3){
    s9="三";
}if (s8 == 4){
    s9="四";
}if (s8 == 5){
    s9="五";
}if (s8 == 6){
    s9="六";
}
// 以下将截取的参数全部转换为中文描述，并将其传递给动态文本框
// 以在文本框内显示日期及时间
time = s2+"年"+s3+"月"+s4+"日，星期"+s9+"，现在时间："+s5+":"+s6+":"+s7;
};
```

（4）至此，本例制作完毕，按 Ctrl+Enter 快捷键可以预览效果。因为动画内只有一帧，所以每隔一帧就会重新播放动画（即重新执行一次脚本），这样看到的就是不断刷新显示的时间。当然，此处所获取的时间是本地计算机系统的日期和时间。

实例 2：时钟效果显示当前时间

效果如图 14-9 所示，可以看到一个类似于时钟效果的钟，并且能显示出当前的时间。

图 14-9　时钟效果显示当前时间

（1）新建一个文件，执行"插入"|"新建元件"命令，插入一个影片剪辑元件 second，并在其中绘制一条竖直的直线，用做时钟的秒针，如图 14-10 所示。

绘制时注意将其底部和元件编辑窗口中的"+"（即中心点）对齐，这样就很容易规划后面的旋转中心位置。

图 14-10　绘制竖线

（2）返回场景，并从"库"面板中拖入该元件，并选中舞台上生成的元件实例，在"属性"面板中修改实例名称为 second，如图 14-11 所示。

（3）执行"插入"|"新建元件"命令，分别插入一个影片剪辑元件 minute 和 hour，并在其中绘制一条竖直的直线，用做时钟的分针和时针，如图 14-12 所示。

分针　　时针

图 14-11　将元件拖入舞台，并修改元件实例名 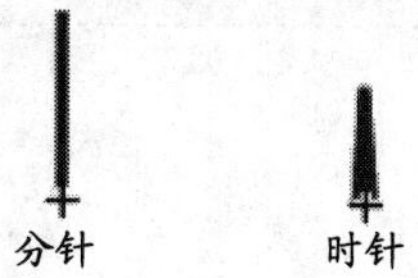　　　图 14-12　影片剪辑 minute 和 hour

同样将两个元件拖入到舞台上，并分别修改实例名称为 minute 和 hour。

（4）将所有拖入到舞台中的影片剪辑选中，并执行"修改"|"对齐"|"底对齐"命令，如图 14-13 所示。

（5）执行"插入"|"新建元件"命令，插入一个影片剪辑元件 total，并在其中绘制一个小正圆，用做时钟的中心点，并将其覆盖在所有的指针之上，如图 14-14 所示。

图 14-13　所有影片剪辑底对齐

（6）新建"图层 2"，并拖到"图层 1"之下。在"图层 2"中绘制一个正圆，并输入表示钟点的文本，这样就制作了一个钟面，如图 14-15 所示。

绘制的小正圆

将小正圆覆盖在所有的指针之上的效果

新建"图层 2"

制作的钟面

图 14-14　影片剪辑元件 total　　　　　图 14-15　钟面制作过程

（7）新建"图层 3"，选中时间轴上的第 1 帧，在"动作"面板中输入以下代码：

```
_root.onEnterFrame = function() {          //当开始运行动画时执行函数
    // 初始化时间对象
    s1 = new Date();
    // 设定时分秒的值
    s2 = s1.getHours();
    s3 = s1.getMinutes();
    s4 = s1.getSeconds();
    // 设定针的转动
    hour._rotation = s2*30+(s3/2);
    minute._rotation = s3*6+(s4/10);
    second._rotation = s4*6;
};
```

（8）至此，本例制作完毕，按 **Ctrl+Enter** 快捷键可以预览效果。

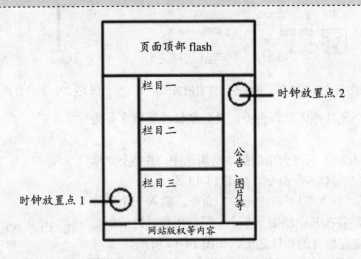

图 14-16　时钟在网页上的放置位置

14.2.2　编辑按钮脚本控制动画的状态（按钮动画的制作）

Flash 的动画在没有添加任何控制脚本时是从第 1 帧播放到最后 1 帧，再返回第 1 帧继续播放，依此类推，不断反复。但是在很多情况下，希望能通过键盘或鼠标控制动画的播放，这就要用到按钮，核心工作就是在按钮上添加控制代码。

实例1：控制动画的播放

引用第 13 章的引导层动画，通过加入控制按钮来控制动画的播放，最终效果如图 14-17 所示。

操作规程步骤如下：

（1）打开第 13 章的引导层动画实例文件（也可以自行创建一个小动画），然后插入一个图层，并命名为"控制层"，如图 14-18 所示。

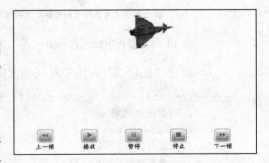

图 14-17　控制动画的播放

（2）选中"控制层"，执行"窗口"|"公用库"|"按钮"命令，打开公用按钮元件库，如图 14-19 所示。

（3）展开其中的 playback rounded 文件夹，并选中 rounded green back、rounded green forward、rounded green pause、rounded green play、rounded green stop 这些选项，将其拖至舞台上。然后分别执行"修改"|"对齐"菜单中的"底对齐"和"按宽度平均分布"命令，以编排好 5 个按钮的位置，如图 14-20 所示。

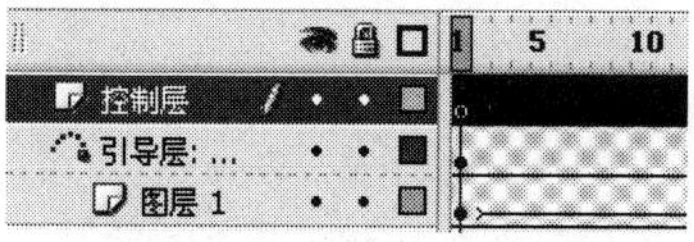

图 14-18 创建新图层

图 14-19 打开公用按钮元件库

  拖入舞台

编辑后的效果

图 14-20 将公用库中的按钮拖入舞台

（4）在按钮下方用文本工具添加文字说明，如图 14-21 所示。

上一帧 　　 播放 　　 暂停 　　 停止 　　 下一帧

图 14-21 添加文字说明

（5）接下来为每一个按钮添加脚本，以控制动画的播放。

① 单击舞台上的"上一帧"按钮，在"动作"面板中输入以下代码：

```
on(release){
    _root.prevFrame();
}
```

release 指事件名称，即用户如何触发事件，此处代表鼠标左键按下并松开后触发。常见触发事件可以参考表 14-2。

表 14-2 常见触发事件

事件名称	所指含义
Press	鼠标左键按下时
Release	鼠标左键按下并松开时
ReleaseOutside	鼠标左键按下后在按钮外部松开时
KeyPress	响应键盘按键
RollOver	光标经过按钮时
RollOut	光标滑出按钮时
DragOver	光标经过按钮触发区时
DragOut	光标滑出按钮触发区时

② 选中舞台上的"播放"按钮,在"动作"面板中输入以下代码:

```
on(release){
    _root.play();
}
```

③ 选中舞台上的"暂停"按钮,在"动作"面板中输入以下代码:

```
on(release){
    _root.stop();
}
```

④ 选中舞台上的"停止"按钮,在"动作"面板中输入以下代码:

```
on(release){
    _root.gotoAndStop(1);      //表示跳转到场景中的第 1 帧,并停止动画播放
}
```

⑤ 选中舞台上的"下一帧"按钮,在"动作"面板中输入以下代码:

```
on(release){
    _root.nextFrame();
}
```

(6)至此,本例制作完毕,按 Ctrl+Enter 快捷键可以预览效果。

> **提示:** 如果要在不同场景中实现跳转,可以在按钮上添加以下脚本:
>
> ```
> on(release){
>     gotoAndStop("scence2",1);              //表示跳转到 scence2 场景中的第 1 帧
> }
> ```

实例 2:在纯 Flash 网页中指定按钮跳转到相应的 URL

在网页中经常可以看到纯 Flash 形式的网页(在第 12 章提及过),如图 14-22 所示。如果在此类网页中制作按钮,并将其链接到指定 URL 地址上,可以通过 GetURL 脚本来实现。

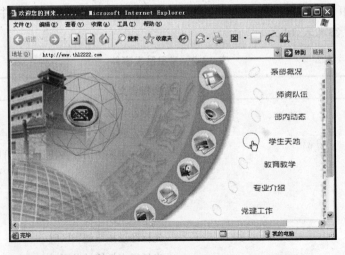

图 14-22 纯 Flash 的网页(光标所指处为 Flash 的按钮)

操作步骤如下：

（1）打开制作好的主页面，并选中需要添加 URL 地址的按钮。

（2）在"动作"面板中输入以下代码：

```
on(release){
    getURL("http://www.thl2222.com/xstd/index.asp","_blank");
}
```

http://www.thl2222.com/xstd/index.asp 是指单击按钮后跳转到的 URL 地址，这里一定不能省略 "http://"。_blank 是指在新的浏览器窗口中打开以上链接的网页；除_blank 外，还有_self、_top、_parent 等值。

> **提示：** 如果要实现单击按钮后打开默认的电子邮件编辑器，可以在按钮上添加以下脚本：
>
> ```
> on(release){
>     getURL ("mailto:thl2222@126.com");// thl2222@126.com 表示邮箱地址
> }
> ```

14.2.3 利用"复制影片"制作鼠标跟踪动画（影片剪辑动画的制作）

影片剪辑有自己独立的时间轴，也有自己的实例名。因此，对于其属性和方法可以用 ActionScript 访问与控制，也可以用 MovieClip 类的属性和方法控制影片剪辑运行时的外观和行为。

实例 1：下拉式菜单的制作

本例中应用 RollOver（鼠标经过）和 RollOut（鼠标移出）两个事件，通过_visible（可示化）属性来控制菜单的显示与隐藏操作。其效果如图 14-23 所示。

初始状态下菜单　　　　鼠标经过时的菜单

图 14-23　下拉菜单演示效果

（1）新建一个文件，用矩形工具□绘制一个灰色（#6E6E6E）的矩形，并选中该矩形，按 F8 键将其转换为按钮元件 b1。选中 b1 按钮，按 Ctrl+D 快捷键（直接复制），将该按钮复制两份，并进行按钮对齐操作。在按钮上分别输入"公司概况"、"组织机构"、"资质业绩"文字，字体颜色为白色。效果如图 14-24 所示。

绘制矩形框　　　对齐矩形位置　　　输入文字

图 14-24　绘制矩形框并输入文字后的效果

（2）按 Ctrl+A 快捷键选中场景中的所有对象，再按 F8 键将其转换为图形元件 menu，然后按 F8 键将其转换为影片剪辑元件 mov。选中影片剪辑元件，并在"属性"面板上修改实例名为 mov。

（3）双击元件 mov，再双击元件 menu，进入元件 menu 的编辑状态。分别选中其中的按钮，并添加用于打开网站页面的代码。例如，选中"公司概况"按钮后，在"动作"面板中输入以下代码：

```
on(release){
        getURL("http://www.thl2222.com/gsjj/gsgk/index.asp","_blank");
}
```

其余两个按钮的操作类似。

（4）返回到场景中，在 3 个子菜单的上方输入义字"公司简介"（用做主菜单），按 F8 键将其转换为按钮元件 b2，如图 14-25 所示。

输入主菜单文字　　　　　　转换成元件后的库面板显示效果

图 14-25　制作主菜单

（5）选中元件 b2，在"动作"面板中输入以下代码：

```
on (Rollover) {            //当光标移到按钮上时，让影片剪辑实例 mov 显示出来
_root.mov._visible=true;
}
on (Rollout) {             //当光标移出按钮上时，让影片剪辑实例 mov 隐藏起来
_root.mov._visible=false;
}
```

（6）按 Ctrl+Enter 快捷键预览效果，可以发现场景上的子菜单一开始就是展开的，如果想让其隐藏，再选中第 1 帧，并输入以下代码：

```
_root.mov._visible=false;
```

（7）再次按 Ctrl+Enter 快捷键预览效果，可以发现当鼠标移动到主菜单上时，子菜单能正常显示；但准备单击子菜单上的按钮时，子菜单就隐藏起来了。这是因为主菜单中按钮所接受的鼠标事件区域太小；设置 b2 按钮在"点击"状态下区域变大即可。

双击 b2 按钮，进入元件编辑状态，单击时间轴上的"点击"帧，并在此帧插入一个关键帧，然后在编辑区域中绘制一个较大的矩形，正好覆盖子菜单即可。

整步操作如图 14-26 所示。

（8）至此，本例制作完毕，按 Ctrl+Enter 快捷键可以预览效果。

表 14-3 和表 14-4 列出了与影片剪辑相关的事件和属性，以供读者参考。

进入 b2 元件编辑模式，并插入关键帧　　在编辑区域绘制的大矩形

图 14-26　扩大主菜单的可视范围

表 14-3　与影片剪辑相关的事件

事件名称	说明
Load	当影片剪辑被载入时触发该事件
Unload	从时间轴删除影片剪辑时触发该事件
EnterFrame	当播放到某个帧时触发该事件，如果没有指定具体帧，就每隔一帧触发一次该事件
Press	当鼠标指针指向按钮上方按下鼠标时触发该事件
Release	当鼠标指针指向按钮上方释放鼠标时触发该事件
MouseMove	移动鼠标时触发该事件
KeyDown	按下按键时触发该事件
RollOver	鼠标指针经过按钮时触发事件
RollOut	鼠标指针移出按钮时触发事件

表 14-4　与影片剪辑相关的属性

属性名称	说明
_alpha	影片剪辑实例的透明度值
_name	影片剪辑实例的名称
_parent	引用上一级影片剪辑
_rotation	影片剪辑实例的旋转角度
_visible	一个布尔值，确定影片剪辑实例是隐藏还是可见
_x	影片剪辑实例的 X 坐标，以像素为单位
_xscale	指定用于水平缩放影片剪辑的百分比值
_y	影片剪辑实例的 Y 坐标，以像素为单位
_yscale	指定用于垂直缩放影片剪辑的百分比值

实例 2：鼠标跟随动画制作

本例中应用 RollOver（鼠标经过）事件，通过复制影片来创建跟随鼠标移动的小圆圈。其效果如图 14-27 所示。

（1）新建一个背景为白色的文件，利用椭圆工具 ◯ 在舞台上绘制一个没有填充色的正圆，选中正圆并按 F8 键将其转换为图形元件 round，如图 14-28 所示。

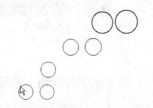

图 14-27　鼠标跟随动画演示效果

绘制正圆

转换为图形元件 round

图 14-28　绘制正圆并转换为图形元件

（2）执行"插入" | "新建元件"命令，插入一个按钮元件 b1，并在"点击"帧按 F7 键创建一个空白关键帧，然后在工作区中绘制一个小矩形，如图 14-29 所示。

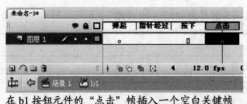

在 b1 按钮元件的"点击"帧插入一个空白关键帧　　　　　绘制小矩形

图 14-29　插入按钮组件并绘制小矩形

（3）返回到场景中，并选中舞台上的正圆（即图形元件 round），按 F8 键将其转换为影片剪辑 round。

（4）双击影片剪辑 round 进入其编辑状态，选中第 1 帧并将其拖动到第 2 帧，然后选中第 1 帧，并从"库"面板中将按钮元件 b1 拖到工作区。

由于按钮只在"点击"帧内有图像，所以拖到工作区是看不见的，为了便于编辑，系统以蓝色方块显示。

选中时间轴上的第 15 帧，插入一个关键帧。再选中工作区中的正圆，用任意变形工具 田 将其放大一点，并将其向右上角稍微移动一点，然后在"属性"面板中修改透明度为 0%。

在第 2 帧与第 15 帧之间任选 1 帧右击，在弹出的快捷菜单中选择"创建补间动画"选项。整步操作规程过程如图 14-30 所示。

进入元件编辑状态　　　挪动第 1 帧到第 2 帧　　　将按钮元件 b1 拖到工作区

插入关键帧　　　放大并移动图像　　　创建补间动画

图 14-30　第 4 步整步操作过程

（5）选中时间轴上的第 1 帧，在"动作"面板中输入以下代码：

```
stop();    //一开始就让动画停止播放
```

选中工作区中的按钮 b1，在"动作"面板中输入以下代码：

```
// 在光标移到按钮上时就开始播放后面的动画
on(rollOver){
  play();
}
```

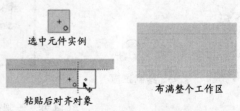

选中元件实例

粘贴后对齐对象　　　布满整个工作区

（6）返回到场景中，选中舞台上的元件实例，并执行"复制"和"粘贴"命令将其复制多份，使其布满整个工作区，如图 14-31 所示。

（7）至此，本例制作完毕，按 Ctrl+Enter 快捷键可以预览效果。

图 14-31　第 6 步整步操作过程

14.3 本 章 小 结

本章内容是对 ActionScript 语言的基础性介绍。要实现动画的交互，必然要学习 ActionScript 语言，其重点在于如何在动画中添加脚本，包括帧、按钮、影片剪辑 3 个位置。

14.4 思考与练习

14.4.1 填空、判断与选择

（1）如果要在影片运行到第 10 帧时直接跳到第 25 帧，就需要在第 10 帧上加入控制脚本_____。

（2）_____是指主场景（舞台）的时间轴，可以创建一个绝对目标路径。

（3）动作脚本语句以_____结束。

（4）在动画中放置代码的位置有 3 处，即_____、_____或_____。

（5）Flash 中内置了_____函数，为用户提供了获取或修改日期及时间的功能。

（6）ActionScript 不区分字母的大小写。   （   ）

（7）运算符"+"用于将两个字符串进行连接，如 name="my"+"name"。 （   ）

（8）一般情况下，如果要测试编写的代码是否能像预期的那样运行，可以在输入完代码后在"动作"面板上单击_____按钮，如果代码没有错误，将弹出"此脚本中没有错误"的提示框。

     A. 语法检查   B. 脚本导航器   C. 固定对象   D. 加号

（9）按_____快捷键，可以打开"动作"面板。

     A. F7   B. F8   C. F9   D. F10

（10）ActionScript 数据类型主要有_____类。——多选

     A. 字符串型   B. 数值型

     C. 布尔型   D. 影片剪辑（MovieClip）型

14.4.2 问与答

（1）在使用 Flash CS3 制作交互动画的过程中，对象、属性、方法及事件间的关系是什么？

（2）在 Flash 的 ActionScript 中，需要在按钮上添加什么脚本，才能在单击该按钮时自动在一个新窗口中打开 http://www.thl2222.com 网站？

第 15 章

利用Flash CS3发布网页

CHAPTER 15

内容导读

导出与发布 Flash 作品是动画制作后期的关键，也是非常重要的一个环节。但是在发布 Flash 作品之前，需要对其进行测试，测试不只是消除错误，还要优化动画，以使重放效果达到最佳。

通过本章的学习，掌握 Flash 作品的测试与发布，以制作出完美的网页；采用合适的输出方式，以及掌握如何在 Dreamweaver 中使用 Flash 动画。

教学重点与难点

1. 测试及优化影片
2. 导出与发布
3. 在 Dreamweaver 中使用 Flash 动画

15.1 测试及优化 Flash 影片

完成 Flash 动画制作后，一定要进行测试，就好比写一篇作业，需要经过多次修改，方能达到最佳。

15.1.1 测试影片

测试影片即全面检查制作过程，消除影片错误，使其重放效果达到最佳。以下 3 种方法可供参考。

1. 按钮测试

按钮测试可以测试按钮在弹起、按下、滑过和点击状态下的外观。要测试按钮的可视情况，执行"控制"|"启用简单按钮"命令。执行该命令后，当将光标放置在按钮上时，按钮将做出如同在最终动画中一样的响应，清除此功能可以编辑按钮实例。

2. 帧测试

帧测试检查有无虚帧（即在时间轴上看到的━━━━帧）、帧上代码（如按钮上的 GoTo、Play 和 Stop 动作）是否起作用等。要测试帧，执行"控制"|"启用简单帧动作"命令。

启用简单帧动作后，当在编辑环境中放映时间轴时，GoTo、Play 和 Stop 动作将做出响应。

3. 影片测试和场景测试

"按 Ctrl+Enter 快捷键以测试影片"这个命令是影片测试的命令。场景测试与影片测试的不同处是，影片测试是测试整个动画的工作情况，而场景测试是只测试当前场景的工作情况；共同处是均在一个窗口中打开，如图 15-1 所示。

图 15-1　测试影片窗口

"测试影片"和"测试场景"这两个命令都位于"控制"菜单中。在测试过程中将产生对应的.swf 文件，并将其放置在与编辑文件相同的目录中。

15.1.2　优化影片

尽管 Flash 动画作品的容量小，而且可以在多个小的动画中建立相互链接，以形成庞大的 Flash 电影、动态网页或其他动画作品，减小文件的大小并改善文件夹的质量还是十分重要的。

在导出动画之前，使用以下操作可以减小动画文件的大小，从而缩短下载时间。

1. 对字体的优化

（1）限制字体和字体样式的数量，尽量使用 Flash 系统中默认的基本字体。

（2）嵌入字体将增加文件的大小，只有在必需时才考虑使用。

（3）可对同一种字体采用不同的字体大小、粗体、斜体或设置不同的字体颜色来减少字体类型的变化。

（4）如果不是必需，尽量不要打散文字。

2. 对绘图的优化

（1）限制特殊线条类型的数量，如短划线、虚线和波浪线等，使用实线将使文件更小。

（2）在内存方面，铅笔工具和直线工具所绘制的线条的体积比刷子工具所绘制的线条的体积要小得多。

（3）通过执行"修改"｜"形状"｜"优化"命令，可以减少用于定义元素的曲线数量来改进曲线和填充轮廓，以达到最佳优化；还可以减小 Flash 文档（FLA 文件）和导出的 Flash 应用程序（SWF 文件）的大小。

3. 对图形的优化

（1）尽可能使用矢量图形。

（2）导入的位图图像最好是 JPEG 格式，因为这是 Flash 对位图图像的默认压缩方式。

（3）对于位图图像，最好先利用其他软件减小其面积，然后在 Flash 中拉大；不可以导入大面积的位图图像，然后在 Flash 中缩小。

4. 对动画的优化

（1）尽可能地将动画中使用到的元件进行组合，以减少元件数量，达到对动画的优化。

（2）如果动画中的元件有被使用一次以上的，可以将其转换为"图形元件"。

（3）尽可能使用渐变动画，因为渐变动画所需要的额外开销远比一系列关键帧要少。

（4）限制每个关键帧中发生变化的区域。一般情况下，应该使动作发生在尽可能小的区域。

5. 对声音的优化

（1）MP3 是使声音最小化的格式，应尽可能使用。

（2）在添加音效时，可以考虑将一小段音频循环播放，这样可以有效减小整个动画的体积。

15.2 导出和发布影片

经测试后的影片就可以进行导出和发布了，这样影片才能脱离 Flash 的编辑环境而独立运行。

15.2.1 导出影片

文件的导出即把当前 Flash 动画的全部内容导出为 Flash 支持的文件格式。文件的导出有"导出影片"和"导出图像"两种方式。

"导出影片"即将动画导出为影片格式。图 15-2 所示为执行"文件"|"导出"|"导出影片"命令后弹出的"导出影片"对话框，从"保存类型"下拉列表框中可以选择文件类型。

"导出图像"即将动画导出为图片格式。图 15-3 所示为执行"文件"|"导出"|"导出图像"命令后弹出的"导出图像"对话框，从"保存类型"下拉列表框中可以选择文件类型。

图 15-2 "导出影片"对话框   图 15-3 "导出图像"对话框

15.2.2 发布影片

制作好的 Flash 动画作品最终是要发布到网页上的。Flash CS3 提供了在网页上可以播放或显示的文件格式供用户选择，执行"文件"|"发布设置"命令，即可打开如图 15-4 所示的"发布设置"对话框。

用户可以根据需要在图 15-4 中任选发布类型，进行相应的设置后，单击"发布"按钮即可按规定的文件类型保存在同编辑文档相同的路径下。下面介绍 5 种常用的发布格式的设置（在"格式"选项卡中选中某格式后，相应的选项卡自动出现）。

1. Flash 发布设置

选择 Flash 选项卡，可以设置.swf 文件格式的动画，选项如图 15-5 所示。

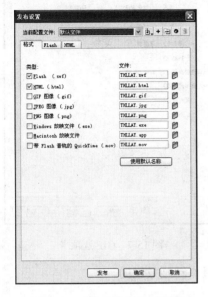

图 15-4 "发布设置"对话框

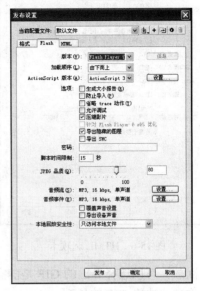

图 15-5 Flash 选项卡

- 版本 允许导出用低版本的 Flash Player 也可以播放的动画。
- 加载顺序 可以选择首帧所在层的下载方式，"由下而上"表示先加载最底层，然后再加载随后的所有层；而"由上而下"正好相反。
- ActionScript 版本 可以选择 Flash 中创建动作的脚本版本，包括版本 ActionScript 1.0、ActionScript 2.0 和 ActionScript 3.0。
- 选项 可以设置是否生成大小报告（将产生一个.txt 文件）、防止导入（防止最终导出的动画再次导入 Flash）和是否压缩影片等。
- 音频流和音频事件 允许对用户动画中所有的流式声音设置默认压缩比。

2. HTML 发布设置

选择 HTML 选项卡，可以设置发布.html 文件格式的动画，选项如图 15-6 所示。

发布为.html 要和发布为.swf 格式相结合，因为导出的 Flash 影片同时也放置在产生的 HTML 网页上。这样生成的 HTML 代码包括<object>和<embed>标记，这些标记使用户可以用 Microsoft 公司的 IE 或 Netscape 公司的 Navigator/Communicator 网页浏览器浏览影片。生成的代码需要设置影片在 HTML 网页中的参数，包括对齐、大小和是否自动放映等。

3. GIF 发布设置

选择 GIF 选项卡，可以设置.gif 文件格式的动画，选项内容如图 15-7 所示。

- 尺寸 可以设置所创建的 GIF 在垂直和水平方向上的大小。

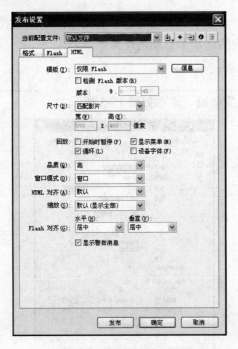

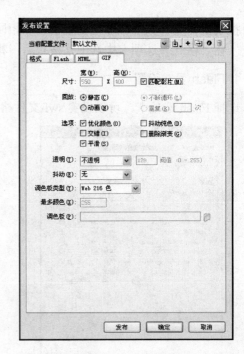

图 15-6　HTML 选项卡　　　　　　　　图 15-7　GIF 选项卡

- 回放　可以选择导出的 GIF 是静态的还是具有动画效果的。
- 选项　决定 GIF 的外观。

4. JPEG 选项卡

选择 JPEG 选项卡，可以设置.jpg 格式的动画，选项如图 15-8 所示。使用 JPEG 格式可把图形存为高压缩比为 24 位色的位图图像，这种方式发布的是静态的.jpg 格式图片。与 GIF 的区别是，GIF 是用较少的颜色创建简单的小型图像的最佳工具，而 JPEG 可以导出一个既有清晰的渐变又不受有限的调色板限制的图像。

- 尺寸　设置创建的 JPEG 图片文件的大小。选中"匹配影片"复选框，将创建一个与"文档属性"对话框中的设置有着相同大小的 JPEG。
- 品质　设置导出的 JPEG 的压缩量，0 表示以最低的视觉质量导出 JPEG，此时图像文件最小；100 表示以最高的视觉质量导出 JPEG，此时图像文件最大。
- 渐进　当 JPEG 以较慢的连接速度下载时，可以使其逐渐清晰地显示在舞台上。

5. PNG 发布设置

选择 PNG 选项卡，可以设置.png 文件格式的动画，选项如图 15-9 所示。和 JPEG 一样，PNG 图像只能作为静态的或无动画效果的图像导出。

- 位深度　确定用在导出的图像中的颜色的数量。位深度越低，产生的文件越小。
- 抖动　可以通过混合可用的颜色来帮助模拟那些没有的颜色。
- 过滤器选项　在压缩过程中，PNG 图像会经过一个"筛选"过程，此过程使图像以一种最有效的方式进行压缩。

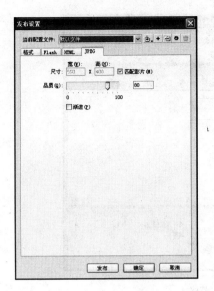

图 15-8　JPEG 选项卡

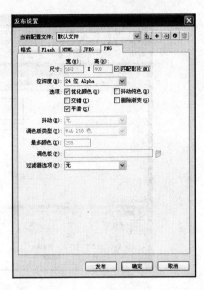

图 15-9　PNG 选项卡

15.3　在 Dreamweaver 中使用 Flash 动画

如果想把动画发布到互联网上，就需要嵌入到 Web 网页中。虽然 Flash CS3 自带了这个功能（直接发布成 .html 格式文件），但是通常非常单调，所以需要使用 Dreamweaver 进行美化。下面简单介绍如何实现在 Dreamweaver CS3 中插入第 14.2.1 小节中的实例 2 时钟效果显示当前时间的动画。其操作步骤如下：

（1）打开 Dreamweaver CS3，新建一个 HTML 页并保存为 lay.htm 文件，如图 15-10 所示。

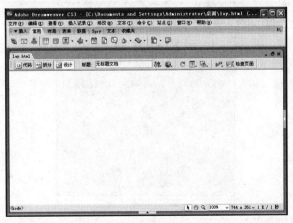

图 15-10　编辑 lay.htm 文件

（2）在 lay.html 文件的编辑区域执行"插入记录"|"表格"命令，插入一个 2 行 1 列、边框值为 0 的表格，并在"属性"面板中设置表格的对齐方式为"居中对齐"。效果如图 15-11 所示。

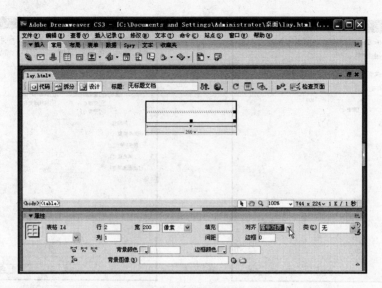

图 15-11　插入表格

（3）在表格的第一行输入文字："模拟版：系统时钟"；第二行用于插入此 Flash，其操作步骤如下：

① 执行"插入记录"|"媒体"|"Flash"命令，在弹出的"选择文件"对话框中选择该动画文件保存的地址。插入的文件一定要是.swf 形式的动画文件（可以在 Flash 环境下，使用"发布"命令或直接按 Ctrl+Enter 快捷键测试影片），不可以将.fla 形式的动画源程序文件插入到网页中。

② 插入后的效果如图 15-12 所示。

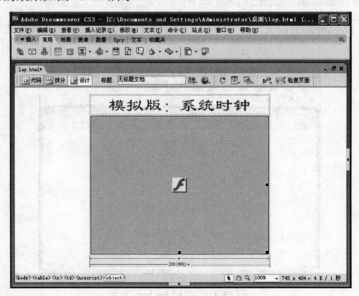

图 15-12　插入 Flash 后的效果

③ 按 F12 键在浏览器窗口中预览，如图 15-13 所示。现在就可以对 lay.html 文件进行一些其他的美化工作，并上传至互联网上。

图 15-13　使用浏览器预览动画效果

15.4　本 章 小 结

　　导出与发布是学习 Flash 篇的终结篇。本章内容较简单，但知识点涉及面广。应该重点掌握：按钮、帧、影片和场景测试的方法；在动画制作过程中的注意事项；发布动画的方法及各种选项的意义。

15.5　思 考 与 练 习

15.5.1　填空、判断与选择

　　（1）_____和_____命令产生实际的.swf 文件，并与编辑文件存放在相同的目录中。

　　（2）创建扩展名为_____的文件是发布 Flash 动画的最佳途径，也是从 Web 获取用户制作动画的第 1 步。

　　（3）Flash 文件发布成.exe 文件的动画即可脱离 Flash 的编辑环境而直接在 Windows 下运行。　　　　　　　　　　　　　　　　　　　　　　　　　　　　（　　）

　　（4）在 Dreamweaver CS3 中可以插入.fla 的动画文件。　　　　　　　　（　　）

　　（5）下列说法中_____是正确的。

　　　　A. 绘图时应尽量使用刷子工具来代替铅笔工具

　　　　B. 导入图像时应最好导入 JPEG 格式的图像

　　　　C. 插入声音时应最好导入 WAV 格式的音源

　　　　D. 以上均不正确

15.5.2　问与答

　　（1）简述如何播放 Flash Player 动画。

　　（2）简述如何实施对动画的优化。

第3篇 网站上传、推广与维护

第16章

网站测试与上传

CHAPTER 16

内容导读

通过前两篇的学习，相信读者已经能够完成一个网站的设计、制作过程。然而要使网站能被访问者浏览，还需要上传至 Internet，包含上传前的测试、申请域名、网站空间、如何上传等内容。

教学重点与难点

1. 网站测试
2. 架构 Web、FTP 服务
3. 上传网站

16.1　网站测试基础

网站测试是上传网页前重要的一步，也是对整个网站排错的一步。测试网站实际就是确保网站内容的完整和准确。

16.1.1　进行网站测试的原因

浏览某些网页时，可能经常会看见如下现象：

现象一：网页中有些地方是空白的。

页面上某些图片文件设置成中文名称；或在站点中不小心删除了文件；或将文件剪切至站点其他文件夹下，都有可能导致网页中有些地方显示为空白的现象。结果如图 16-1 所示。

图 16-1　页面中某些图片无法显示（或丢失）

现象二：单击某地址后，出现"无法显示网页"。

表现为超级链接。在制作网站时，未设置 Dreamweaver 站点，直接通过在"属性"面板的 链接 ⊕🗀 处打开文件夹或直接指向本地计算机文件，导致这类错误。如图 16-2 所示，单击"党的史料"栏目后，其地址变为本地计算机地址。

图 16-2　链接地址错误导致无法显示网页

为有效地避免这样的错误，在完成了一个网站的创建工作之后，还应该对网站进行全面的检测。即使在创建和编辑过程中已经对网站进行了多次检测，在最终完成后，也应进行最后的综合测试和检查。进行网站测试就是要排除网站内各页面、各文件间的错误，使网站逻辑更合理、安全性更高、稳定性更强。

16.1.2　网站测试内容

具体而言，可从以下 4 个方向展开测试。

（1）网页中内容的校对：是否有错别字、不通顺的语句，文字色彩搭配给人感觉是否浮躁等。

（2）网站功能应用：功能是否完整并且达到了客户预定的要求。

（3）网页的兼容性：对网络上主要浏览器是否支持，在不同的屏幕分辨率下的显示状态等。

（4）网页之间的链接：是否正确、有无错误链接等。

16.2　网站的检查和测试

网站测试工作由测试人员完成，测试方法主要是用不同版本、不同厂方的浏览器来检测是否能够正常浏览网站。

16.2.1　检查并修复超级链接

如前所述，超级链接是网站的灵魂，是网站的生命线。超级链接既是网站中联系各网页的桥梁，也是将该网站与 Internet 相连的桥梁。超级链接错误与一个城市中各种交通设施发生故障类似。

检查网站中的超级链接，主要包含两方面内容：一是检查是否有断开的超级链接；二是检查是否有错误的超级链接。可以通过 Dreamweaver CS3 提供的"检查链接"功能来进行对单个网页、站点中某部分网页或整个站点网页检查。

在 Dreamweaver CS3 中打开某网页，执行"文件"菜单中的"检查页/链接"命令，在属性面板下会显示"结果"面板，同时显示出一份网页报告，以告之当前页面内是否有链接错误，如图 16-3 所示。

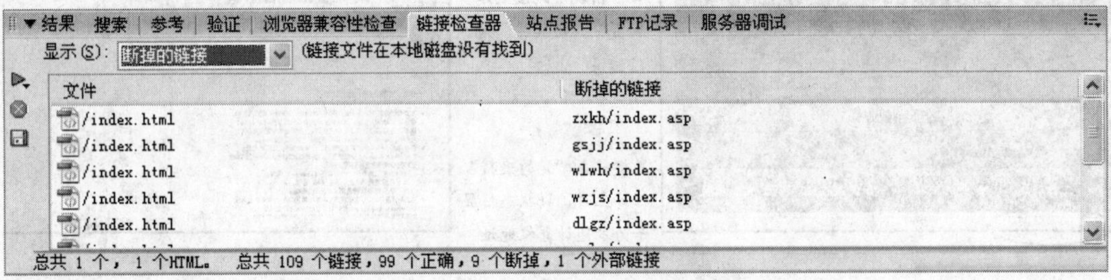

图 16-3　"链接检查器"面板

若要对本地站点的某一部分或整个本地站点进行链接检查，在"链接检查器"面板左边单击 ▶ 按钮，在弹出的快捷菜单中选择相应选项即可，如图 16-4 所示。

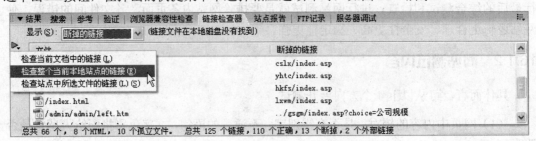

图 16-4　"链接检查器"面板

16.2.2　检查浏览器的兼容性

目前提供的网页浏览器有多种，一般使用的浏览器有 Microsoft 公司的 IE、Netscape 公司的 Navigator 和 Communicator 等。不同的浏览器对网页代码的支持不尽相同，因此在发布网页前，浏览器兼容性的检查很重要。

利用 Dreamweaver 提供的"浏览器兼容性检查"功能可在不更改文档内容的情况下，快速定位到能够触发浏览器呈现错误的 HTML 和 CSS 组合。此功能还可测试文档中的代码是否存在目标浏览器不支持的 CSS 属性或值。

在 Dreamweaver CS3 中打开某网页，执行"文件"菜单中的"检查页/浏览器兼容性"命令，在属性面板下会显示"结果"面板，同时显示出一份网页报告，以告之网页对浏览器的兼容性问题，如图 16-5 所示。

图 16-5　检查浏览器的兼容性

16.2.3　网站综合性检查

执行 Dreamweaver 中的"站点报告"命令，可以对当前文档、选定的文件或整个站点的工作流程或 HTML 属性（包括辅助功能）运行站点报告。执行此命令能够检查外部链接、可合并嵌套字体标签、遗漏的替换文本、冗余的嵌套标签、可移除的空标签和无标题文档等。

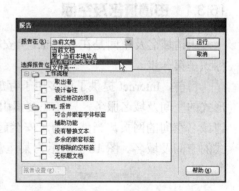

图 16-6　"报告"对话框

在 Dreamweaver CS3 中执行"站点"菜单中的"报告"命令，在弹出的对话框中选择报告的范围，以及运行报告的类型，再单击"运行"按钮，以创建报告，如图 16-6 所示。

报告创建完以后，会在"站点报告"面板中显示结果信息，如图 16-7 所示，同时自动打开浏览器，以 Web 方式显示出"最近修改的项目"报告，如图 16-8 所示。

图 16-7　"站点报告"面板

最近修改的项目 - Microsoft Internet Explorer
最近修改的项目
报告日期: 8/24/2008 7:21 PM
日期范围: 8/18/2008 至 8/24/2008
找到的总文件数: 4
文件名
已修改
修改者
show.htm
8/24/2008 10:21 AM
未知*
视图
index.html
8/24/2008 10:29 AM
未知*
视图
gsjj.txt
8/24/2008 10:29 AM
未知*
视图
left.htm
8/24/2008 6:20 PM
未知*
视图
* Dreamweaver 无法确定谁最后修改了此文件。 文件有可能已被
Contribute 以外的其他程序编辑。
完毕
我的电脑

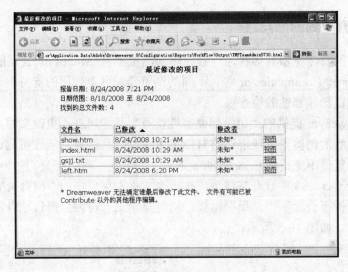

图 16-8　最近修改的项目

16.3　网站上传与发布

确保网站顺利通过测试，并修正测试后的错误，就可以将站点内的所有文件及文件夹上传到 Internet 的服务器上，以便让全世界的浏览者都能够进行浏览。

16.3.1　申请域名及空间

申请域名及空间是在 Internet 上安家的基础。上传网站到哪里，怎样在 Internet 上进行标识是第一步。

目前，Internet 提供了许多用于存放网站的空间及域名服务。有收费形式的，也有免费形式的空间及域名服务，只需在搜索引擎上输入关键字“域名空间申请”，即可找到许多申请域名空间的网页。当然，为了安全起见并且更好地为网站的功能服务，建议选择收费形式的空间及域名。图 16-9 所示为某运营商提供的收费域名及空间管理界面。

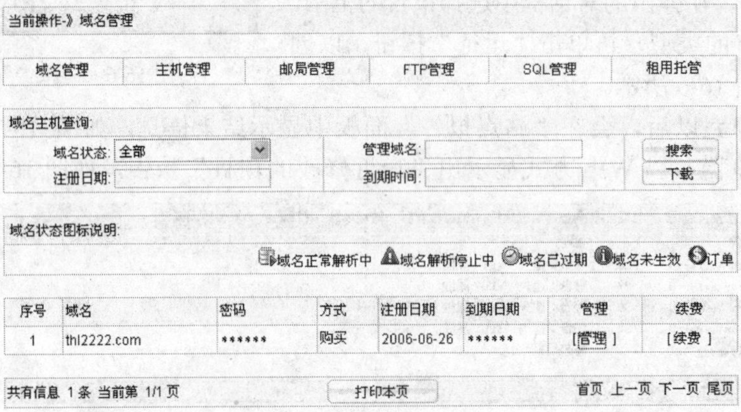

当前操作-》域名管理
域名管理
主机管理
邮局管理
FTP管理
SQL管理
租用托管
域名主机查询:
域名状态: 全部
管理域名:
搜索
注册日期:
到期时间:
下载
域名状态图标说明:
域名正常解析中
域名解析停止中
域名已过期
域名未生效
订单
序号
域名
密码
方式
注册日期
到期日期
管理
续费
1
thl2222.com
******
购买
2006-06-26
******
[管理]
[续费]
共有信息 1 条 当前第 1/1 页
打印本页
首页 上一页 下一页 尾页

图 16-9　域名及空间管理界面

16.3.2 自行架构 Web、FTP 服务器

除以上方法外，也可以自行购买服务器，然后申请一个固定的公网 IP 地址，配置在此服务器上。在 Windows 控制面板中执行"网络连接"命令，并在打开的窗口中右击"本地连接"图标，在弹出的快捷菜单中选择"属性"选项，即可打开"本地连接"属性对话框，双击"Internet 协议（TCP/IP）"，即可打开如图 16-10 所示的对话框。

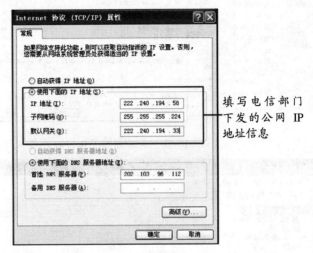

图 16-10 设置机器 IP 地址等信息

设置好公网 IP 地址等信息后，只能代表本机已纳入 Internet 大家庭。接下来在本机上架构 Web、FTP 服务，才能使别人浏览到网站，以及提供文件传输服务。通过 Microsoft 公司 Windows 操作系统中的 IIS 组件，即可轻松实现这两项功能。

IIS（Internet Information Server，互联网信息服务）是一个 Microsoft 的用于架构基于 Windows 系统的服务器的组件，其中包括 Web 服务器、FTP 服务器、NNTP 服务器和 SMTP 服务器，分别用于网页浏览、文件传输、新闻服务和邮件发送。IIS 可以充当一个网络服务器，进行网络管理，向 Internet 上的用户提供 Web 等服务。

下面以 Windows XP + IIS 5 为例，介绍配置及运行 ASP 程序的过程（其他操作系统配置类似）。

1. 安装 IIS 组件

在正常安装完 Windows XP 操作系统后，IIS 组件是不会被安装的。安装 IIS 需要在"控制面板"对话框中双击"添加或删除程序"图标，打开"添加或删除程序"对话框。单击"添加/删除 Windows 组件"图标，再进行相应操作，如图 16-11 所示。

确认 Windows XP 安装光盘已经插入到光驱之中，再选中"Internet 信息服务（IIS）"复选框，单击"确定"按钮，此时系统会进行自动安装。

2. 运行 IIS 控制台

在"控制面板"中双击"管理工具"图标，在打开的对话框中双击 "Internet 信息服务"图标，打开如图 16-12 所示的 IIS 控制台。

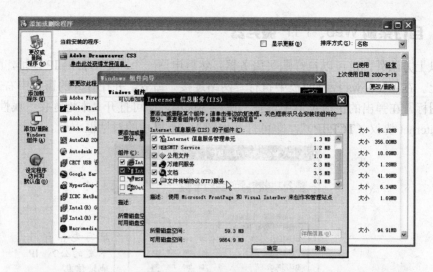

图 16-11　添加/删除 Windows 组件

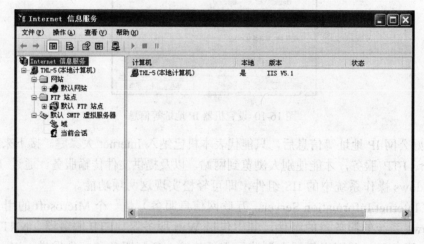

图 16-12　"Internet 信息服务"对话框

3. 配置 Web 服务

仍以"E:\thl2222"站点文件夹为例，将此目录配置成服务器网站管理目录。

（1）在 IIS 控制台左列的"默认网站"上右击，选择"新建"|"虚拟目录"选项。此时将启动"虚拟目录创建向导"程序，单击"下一步"按钮。在"别名"文本框中输入映射后的名字，如"太好了科技"。单击"下一步"按钮，在"目录"文本框中输入要映射的目录"E:\thl2222"，单击"下一步"按钮。打开"访问权限"对话框，如图 16-13 所示。

在此对话框中为虚拟目录设置访问权限，共有 5 个权限设置项。

- 读取　允许从服务器上读取或下载文件资源。通常应选中此复选框，以保证能够访问 Web 站点。
- 运行脚本　允许各种脚本程序的运行和解释，如 ASP（动态网站编程脚本）等。
- 执行　允许各种脚本程序和各种 Windows 二进制程序（如.dll 文件和.exe 文件）在服务器上运行。

- 写入　允许在 Web 站点中写入文件。
- 浏览　若一个目录之下没有默认的首页文档，则把该目录下的所有子文件夹和文件列表显示在用户端的浏览器中。

一般来说，基于安全考虑，选中"读取"和"运行脚本"两个复选框（这也是默认的权限），再单击"下一步"按钮，完成虚拟目录的设置。

（2）右击"默认网站"，选择"属性"选项，弹出"默认网站 属性"对话框，在此对话框中设置"主目录"选项卡中的"本地路径"为"E:\thl2222"，即指定网站的根目录，如图 16-14 所示。

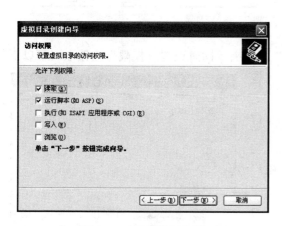

图 16-13　设置访问权限

图 16-14　"主目录"选项卡

（3）设置网站的默认启动首页。可以通过"文档"选项卡设置网站的默认启动首页，如图 16-15 所示。默认启动首页，通常只输入域名或服务器 IP，系统就会指向服务器的网站主目录，而这个目录下有很多文件，具体显示哪个文件，可以进行"文档"设置。

例如，在浏览器中输入地址 http://www.126.com 与 http://www.126.com/index.htm 都可以打开 126 网站首页。

（4）Web 服务器配置完毕，IIS 就可以提供 Web 服务功能了。打开浏览器，在地址栏中输入"http://127.0.0.1"，即可浏览网站首页 index.htm 文件。

> 提示：127.0.0.1 是一个特殊的 IP 地址，代表用户目前所使用的计算机。

4. 配置 FTP 服务

FTP 是一个用来在 Internet 上实现文件传输的协议。通常使用 FTP 是将文件从一台计算机（服务器）传送到另一台计算机，如网络上经常使用的"下载"和"上传"文件等功能就是 FTP 协议的应用。

仍以"E:\thl2222"站点文件夹为例，介绍如何配置 IIS 的 FTP 服务以及使用账号访问该目录。

（1）右击 IIS 控制台左列的"默认 FTP 站点"，选择"属性"选项，打开 "默认 FTP 站点 属性"对话框，并切换至"主目录"选项卡，如图 16-16 所示。

图 16-15 "文档"选项卡

图 16-16 "主目录"选项卡

（2）修改"本地路径"为"E:\thl2222"文件夹，同时设置"权限"为读取（可以下载文件）、写入（可以上传文件）、记录访问（是否在日志中记录用户的访问情况）。

（3）切换至"安全账户"选项卡，如图 16-17 所示。在此选项卡中可以设置 FTP 访问账号。

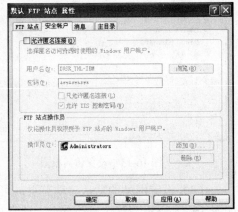

图 16-17 "安全账户"选项卡

- 允许匿名连接 如果允许一个匿名的用户访问服务器上的 FTP 资源，那么 Internet 上的所有用户都可以通过网络来访问。为了安全考虑，一般不使用匿名账号连接。
- FTP 站点操作员 设置可以操作 FTP 站点的 Windows 操作员账号，服务器默认 Administrators 超级用户及其密码可以拥有 FTP 站点的操作权限。

（4）在浏览器的地址栏中直接输入 ftp://127.0.0.1，如图 16-18 所示。要求用户输入 FTP 账号和密码，通过验证后即可访问该 FTP 站点。

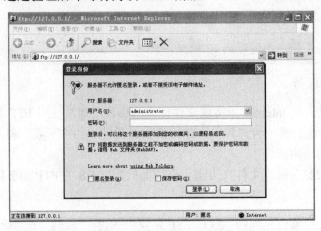

图 16-18 访问 FTP 站点

16.3.3 上传网站

上传网站是创建网站的最后一个步骤，也是令人兴奋的
过程。下面介绍两种上传网站的方法。

**1. 通过 Dreamweaver 上传网站，配置远程站点（将本
地站点 thl2222 转为远程站点）**

（1）执行"站点"|"管理站点"命令，在弹出的"管理
站点"对话框中，选择"太好了科技"选项，并单击"编辑"
按钮，如图 16-19 所示。

图 16-19　"管理站点"对话框

（2）在弹出的"太好了科技 的站点定义为"对话框中，选择"分类"列表框中的"远
程信息"选项，如图 16-20 所示。

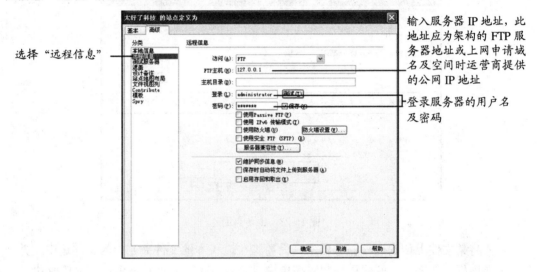

图 16-20　定义"远程站点"

（3）待所有信息输入完毕后，单击"确定"按钮，系统会自动登录上远程服务器。

（4）执行"窗口"|"文件"命令，弹出"文件"面板，所有的操作均在此面板中完
成，如图 16-21 所示。

图 16-21　"文件"面板

2. 利用 Flash FXP 软件上传网站

使用第三方软件来进行网站的上传操作在许多方面优于 Dreamweaver 本身。这里以 http://www.thl2222.com 域名、Flash FXP 2.0 软件为例，简单介绍上传方法。

（1）启动 Flash FXP 2.0 软件，执行主菜单中的"会话"｜"快速连接"命令，弹出如图 16-22 所示的"快速连接"对话框。

图 16-22　"快速连接"对话框

（2）输入所申请的域名地址及给定的用户名、密码，单击"连接"按钮，即可进入上传页面，如图 16-23 所示。

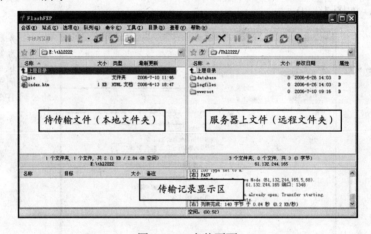

图 16-23　上传页面

若要将某文件上传到远程服务器上，只需将左边（本地文件夹）中的文件选中，并拖至右边（远程文件夹）区域即可。此时在传输记录显示区中可查看是否已经上传成功。

（3）上传时的注意事项如下：

- 在选择和传输某文件时，要注意文件名大小写的区别，大多数远程服务器对文件或目录名的大小写（尤其是文件扩展名）非常敏感，如果文件名的大小写不正确，就会导致链接错误或者根本无法建立链接，造成打开网页、下载文件失败。特别是对于文件及文件夹一定要使用英文。
- 对于经常更新的目录，可以在参数设置中选择文件续传方式，并设置好文件过滤，实际传输时每次都用"续传"的方式将整个文件夹上传，既可以减少错误传输，又能节省大量的等待时间。

16.4　本 章 小 结

从网站创建过程分析，一个网站大致经历 3 个阶段。第一个阶段为选择和设计，主要是选择合适的软件，建立基本、完善的开发设计环境；第二个阶段为开发，主要是创建网站架构并充实、完善网站中的具体内容；第三个阶段为后期管理与维护，主要是对网站进行全面测试，修正错误，并发布网站。

本章内容即是对第 3 个阶段的介绍，包括如何测试网站、如何在服务器上架构 Web 和 FTP 服务、上传网站等内容。

16.5　思考与练习

16.5.1　填空、判断与选择

（1）可以通过 Dreamweaver CS3 提供的＿＿＿＿＿＿功能来进行对单个网页、或站点中某部分网页、或整个站点网页的链接项目进行检查。

（2）＿＿＿＿＿＿是一个 Microsoft 用于架构基于 Windows 系统的服务器的组件。

（3）＿＿＿＿＿＿是一个特殊的 IP 地址，代表用户目前所使用的计算机。

（4）FTP 是一个用来在 Internet 上实现＿＿＿＿＿＿的协议。

（5）IIS 可提供 Web、FTP、TCP 等服务。　　　　　　　　　　　　　　　（　　）

（6）在 FTP 中若设置了允许匿名链接，那么 Internet 上的所有用户都可以通过网络来访问 FTP 主目录。　　　　　　　　　　　　　　　　　　　　　　　　　　　（　　）

（7）在 IIS 配置默认启动文档，就是输入域名后直接能浏览网站主页内容。

　　　　　　　　　　　　　　　　　　　　　　　　　　　　　　　　　（　　）

（8）利用 Dreamweaver CS3 中的"站点报告"命令，能够检查遗漏的替换文本、冗余的嵌套标签、可移除的空标签和无标题文档等。　　　　　　　　　　　　　（　　）

（9）网站测试就是要进行网站的排错处理，看有没有链接地址、错别字等内容。

　　　　　　　　　　　　　　　　　　　　　　　　　　　　　　　　　（　　）

（10）网页在浏览时，中间有幅图片显示不出来，＿＿＿＿＿＿（多选）可能是造成无法显示的原因。

A. 图片地址指向本地计算机

B. 图片文件使用了中文名称

C. 图片被删除

D. 图片链接地址为空值

16.5.2　问与答

（1）为什么要进行网站测试？

（2）从网站创建过程分析，一个网站大致要经历哪几个阶段？

第 17 章

网站推广应用

内容导读

网站建好、上传之后，还需要进行宣传推广，让更多用户知道自己网站的存在并去访问。要宣传网站并提高网站访问量，获取网站备案是网站创建者所要解决的一个重要问题。

本章综合作者多年成功推广各网站的经验，介绍网站推广的应用技巧，以供读者参考。

教学重点与难点

1. 搜索引擎注册
2. 网站备案

17.1 如何让别人搜到网站

网站要被众多用户访问，其中很大一部分来源于各大搜索引擎，只有搜索到了网站，才有可能让网友去访问网站。

17.1.1 提高网站访问量

提高网站访问量就是让更多的人去浏览网站，可以通过以下几种方式进行操作。

1. 为网站注册一个好名字（域名）

一个好名字在网站推广上尤为重要，如网站 http://www.51job.com 就形象表达了这个网站所希望表达的一切：我要工作，能够引起共鸣，与众不同，并且深入人心，如图 17-1 所示。好的网站名字必须做到简单明了、内涵丰富，还必须有吸引力。

2. 在 Internet 上发布广告

Internet 本身就是一个大型的广告媒体，可以在上面通过多种渠道来发布自己的网站。例如，可以通过在著名站点做广告来提高站点的知名度，也可以通过电子杂志投放广告，还可以通过电子邮件来实现。

- 在著名站点做广告，必须与该站点管理人员进行联系，同时广告的位置不同，费用也不一样。

图 17-1　网站 www.51job.com

- 电子杂志是由国内著名的 ICP 提供的，具有内容和信誉的充分保障，并且形式多样、动画效果佳，已经得到了越来越多的网民接受和认同，订户数量增长迅速。在这类专业杂志上投放广告，不但费用便宜，而且效果也非常显著。
- 向亲朋好友发送电子邮件，并邀请他们上网逛逛是最简单的推广方法。其效果也显著。也可以在电子邮件的签名文件中加上网站地址和简介，这样无论是寄信给其他人还是发布信件到 BBS 新闻群组都可以替网站做宣传。

3. 友情链接

顾名思义，友情链接就是站长们之间在自己的网页上链接其他网站的一种形式，吸引的是那些爱"串门"的网友们。友情链接有两种表现形式，如图 17-2 所示，其一是文字链接；其二是图片链接。两种不同的链接，效果也是不同的。一般文字链接的点击率大概是 1%～3%，而图片链接的点击率大概是 5%。

图 17-2　新闻出版总署网站上的链接

因此在制作友情链接时，文字链接最好加一些修辞，图片链接一般用 120×45 点阵大小的图片，最好用动态图片或网站 CI 图标。总而言之，尽可能地吸引大家去点击这个链接。

4. 发表文章、消息到一些专业论坛上或信息平台上

每天访问论坛或新闻群组的人很多，可以把网站简介发布到相关的讨论群组中。很多用户在签名处都留下了各自的网址，这也是网站推广的一种方法。如果写了一篇好文章放在论坛上，并得到其他网站转载，这种方式带来的流量是惊人的。

5. 其他宣传方式

平时比较常见的有在电视、广播、书刊等上面的网站宣传。

17.1.2 搜索引擎的概念

Internet 浩如宇、博如海，要找到自己真正想要的信息不是一件简单的事情，俗话说"射人先射马，擒贼先擒王"，在 Internet 中就要用到"搜索引擎"这个利器。"搜索引擎"将世界上的信息组织起来，让每个角落的人都能够找到。

搜索引擎是一个提供了信息"检索"服务功能的系统，搜索引擎使用程序形式把 Internet 上的所有信息归类以帮助人们在茫茫网海中搜寻到所需要的信息。"搜索引擎"的工作原理如下：

（1）首先利用称为网络蜘蛛（Spider）的自动搜索程序连接每一个网页上的超级链接，并根据网页连到其他网页中的超级链接（就像日常生活中所说的"一传十，十传百，……"一样）。

（2）保存搜集起来的信息，并将其按照一定的规则进行编排。

（3）用户向搜索引擎发出查询，搜索引擎接受查询并向用户返回查询结果。

下面列举一个例子，详细介绍网页的设置与搜索引擎之间的联系。操作步骤如下：

（1）打开"http://www.google.cn"网页，并输入"湖南"，单击"Google 搜索"按钮。然后显示出所有关于"湖南"关键字的信息，如图 17-3 所示。

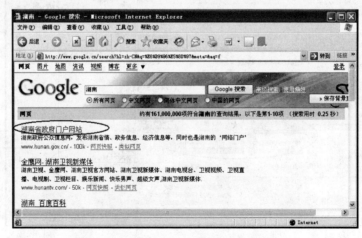

图 17-3 搜索关键字"湖南"

（2）单击结果中的"湖南省政府门户网站"链接，打开"湖南省政府门户网站"，如图 17-4 所示。网站标题正好与图 17-3 中搜索出结果的标题相同，见图 17-3、图 17-4 中被圈起来的部位。

图 17-4　湖南省政府门户网站

（3）执行"查看"菜单中的"源文件"命令，此时以记事本形式打开"湖南省政府门户网站"的 HTML 源程序文件，如图 17-5 所示。图中所圈位置的代码正好是显示在搜索结果下面的那段文字的说明内容（见图 17-3）。

图 17-5　查看网站源文件

（4）说明内容：在本书"5.2.3 Meta 文件头设置"中已经介绍过<meta>标记装载着网页中必不可少的重要信息，如关键字（keywords）、描述文字（description）等，这部分内容虽然在浏览器窗口中不显示出来，但是从功能上完善了网页。上面的例子是在主页中设置了关键字及描述文字的结果。

17.1.3　注册 Baidu、Google 搜索引擎

在各大搜索引擎上进行网站注册是让网站搜索到的重要步骤。目前大的搜索引擎有 Baidu、Google、Yahoo、Sina、Sohu 等，一般都提供注册服务，下面列举两款搜索引擎注册网站的方法。

1．注册 Baidu 搜索引擎

Baidu 提供的注册页面 http://www.baidu.com/search/url_submit.html，如图 17-6 所示。

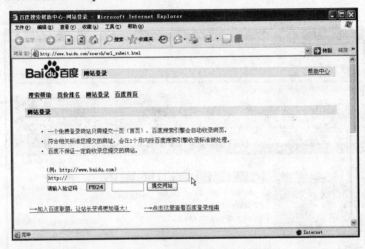

图 17-6　注册 Baidu 搜索引擎

2．注册 Google 搜索引擎

Google 提供的注册页面 http://www.google.com/addurl/?hl=zh-CN&continue=/addurl，如图 17-7 所示。

图 17-7　注册 Google 搜索引擎

17.2　如何进行网站备案

网站备案就是给网站上一个户口，通过备案的网站，将获得一个备案编号。通过备案，可以加强国家对互联网的管理，有效抵制不良信息。

17.2.1 工业和信息化部"ICP/IP/域名信息"备案

根据中华人民共和国工业和信息化部和电信管理部门的相关规定，所有网站均需要备案。网站备案分为经营性互联网信息服务和非经营性互联网信息服务两大类。

- 经营性互联网信息服务 是指通过互联网向上网用户有偿提供信息或者网页制作等服务活动。
- 非经营性互联网信息服务 是指通过互联网向上网用户无偿提供具有公开性、共享性信息的服务活动。

17.2.2 备案过程与方法

针对互联网信息服务的分类，从事经营性互联网信息服务，应当向省、自治区、直辖市电信管理机构或者国务院信息产业主管部门申请办理互联网信息服务增值电信业务经营许可证，由其审核并作出批准或者不予批准的决定。

对于非经营性互联网信息服务，应当向省、自治区、直辖市电信管理机构或者国务院信息产业主管部门办理备案手续，填写主办单位和网站负责人的基本情况、网站网址和服务项目等。此类备案一般通过工业和信息化部提供的备案网站（http://www.miibeian.gov.cn，如图 17-8 所示），根据网站提供的流程，直接在线完成备案工作。

图 17-8 备案管理系统

17.3 本 章 小 结

    扩大网站知名度的方法多种多样,将网站注册到搜索引擎就是其中的一种,还包括为网站取一个好的域名、建立友情链接等。本章内容在综述 Dreamweaver 中"头元素"的基础上,介绍了搜索引擎与网页设置之间的联系,并叙述了网站备案方面的知识。

17.4 思考与练习

17.4.1 填空、判断与选择

    (1)互联网上_____是一个提供信息"检索"服务功能的系统。

    (2)通过工业和信息化部备案的网站,将获得一个备案_____。

    (3)扩大网站知名度的方法多种多样,将网站注册到搜索引擎就是其中的一种。(　　)

    (4)网站备案分为经营性互联网信息服务和非经营性互联网信息服务两大类。(　　)

    (5)_____为推广网站的良好方法。——多选

        A. 为网站注册一个容易记忆的好域名

        B. 与其他人的网站进行交换链接

        C. 租一个邮件群发系统,不停地向不认识的邮箱用户广发邮件

        D. 通过电子杂志做网站广告

17.4.2 问与答

    (1)简述如何将网站注册到 Baidu、Google 搜索引擎。

    (2)结合本章内容,列举 3 点提高网站知名度的方案。

网站后期维护

CHAPTER 18

内容导读

创建网站是一个连续的过程，发布后只是新一轮工作的开始。就像一座建筑交工后还需要持续不断的管理和维护一样，网站发布后也面临着类似的问题，包括更新网站资料、网站安全性检查等。

教学重点与难点

1. 更新网站资料
2. 网站安全性检查

18.1　定期更新网站资料

一个好的网站，不只是一次性的完美制作，重要的是不断地更新和添加内容。人们上网是为了取其所需，只有能不断地提供人们所需要的内容，网站才会有生命力，才会吸引更多的访问者。

18.1.1　建立更新计划

更新是指在不改变网站结构和页面形式的情况下，为网站的固定栏目增加或修改内容。在浏览一些网站时，会发现每过一段时间网站的栏目、网站风格等各方面都会有很大的变动，这些就是按照某一特定的计划进行的网站更新（本书所介绍的"太好了科技"网站就给出了两套不同风格的网站体系）。

为了吸引更多的访问者，需要进行市场分析，开展网站的调查，建立某年度或某季度的更新计划。更新计划的建立方式多种多样，这与个人习惯和经验有很密切的关系。有些采用文本记述的方式，有些采用流程图方式……无论采用何种方式，首先，应有一定的可操作性；其次，应有一定的预见性，即应预先考虑可能面临的问题；最后，付诸实施。

进行市场分析，开展网站调查的表现形式也有很多种，如可以通过召开网站会员交流会，邀请部分专家进行网站内容研讨，开辟网络在线调查统计功能等，如图 18-1 所示。

图 18-1　新华报业网开辟的"新闻调查"栏目

18.1.2　资料更新技巧

在网页的更新和维护中，应该充分利用 CSS、库、模板的功能，创建一套随时可供调用的页面模板，以简化页面更新和维护的工作量。

1. CSS 文件

在制作网页中，以创建"外部 CSS"为主，将 CSS 文件保存在站点文件夹内。下次遇到网站改版或只想更新站点页面内所有文字的颜色时，修改这个 CSS 文件即可。如图 18-2 所示，修改后，站点内所有应用".text_b10"样式的文本更换成深蓝色。

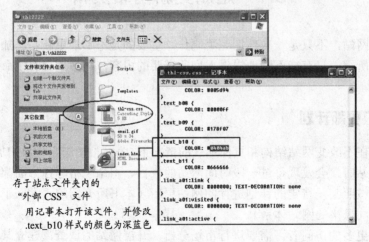

图 18-2　修改外部 CSS 样式文件

2. 库和模板文件

利用"库"和"模板"进行网站编排，避免了网页制作中许多的重复劳动，最常见的有页面顶部的 Logo 图、网站导航栏、底部友情链接等。因此，进行网站开发时，就要建立一套完整的库和模板文件，这样在以后的维护工作中，就会受益匪浅。

有关库和模板的介绍，可以参考第 6 章。

18.2 网站安全性防范

网站安全也是网络维护中的一个重要工作。网站是长期暴露在互联网上的，因此难免会染上病毒或受到恶意代码的攻击等，就像平时使用计算机上网一样，可能会出现中毒、机器速度过慢等现象。

18.2.1 网站安全误区

1. 获取网站 IP 地址，利用 Windows 漏洞攻击网站服务器

通过在 Windows 的"命令提示符"下运行"Ping 网站域名"命令来获取网站的 IP 地址，如图 18-3 所示，然后利用服务器操作系统的漏洞进行攻击。

图 18-3　命令提示符窗口

2. 网站被其他域名链接

如果是一个有名的网站，或者是网站的访问量极高，这时就会引起某些人为获得更高的访问量而将自已的域名指向该网站的地址。如图 18-4 所示，两个域名打开了同一个网站。

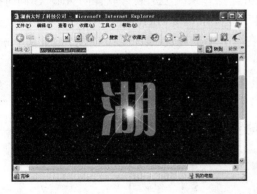

图 18-4　太好了科技

3. 网站资源被盗链

网站资源被盗链，是指其他人不通过本网站，而直接在其他网站内部下载了网站上的资源，效果如图 18-5 所示。

被盗链的 3 种可能情况：

（1）在人气非常旺的网站、论坛、社区的网页里直接引用了（使用<img src>标记）本网站上的图片，或者直接在其他网页（使用 flash 或媒体播放插件）里嵌入了网站内的 mp3 或是电影短片等。

（2）在人气非常旺的网站、论坛、社区里提供了本网站资源的下载地址。

"电脑故障"栏目的链接地址直接指向了 www.hnfzjz.com 网站的一个 RAR 文件

图 18-5　类似的网站资源盗链现象

（3）本网站的资源可能被一些下载软件列入了"资源候选名单"，当其他人用下载工具下载相同的文件时，下载软件会自动从服务器下载。

普通的网民一般不需要知道也不用关心什么是盗链；但是网站的开发者或维护者必须重视盗链的严重性。被盗链的现象是直接绕开了本网站上的内容，但又下载了网站上的资源。

18.2.2　应对网站攻击策略

应对获取网站 IP 地址的漏洞，可以在服务器操作系统上加装"软件防火墙"，同时打开服务器的"自动更新"功能，让操作系统自动检查并下载 Microsoft 提供的更新补丁。也可以在网络拓扑结构内加装"硬件防火墙"和在防火墙上设置"地址映射"及"地址禁 Ping"等功能。

应对网站被其他域名所指向，可以通过服务器 IIS 设置在新建网站时绑定主机头，如图 18-6 所示（Windows 2003 Server + IIS 6 环境下）。

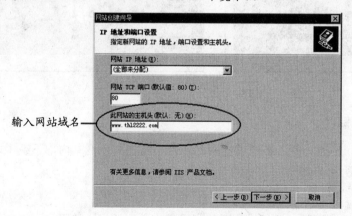

图 18-6　绑定主机头

应对网站资源被盗链现象，有多种解决办法，但是需要编写一定的动态网页脚本，如通过判断浏览器请求时 HTTP 头的 Referer 字段的值（这个值在 ASP.net 里面可以用

Request.UrlReferrer 属性取得）；通过记录客户上网产生 Cookies 值等。一种简单的办法就是将下载资源进行打包（压缩），压缩时设置解压密码为本站域名，然后放入一些广告；或者制作一些弹出式窗口，让其他人在访问该资源时能自动打开浏览器，显示出本站的主页。

18.2.3　网页部分加密技术

1．网页禁用鼠标右键

一般情况下，在浏览网页中，若看见网站中好看的图片或文字内容，忍不住都想使用鼠标右键，将其"保存"到本地计算机。如果网站的图片不希望保存，此时可以在网页上禁用鼠标右键。操作方法是在网页上代码\<body\>后面加入语句"oncontextmenu="return false""，即"\<body oncontextmenu="return false"\>"。

oncontextmenu 是一个事件，表示在用户右击客户区打开上下文菜单时触发。

2．让浏览器在保存页面时保存失败

在正常情况下，可以将网页内容另存到本地计算机上。在页面内任意位置加入代码"\<NOSCRIPT\>\<iframe src="*.html"\>\</iframe\>\</NOSCRIPT\>"（\<iframe\>标记用于创建内嵌浮动框架，scr 代表设置或获取要由对象装入的 URL；\<NOSCRIPT\>标记表示无法识别\<script\>标签的浏览器会把标签的内容显示到页面上）。再次运行某网页，当进行网页保存时，提示出错信息，如图 18-7 所示。

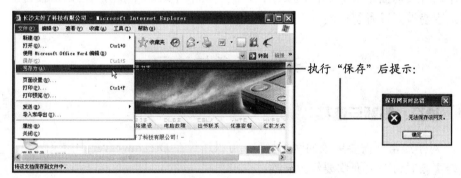

图 18-7　禁用网页保存

3．简单的页面加密

如果用户开发的是私人网站，或者希望好友访问，此时可以在打开网站时加入用户的验证信息，只有输入正确的密码后才能打开网站主页。

在网站主页第一条代码位置加入如下代码：

```
<script language="javascript">
<!--
    var key ="";
    while(key!="login"){key=prompt("请输入网页登陆密码");}
//-->
</script>
```

此时在打开网站时，首先要求用户输入密码，如图 18-8 所示。<script>标记表示以下内容使用 javascript 脚本语句，var 用于给 key 变量赋值为空，while 为循环，prompt 表示产生网页输入框。程序中密码为 login，用户可以进行修改。本程序为死循环，只有输入正确的密码后才能退出循环，否则即使单击"取消"按钮也无济其事。

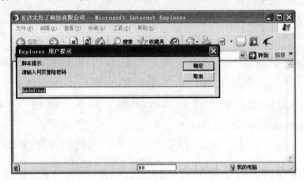

图 18-8　简单的页面加密

18.3　本 章 小 结

本章内容较前面章节简单，但实用性甚高。其中介绍了许多网页的维护技巧，而这些内容是最容易被开发者忽视的。

18.4　思考与练习

18.4.1　填空、判断与选择

（1）对于经常性需要更改的网站栏目，可以通过在 Dreamweaver 中定义为_____，从而减轻更新时每个页面均要修改一次。

（2）在网站未加任何安全措施的情况下，可以使用 Windows 中的_____命令查看到网站的 IP 地址。

（3）网页禁用鼠标右键的操作方法是在网页代码<body>后面加入语句_____。

（4）网站的内容必须要不断更新才能具有生命力。　　　　　　　　　　（　　）

（5）在进行网站维护时，可以采用_____技巧。

　　A. 定义外部 CSS　　　　　　　　　B. 使用"库"

　　C. 使用"框架"　　　　　　　　　　D. 使用"表单"

18.4.2　问与答

（1）简述如何防止网站被其他域名所指向。

（2）对于自己开发的网站，列举几点维护方案。

第4篇 实验与课程设计

第 19 章

实验指导与项目实训

CHAPTER 19

内容导读

本章结合网站开发项目建设，以实验题型形式，通过学习、操作和维护网站等内容全面掌握制作、管理和维护网站的知识，使读者在理解相关理论知识的基础上，掌握其技巧、维护方法，提高动手和分析的综合能力。

读者在学习前面内容的同时，也可以对照本章内容边学习边实践。

说明：实验中所用到的素材可以到 "http://www.khp.com" 网站下载。

教学重点与难点

1. 完成相应实验操作
2. 管理和维护网站

19.1 实验一：网页基础知识

一、实验目的

（1）掌握网页组成元素。

（2）理解网站、网页、主页等概念及区别。

（3）理解网页风格的重要性。

二、实验软硬件环境

一个正常工作、能上网的计算机机房。

三、实验要求

根据观察所得结果，能够从网页中分析网站的基本元素，并掌握其开发流程。

四、实验内容与步骤

1. 以不同的方式打开网站主页。

（1）打开 IE 浏览器，然后输入网址 http://www.126.com，即可打开 126 网站的主页。

（2）打开 IE 浏览器，然后输入网址 http://www.126.com/index.htm，看是否也能打开 126 网站的主页。

分析：查看这两种方式打开的主页是否一样，若一样，说明为什么会出现此类情况。

2. 判断网页元素。

图 19-1 所示为 126 网站的主页，区分网页上哪些为 Flash 元素，哪些为图片。

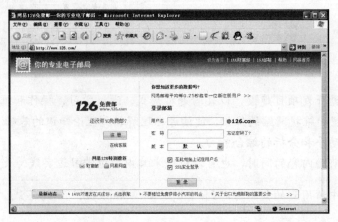

图 19-1　126 网站主页

将该主页中的所有图片，保存在"桌面"上的 PIC 子目录内（若没有，自行创建）。

3. 查看网页风格。

分别以"1024×768"及"800×600"两种分辨率浏览同一网站，操作步骤如下：

（1）设置屏幕分辨率的方法为，右击桌面，选择"属性"选项，在"设置"选项卡的"屏幕分辨率"内拖动鼠标选择合适的分辨率，如图 19-2 所示。

（2）打开 IE 浏览器，输入 http://www.sina.com.cn 网址。

分析：屏幕分辨率对网页影响有多大，目前网站在设计时一般使用的最佳分辨率是多少？

图 19-2　设置屏幕分辨率

4. 选出一个最喜欢的网页，然后列出 3 点喜欢的理由。

19.2　实验二：认识 Dreamweaver CS3

一、实验目的

（1）Dreamweaver 安装卸载过程。
（2）网页路径表示方法。
（3）创建网站站点。

二、实验软硬件环境

一个正常工作的计算机机房、一张 Dreamweaver CS3 软件安装盘。

三、实验要求

能够安装 Dreamweaver CS3，并配置网站站点。

四、实验内容与步骤

（1）已经安装 Dreamweaver CS3 的先操作此步：通过"控制面板"打开"添加或删除程序"窗口，找到"Macromedia Dreamweaver CS3"项，并单击"更改/删除"按钮，执行卸载操作，如图 19-3 所示。

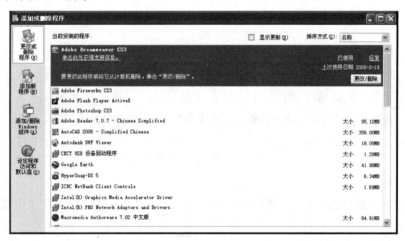

图 19-3　添加或删除程序

（2）将 Dreamweaver CS3 光盘放入光驱，根据提示以默认方式执行安装操作。提示：网络机房可以映射一个驱动器地址盘。

（3）将 exc2 子目录中的所有文件复制到本地计算机 D 盘根目录下，打开该文件夹，确认已复制文件与图 19-4 所示的内容一致。

（4）打开 IE 浏览器。若要查看 D:\exc2\126.htm 文件的内容，在地址栏中如何输入路径？

图 19-4　实验二文件

（5）将 D:\exc2 子文件夹配置为 Dreamweaver 的本地站点，站点名为"实验二"，并在此站点下新建一个主页文件，命名为 index.html，主页上只输出一句话：我已完成实验二的所有操作。

19.3 实验三：制作简单网页

一、实验目的

（1）利用 Dreamweaver CS3 制作简单网页。
（2）掌握网页的布局排版设计方法。
（3）设计网页元素。

二、实验软硬件环境

一个正常工作的计算机机房、计算机内已经安装 Dreamweaver CS3 软件。

三、实验要求

能够设计并制作简单的网页。

四、实验内容与步骤

1. 设计如下网页，命名为 book.htm。

念奴娇 赤壁怀古

大江东去，浪淘尽，千古风流人物。故垒西边，人道是，三国周郎赤壁。乱石穿空，惊涛拍岸，卷起千堆雪。江山如画，一时多少豪杰。

遥想公谨当年，小乔初嫁了，雄姿英发。羽扇纶巾，谈笑间，樯橹灰飞烟灭。故国神游，多情应笑我，早生华发。人间如梦，一樽还酹江月。

要求：

（1）设置标题"念奴娇 赤壁怀古"字体为"黑体"，字号自定，并居中显示。
（2）文章字体为"楷体"，字号、字体颜色、网页背景颜色自定。
（3）将每段设置成无序列表形式。
（4）自定义部分：整个页面简洁、美观。

2. 设计如图 19-5 所示的网页，命名为"index.htm"。

要求：

（1）网页由一个 2 行 2 列的表格组成，其中最后 1 行为 1 列。
（2）左边的图片随意，插入网页中即可。
（3）网页中其余文字根据自己的情况输入。
（4）表格中最后 1 行的"通过 XXX@X.com 发邮件给我"，要求"XXX@X.com"做成 E-mail 链接。

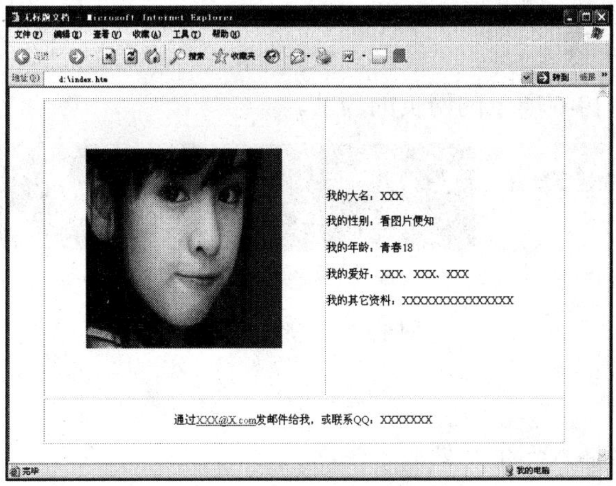

图 19-5　实验三图片

（5）在表格最后一行的后面再插入一行。在本行中输入文字"查看小说"，要求文字右对齐。

（6）将"查看小说"链接到 book.htm 文件，并设置打开方式为"_blank"。

（7）自行将网页排版、美化。最低要求：网页最终效果要比图 19-5 所示的这个效果好看。

操作提示（制作时步骤）：

（1）建立站点。

（2）建主页（index.htm）及分页（book.htm）。

（3）要编辑某个页面，可以直接双击该文件名。

（4）左边随意找的图片也必须存放在站点文件夹下（为区别其他文件，可以在站点文件夹下建立一个专门用于存放图片的文件夹），否则预览网页时可能会出现图片显示不出来的现象。

19.4　实验四：页面美化及提高制作效率

一、实验目的

（1）掌握 CSS、库、模板操作的优缺点。

（2）能够利用 CSS、库、模板进行网页设计。

（3）掌握美化网页的方法。

二、实验软硬件环境

一个正常工作的计算机机房、计算机内已安装 Dreamweaver CS3 软件。

三、实验要求

能够利用 CSS、库、模板进行网页设计，并进行页面的美化。

四、实验内容与步骤

1. 制作类似于图 19-6 所示的网页的顶部。

图 19-6　实验四图片

要求：

（1）导航栏可以插入一个 9 列的表格。

（2）文字可以利用 CSS 设计成统一样式。

（3）分别用库、模板两种方式保存此页面。

2. 建立本地站点"实验四"，并新建主页 index.htm、分页 a1.htm~a10.htm 共 11 个文件。

3. 分别用库、模板两种方式将第 1 步中所做的页面应用到 a1.htm~a10.htm 文件中。

19.5　实验五：HTML 与 Dreamweaver

一、实验目的

（1）HTML 语言结构。

（2）掌握头部标记的应用。

（3）掌握 Body 标记的部分参数。

二、实验软硬件环境

一个正常工作的计算机机房、计算机内已经安装 Dreamweaver CS3 软件。

三、实验要求

了解 HTML、掌握 HTML 与 Dreamweaver 的联系。

四、实验内容与步骤

1. 查看网页的源代码。

（1）打开 IE 浏览器，输入网址"http://www.126.com"，然后在窗口中不是图像的任意位置右击，选择"查看源文件"选项。

（2）操作结果是：系统启动"记事本"程序，并打开网页的源程序，可以看出网页均是由"<>"标记括起来的。这些文本其实就是 HTML 源代码。

（3）将结果保存在桌面上，并命名为"1.txt"。

2. 利用 HTML 编写一个网页。

（1）打开记事本，输入如下程序：

```
<html>
 <head>
  <title>实例题</title>
 </head>
 <body text="red">
```

这里是 HTML 中非正文标记的综合应用

```
 </body>
</html>
```

（2）将程序保存在桌面上，并命名为"2.htm"。

（3）运行程序，操作结果如图 19-7 所示。

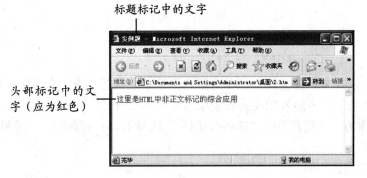

图 19-7　实验五图片

（4）说明在<head>…</head>标记内与在<body>…</body>标记内的内容在用浏览器查看时有什么区别。

3．用 HTML 设计网页标题。

（1）打开网址"http://www.126.com"网页的标题是什么？

（2）将网页以"默认的标题"添加到 Windows 的收藏夹中。

（3）自行设置一个带标题、背景为蓝色的 3.htm 网页文件，并保存在桌面上。

19.6　实验六：Dreamweaver 应用技能

一、实验目的

（1）掌握对页面美化的基本知识。

（2）在网页中插入表单。

（3）利用 CSS、层、行为制作复杂网页。

二、实验软硬件环境

一个正常工作的计算机机房、计算机内已经安装 Dreamweaver CS3 软件。

三、实验要求

能够利用 Dreamweaver CS3 制作一般小型网站。

四、实验内容与步骤

制作如图 19-8 所示的网页。

图 19-8　实验六图片

1. 按图 19-8 标准制作，图中未涉及的内容可以不做。

2. 绘制一个无边框的表格，用于页面排版。

3. 使用到的图片均在 exc6 文件夹中提供。图 19-8 中凡是超级链接的区域全部链接到 1.htm 文件中。注意：1.htm 文件是自己创建的一个空网页。

4. 在图 19-8 中：

这块区域为表单。插入表单的方法为，在"插入"菜单中执行"表单"命令。注意，插入表单时，先插入"表单"再插入相关的表单域（如文本字段）。

5. 有关行为的制作为，当用户单击"Google 图片"区域的，自动弹出一个 200*80 的 1.htm 小窗口。

6. 有关层与行为的制作：

- 在 ◉搜索所有网页 ◯中文网页 ◯简体中文网页 的下面增加一行文字，即"查看版权"。
- 在网页中插入一个名为 a1 的层，并在此层中输入"这个网页是***制作的！"文字。
- 要求当光标移动到"查看版权"的文字上时显示"这个网页是***制作的！"文字；反之当光标移开时，此文字自动消失。

> **提示：** 排版时切记，一定要用表格排版，并设置表格边框为 0。表格越多，排版的效果会越好，但是操作难度会有所加大。

19.7　实验七：认识 Fireworks CS3

一、实验目的

（1）Fireworks CS3 安装及卸载过程。
（2）工作环境设置。
（3）Web 图像的处理流程。

二、实验软硬件环境

一个正常工作的计算机机房、一张 Fireworks CS3 软件安装盘。

三、实验要求

能够安装 Fireworks CS3，并配置工作环境。

四、实验内容与步骤

1. 已经安装 Fireworks CS3 的先操作此步：通过"控制面板"打开"添加或删除程序"窗口，找到"Macromedia Fireworks CS3"项，并单击"删除"按钮，执行卸载操作。

2. 将 Fireworks CS3 光盘放入光驱，执行安装操作。

3. 练习新建、保存、打开图像的操作。

（1）新建一个长 300 px、宽 400 px、dpi 为 100 的透明的图像。

（2）在此图像中绘制一个圆，并填充为蓝色。

（3）将此图像保存为 1.png 文件至 D:\。

4. 设置工作环境。

（1）打开 1.png 文件，利用缩放工具将图像放大，并利用抓手工具查看图像。

（2）还原图像到原始大小并打开标尺、网络线，然后用引导线将"圆"进行定位。

（3）再次利用缩放工具放大图像，查看引导线是否也随之放大。

（4）将图像以原文件形式保存，图像是否放大了？

19.8 实验八：Fireworks CS3 基本操作

一、实验目的

（1）文档的创建与编辑方法。

（2）输入文本。

（3）使用图层控制图像。

二、实验软硬件环境

一个正常工作的计算机机房、计算机内已经安装 Fireworks CS3 软件。

三、实验要求

能够对一幅图像进行简单的操作，如改变属性、加入文本等。

四、实验内容与步骤

1. 基本操作题。

打开"和平与自由.jpg"图像文件（在"exc8"子目录下），效果如图 19-9 所示。

图 19-9 和平与息由.jpg

（1）将图像文件大小改为"450×320"。

（2）将画布四周略缩小 10px。分析：改变文件大小与画布大小的区别是什么？

（3）在图片上加入"和平与自由"文字，要求文字样式新颖、有美感。

（4）将图片以"1.png"和"1.gif"方式保存至 D:\。

2. 自行操作题。

在"exc8"文件夹中提供了"小猫.jpg"图像文件，如图 19-10 所示，要求给此猫点睛，达到"小猫点睛.jpg"图像文件的效果，如图 19-11 所示。结果保存在 D 盘，命名为 2.png。

图 19-10　小猫.jpg

图 19-11　小猫点睛.jpg

19.9　实验九：设计网站 CI

一、实验目的

（1）了解什么是矢量图形。

（2）使用路径工具来绘制矢量图形。

二、实验软硬件环境

一个正常工作的计算机机房、计算机内已经安装 Fireworks CS3 软件。

三、实验要求

能够绘制矢量图形并进行网站 CI 创作。

四、实验内容与步骤

为自己设计一个名片，效果如图 19-12 所示。

图 19-12　实验九图片

说明：

（1）整体效果可仿照图 19-12。

（2）图 19-12 最左边为一个 CI 标志，读者可以根据自己的特色，创作一个更切合实际的 CI 标志。

19.10　实验十：设计网站的主要图片

一、实验目的

（1）了解什么是位图图像。

（2）掌握绘制位图图像的方法。

（3）掌握图像优化与导出的方法。

二、实验软硬件环境

一个正常工作、能上网的计算机机房，计算机内已经安装 Dreamweaver CS3 和 Fireworks CS3 软件。

三、实验要求

能够绘制或处理位图图像，并进行网站主要图片的创作。

四、实验内容与步骤

1. 打开"exc10"文件夹，双击 图标，打开如图 19-13 所示的网页。

图 19-13　实验十图片

图中显示的是"学子家园"网站主页中的部分内容。

2. 打开 Fireworks CS3 软件，自行设计一幅 756×160 大小的图像。

3. 待图像设计好后，将其保存在 xzjy 子目录下，并命名为"open.jpg"文件。保存时应选择替换原文件。

4. 再次执行第 1 步的操作，查看主页上是否已换成刚设计的图片。

> **提示：**
> （1）设计时可以上网搜索相应的素材图片。
> （2）整个图片的设计应以简洁、大方、主页搭配合理为基本要求。
> （3）为保证图片能正常显示，最好将 xzjy 子目录设置为本地站点。

19.11　实验十一：认识 Flash CS3

一、实验目的

（1）Flash CS3 安装及卸载过程。

（2）工作环境设置。

（3）动画在网页中的应用。

二、实验软硬件环境

一个正常工作的计算机机房、一张 Flash CS3 软件安装盘。

三、实验要求

能够安装 Flash CS3，并配置工作环境。

四、实验内容与步骤

1. 已经安装 Flash CS3 的先操作此步：通过"控制面板"打开"添加或删除程序"对话框，找到"Macromedia Flash CS3"项，单击"删除"按钮，执行卸载操作。

2. 将 Flash CS3 光盘放入光驱，执行安装操作。

3. 熟悉 Flash CS3 的操作界面。

（1）打开 Flash CS3 时，出现的"开始"页面有什么功能，是否可以关闭？

（2）对所有活动面板的"显示/隐藏"操作的快捷键是什么？"隐藏"后，可以通过什么菜单打开？

（3）Flash 中的对动画的操作均在什么面板中完成？

19.12　实验十二：创建简单动画一

一、实验目的

（1）掌握对对象的操作方法和各类工具的使用。

（2）掌握动画制作基础知识，并能制作出简单动画。

二、实验软硬件环境

一个正常工作的计算机机房、计算机内已经安装 Flash CS3 软件。

三、实验要求

能够掌握 Flash CS3 中各类工具的使用，并制作出简单的动画。

四、实验内容与步骤

1. 练习"国旗"的绘制。

（1）要求有一根旗杆。

（2）画布大小为 640×480，底色为白色。

（3）国旗为红色，五角星为黄色。

（4）以"1.swf"为文件名，保存在 D 盘。

2. 在第 1 题的基础上深入制作：会旋转的五角星。

要求：中间的大五角星能产生动画。

（1）选中"时间轴"中的第 1 帧，并绘制一个五角星。

（2）在第 1 帧上右击，选择"创建补间动画"选项。

（3）在第 20 帧处右击，选择"插入关键帧"选项，并使用旋转工具将五角星翻转一圈。

（4）按 Ctrl+Enter 快捷键测试影片，并以"2.swf"为文件名，保存在 D 盘。

3. 简单动画创建：制作形状变换图形。

（1）在时间轴面板的第 20 帧处右击，选择"插入空白关键帧"选项，并在场景中输入一个文字，同时将文字打散。

（2）选中第 1 帧，在场景中输入一个文字，并将文字打散。

（3）再次选中第 1 帧，打开"属性"面板，在"补间"栏选择"形状"选项即可。

（4）以"3.swf"为文件名，保存在 D 盘。

19.13 实验十三：创建简单动画二

一、实验目的

（1）了解动画的分类。

（2）如何创建各种类型的动画。

二、实验软硬件环境

一个正常工作的计算机机房、计算机内已经安装 Flash CS3 软件。

三、实验要求

能够制作出网页中各种简单的动画。

四、实验内容与步骤

1. 图形渐变效果制作。

参考效果如图 19-14 所示，或参考"素材"子目录下"图形渐变效果.swf"演示。

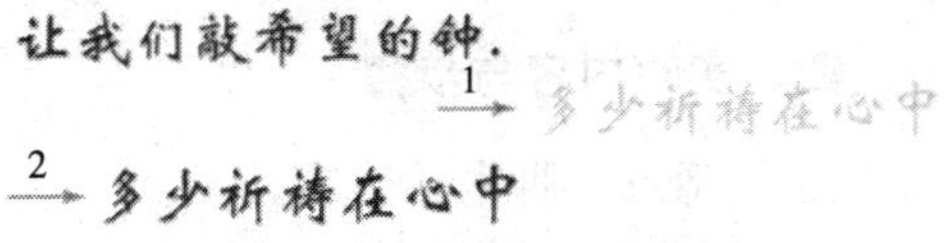

让我们敲希望的钟.
1
多少祈祷在心中

2 → 多少祈祷在心中

图 19-14 实验十三图片 1

提示：

（1）为对齐文字图形，可以打开参考线。

（2）"让我们敲希望的钟"和"多少祈祷在心中"这两行文字分别作为两个图形元件放入不同的图层中。

（3）图层中的关键帧为递归顺序，色彩通过"属性"面板中 Alpha 的值设置。

2. 制作滴水效果。

参考效果如图 19-15 所示，或参考"exc13"文件夹下的"滴水效果.swf"演示。

操作步骤：

（1）新建两个图形元件，分别放置水滴和水波。

- 水滴图形　设置从蓝到白渐变。
- 水波图形　设置在 30 帧处将水波扩大，并在 1 帧与 30 帧建立形状过渡动画。

（2）返回到"场景 1"中，将水滴图层拖至顶部，在 10 帧处插入关键帧，并移动水滴到下面，创建补间动画。

（3）新建"Layer 2"，在第 10 帧处插入关键帧，并将水波图形拖至场景下面。

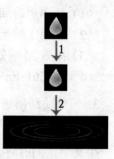

（4）在第 36 帧处插入一个关键帧，设置该帧中水波图形的 Alpha 值为 0，建立渐变路径。

图 19-15　实验十三图片 2

（5）新建图层 Layer3、Layer4、Layer5、Layer6，复制 Layer2 中的帧到各层中。

（6）为滴水效果加入声音。

19.14　实验十四：制作交互式动画

一、实验目的

（1）了解 ActionScript 语法。
（2）如何创建简单的交互式动画。

二、实验软硬件环境

一个正常工作的计算机机房、计算机内已经安装 Flash CS3 软件。

三、实验要求

使用 ActionScript 语言编写程序，并制作出交互式动画。

四、实验内容与步骤

1. 熟悉添加脚本的位置。

（1）帧上，如在 20 帧加入"stop();"，则表示动画播放到 20 帧则停止。
（2）按钮上，格式为

```
on(事件){
        语句;
    }
```

（3）影片剪辑上，格式为

```
onClipEvent(事件){
        语句;
    }
```

2. 制作第 14 章中的模拟时钟，并保存为"1.fla"至 D:\。
3. 模仿制作随机变化的扑克牌，可以参考"exc14"文件夹下的"扑克牌.fla"演示。脚本添加的位置如下：

（1）为让动画在播放第 1 帧时停止下来，在第 1 帧加入代码"stop();"。

（2）再选中舞台上的按钮，输入以下代码：

```
on(release){
  gotoAndStop(random(13)+1);
}
```

说明：gotoAndStop()作用是"跳转并停止"，括号中的参数是要跳转到的帧数。

random(13)的作用是在 0~12 共 13 个整数中随机选取一个整数，但由于 gotoAndStop()括号中必须为帧数，为防止取到数值 0，因此在括号中使用"random(13)+1"表示帧数。这样，当每次单击按钮时，影片就会随机地跳转到不同帧中，从而显示不同的扑克牌。

（3）读者可以模仿将扑克牌图片换成其他图片，查看是否也能随机变化？

19.15　实验十五：发布动画

一、实验目的

（1）掌握如何测试影片。
（2）发布动画方法。

二、实验软硬件环境

一个正常工作的计算机机房、计算机内已经安装 Flash CS3 软件。

三、实验要求

对于制作的动画，能够成功导入到网页中。

四、实验内容与步骤

1. 任意绘制一个简单的动画，分别用"影片测试"和"场景测试"两种命令测试该动画。分析这两种方法的区别是什么？
2. 将动画以"1.exe"文件名保存至 D:\。
3. 结合实验十，制作一个 756×160 动画，插入到"学子家园"网页的图片处。

19.16　实验十六：网站测试与上传

一、实验目的

（1）进行网站测试的必要性。
（2）网站上传方法验证。

二、实验软硬件环境

一个正常工作的计算机机房、计算机内已经安装 Dreamweaver CS3、Fireworks CS3、Flash CS3 软件，一张 Windows XP 完整版安装光盘。

三、实验要求

排除网站中的故障。分组为单位，测试网站能否正常运行。

四、实验内容与步骤

1. 测试网站。

（1）检查网站中是否存在错误链接。可以通过 Dreamweaver CS3，打开"结果"面板，并切换至"链接检查器"选项卡，然后单击左边的 ▶ 按钮，在弹出的快捷菜单中选择"检查整个当前本地站点中的链接"选项。

（2）利用 Dreamweaver CS3 提供的"站点报告"功能，将整个站点生成一份详细的测试报告，将其保存在"桌面"上，并命名为 test.htm。

2. 配置 IIS。

（1）检查本机中 IIS 组件是否已安装，可以直接打开"控制面板"|"管理工具"，若存在"Internet 信息服务"项，表示已经安装，如图 19-16 所示。

图 19-16 已安装 IIS 组件的计算机

（2）若没有安装，则安装 IIS 组件。

（3）运行"Internet 信息服务"，打开 IIS 控制台，将本地站点配置成服务器 Web 目录，然后指定默认的启动文档为主页文件。

（4）运行 Windows 中的"命令提示符"，执行 IPConfig 命令，查看本机的 IP 地址，图 19-17 中高亮度显示的为执行结果。

图 19-17 查看本机 IP

（5）告之同网络内的其他用户，在浏览器中输入"http://IP 地址"，查看是否能正常显示网站。

3. 结合"18.2.3 网页部分加密技术"章节的内容，在本站主页上试用这些加密技术。

19.17 实验报告参考格式

实 验 报 告

班级_____ 学号_____ 姓名_____

实 验 名 称	
实 验 目 的	
参加实验时间	年　　月　　日星期　　第　　节课
实 验 地 点	

	指导老师	

实验结果

实验体会与总结

第 20 章

课程设计

CHAPTER 20

内容导读

本课程是实践性、技术性很强的课程。对于从事网站管理的工作人员，不仅要学会管理网页，还要学会维护网页。

要确保网站安全、高效运行，需要掌握扎实的计算机网页技术和理论基础。本章内容以课程设计、上机测试、理论测试 3 套方案给出相应的综合测试题，借此帮助读者检验前面所学的知识。

教学重点与难点

1. 复习前面所学的知识
2. 完成测试题

网页综合编辑能力训练

一、设计目的

以学校系统网站为核心，运用第 1 章介绍的"网站开发流程"，通过课程设计达到实际开发网站的经验。

本设计中，提供一篇《网站规划报告》样本，以此样本为模板，设计主页及网站核心图片，并插入透明 Flash 及网页广告制作。

二、设计软硬件环境

一个正常工作、能上网的计算机机房，计算机内已经安装 Dreamweaver CS3、Fireworks CS3、Flash CS3 软件。

三、设计要求

按照网站设计流程，制作出一个小型网站，并插入适当广告。

四、设计内容与步骤

1. 设计规划（可以参考以下材料进行网站规划报告的撰写）。

关于 XXXXX 系网站规划的报告

站点名称: XXXXX网

转向域名: HTTP: //XXXXX

办站宗旨:

加强系部交流和沟通,成为教学与科研的重要载体和信息平台,促进学院与学生的良性互动,丰富校园文化生活。

站点风格:

采用静态网页技术,运用网页三剑客软件进行网站开发、制作,部分栏目运用动态网页ASP技术,适当加入Javascript及CSS特效编程使网页越加生动和新颖。

站点工作人员:

    顾　问: XXXXX

    总负责: XXXXX

    技术员: XXXXX

    资料提供: XXXXX

站点更新

原则: 更新速度更快,信息量更大,版面设计更新颖。

具体: 通知、消息和新闻的更新每周一次

      其余栏目每月月底更新一次

预设站点栏目

1. 系部概况: 介绍本系基本情况,包括成立时间、师资力量、学生人数、分支机构,以及"系内新闻"动态。

2. 师资队伍: 展示本系教授风采,介绍优秀及骨干教师的基本情况。

3. 教育教学: 本系各教研室的工作计划,活动情况等有关教学方面等。

4. 学生天地: 由学生文艺、两会活动、社团园地三大板块构成,内含学生作品、班级网页、个人主页等;还有两会及学生社团的工作计划、负责人介绍、活动开展情况等。

5. 招生就业: 介绍本系所开设的专业及各专业开设的主干课程;系每年招生情况,宣传国家有关就业政策及与我系就业合伙企事业单位介绍。

6. 党建工作: 宣传党内知识、学院精神;介绍大学生如何入党、入党材料的写作知识等。

7. 留言板: 提供师生间交流的平台。

具体实施方案（见附则）

                        XXXXXXXXXXXXXXXXXXXXXXXXXXX

                        XXXX 年 XX 月 XX 日

关于 XXXXXX 系网站规划的报告
（附　则）

根据学院有关精神指示，XXXXX 系网站用于宣传系级文化建设，应充分做到信息量大、内容全、更新及时。

结合目前制作网站的流行趋势，制作中可以选择两种方式进行。

一、分页制方式

此方式采用"引导页"+"主页"构成。主页上信息量大，站点内各栏目均在主页中体现出来。

（一）引导页

要求：

（1）颜色新颖，能充分体现本系特色。

（2）动静结合，给人第一印象要佳。

（3）单击引导页面上任一处，自动进入主页；若不执行操作，系统在 20s 后自动进入主页。

（二）主页

栏目有系部概况、系内新闻、师资队伍、教育教学、学生文艺、两会活动、社团园地、招生就业、党建工作、留言板，共 10 个。

要求：

"系内新闻"以滚动方式呈现在主页上。此栏目用 ASP 完成，建立新闻数据库，实现在本地计算机自行上传相关新闻。

具体规划草图：（略）

（三）分页

与主页颜色搭配一致，在设计时与主页有部分区别。

具体规划草图：（略）

二、栏目制方式

在主页上放置网站中各栏目，每一栏目设置成独立的一块。

（一）主页

栏目有系部概况、师资队伍、教育教学、学生天地、招生就业、党建工作、联系我们，共 7 个。

要求：

（1）"系部概况"栏目，要求加入"系内新闻"子栏目，同样以滚动方式呈现在网页上。

（2）"学生天地"细分为 3 个子栏目：学生文艺、两会活动、社团园地。

（3）"联系我们"栏目中另加一个留言板。

具体规划草图：（略）

（二）分页

与主页颜色搭配搭配一致，动静结合。注意每一个栏目的独立性。

2. 着手进行设计（通过以上材料进行制作）。

下面介绍目前网页上较流行的几种应用特效方法。

特效一：插入透明 Flash

在"19.10 实验十：网站主要图片设计"基础上进行深入训练，具体步骤如下：

（1）打开第 19 章中的"exc10"文件夹，并双击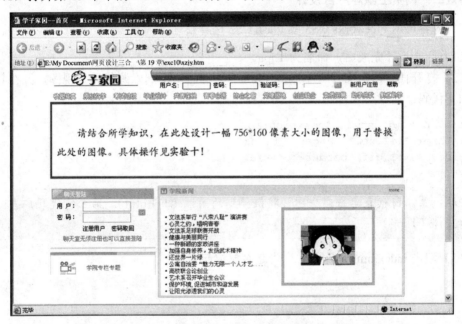图标，打开如图 20-1 所示的网页。

图 20-1　"学子家园"网站主页

（2）图中显示的是"学子家园"网站主页中的部分内容。

（3）打开 Fireworks CS3 软件，设计一幅"756×160"大小的图像。

（4）待图像设计好后，将其保存在 xzjy 子目录下，并命名为"open.jpg"文件；保存时应选择"替换原文件"。

（5）打开 Dreamweaver CS3，将图片作为背景插入到网页中。此处一定注意图片的大小要与表格（或单元格）的大小一致。

（6）切换到"源代码"视图，在图片所在表格（或单元格）的代码位置插入如下代码：

```
<object classid="clsid:D27CDB6E-AE6D-11cf-96B8-444553540000" codebase=
"http://download.macromedia.com/pub/shockwave/cabs/flash/swflash.cab#ver
sion=6,0,29,0" width ="728" height="271">
```

```
<param name="movie" value="3.swf">
<param name="quality" value="high">
<param name="wmode" value="transparent">
<embed src="1.swf" width="728" height="271" quality="high" pluginspage=
"http://www.macro
media.com/go/getflashplayer" type="application/x-shockwave-flash" wmode=
"transparent">
</embed>
</object>
```

> **提示说明：** 以上代码中，加粗显示部分的 "1.swf" 为透明 Flash。728 和 271 为
> 透明 Flash 的宽和高，宽和高的设置一定不能大于背景图片的大小。

（7）制作一个透明 Flash，命名为 1.swf，并将其复制至 mzxy 子目录下。

特效二：网页上飘浮广告设计

广告内容可用 Fireworks CS3 或 Flash CS3 进行设计。

（1）广告设计完成后，命名为 1.jpg。

（2）打开任一网页文件（如 index.htm），然后切换到"源代码"视图，并在其前面
插入如下代码：

```
<div id="img" style="position:absolute;">
<a href="111.htm" target="_blank">
<img src="1.gif" border="0"></a>
</div>
```

> **说明：** 第二行代表单击广告图片将链接到的网址（111.htm）；第三行代表广告图
> 片文件（1.jpg）。

（3）双击 index.htm 文件，看广告是否飘浮起来。

附录 习题答案

1.6.1 填空、判断与选择

（1）Web 页面　　（2）主页　　（3）Dreamweaver　　（4）正确　　（5）错误

（6）正确　　（7）正确　　（8）A　　（9）D　　（10）ABC

1.6.2 问与答

（1）参考 1.3 节。

（2）参考答案：预设"站长小记"、"个人相册"、"求职生涯"、"雁过留声"等栏目。

2.5.1 填空、判断与选择

（1）矢量图形、位图图像　　（2）线　　（3）单个点　　（4）正确　　（5）错误

（6）正确　　（7）正确　　（8）C　　（9）A　　（10）ABC

2.5.2 问与答

（1）参考 2.1.2 小节。

（2）参考答案：主要是用于处理网页图片，当然也可以借用 Fireworks 设计网站 CI 及编排主页等。

3.5.1 填空、判断与选择

（1）静态　　（2）实时动画、逐帧动画　　（3）Flash　　（4）.swf .gif　　（5）正确

（6）正确　　（7）错误　　（8）正确　　（9）A　　（10）ABD

3.5.2 问与答

（1）参考答案：即将一系列单幅画面连续播放，使观看者产生"动"的错觉。

（2）参考 3.2.1 小节。

4.5.1 填空、判断与选择

（1）代码、拆分、设计　　（2）F12　　（3）F4　　（4）开始页　　（5）站点管理器

（6）帮助　　（7）正确　　（8）错误　　（9）A　　（10）AB

4.5.2 问与答

（1）参考 4.1.1 小节。　　　　（2）参考 4.2.2 小节。

5.6.1 填空、判断与选择

（1）站点　　（2）起到完善网页的功能　　（3）*　　（4）Shift+Enter　　（5）mailto:

（6）正确　　（7）正确　　（8）错误　　（9）正确　　（10）正确

（11）A　　（12）B　　（13）A　　（14）B　　（15）ABCD

5.6.2 问与答

（1）参考答案：先建立站点，再新建一个网页文件。

（2）参考答案：选中图像，在"属性"面板的"替换"项中输入相应的文字即可。

（3）参考答案：图像映射，即在一幅图像上定义几个热点区域，每个热点区域可以指定一个不同的超级链接，这样当浏览者单击不同的热点区域时可以跳转到相应的目标地址。

6.5.1 填空、判断与选择

（1）层叠样式表　　（2）层叠样式表（或 CSS）　　（3）从源文件中分离

（4）将现有文档保存为模板、以新建的空文档为基础创建模板

（5）正确　　（6）正确　　（7）错误　　（8）D　　（9）C　　（10）B

6.5.2 问与答

（1）参考 6.1.1 小节。 （2）参考答案：在保存时系统会自动提示更新页面操作。

7.5.1 填空、判断与选择

（1）超文本标记、文件头、文件体 （2）红色虚框（或轮廓）、<from> （3）密码
（4）事件、动作、事件、动作 （5）调整大小手柄 （6）正确 （7）正确
（8）错误 （9）正确 （10）错误 （11）A （12）D
（13）B （14）B （15）B

7.5.2 问与答

（1）参考答案：表单最直接的作用就是可以从客户端浏览器收集信息，并将所收集的信息指定一个处理的方法。

（2）参考答案：用户名应设计成单行文本域；口令应设计成密码文本域；意见应设计成多行文本域。

8.5.1 填空、判断与选择

（1）png （2）F4 （3）状态 （4）预览 （5）Alt
（6）正确 （7）错误 （8）错误 （9）A （10）C

8.5.2 问与答

（1）参考 8.1.1 小节。 （2）参考 8.2.3 小节。 （3）参考 8.3 节。

9.5.1 填空、判断与选择

（1）Ctrl+N （2）.png （3）历史记录 （4）描边 （5）加锁
（6）正确 （7）正确 （8）正确 （9）C （10）A

9.5.2 问与答

（1）参考答案：更改"画布大小"只改变当前文档的尺寸，而更改"图像大小"则改变当前文档的实际大小。

（2）参考答案：图层为图像处理带来了极大的方便。在选中某一图层后，就可以单独地对这个图层进行编辑、移动、颜色调整等操作，而这些改变不会影响到其他图层，这些特点为图像处理带来了很大的灵活性。

（3）参考答案：一种是位图蒙版，一种是路径蒙版（此时在蒙版缩略图的右下角有一个钢笔符号）。

10.4.1 填空、判断与选择

（1）Shift （2）Shift+Alt （3）路径 （4）扩展笔触 （5）正确
（6）正确 （7）正确 （8）正确 （9）B （10）C

10.4.2 问与答

（1）参考答案：路径是由贝塞尔曲线组成的，路径上面包括贝塞尔曲线、锚点等元素，通过锚点延伸出来的控制线和控制点可以控制路径的外观。

（2）参考答案：自动形状是智能矢量对象组，遵循特殊的规则以简化常用可视化元素的创建和编辑。与基本绘图工具不同的是，选定的自动形状除了具有对象组控制手柄外，还具有菱形的控制点。每个控制点都与形状的某个特定可视化属性关联。拖动某个控制点会改变与其关联的可视化属性。

（3）参考答案：略。

11.5.1 填空、判断与选择

（1）封闭虚线 （2）羽化 （3）Ctrl+D （4）魔术棒 （5）错误
（6）错误 （7）正确 （8）正确 （9）C （10）D

11.5.2 问与答

（1）参考答案：Fireworks 中"魔术棒"工具的最大特点就是能够根据图像中像素颜色的差异程度（即

色彩容差度)来确定将哪些像素包含在选区内。这样,只要在前景中单击,就可以轻松地选定想要的前景对象。

(2)参考答案:可以单独优化图像的每个部分,从而使文件更小、装载速度更快;可以将图像的某个部分输出为 GIF 文件,而将其他部分输出为 JPEG 文件,从而获得更佳的图像效果;更方便导入到 Dreamweaver 中编辑。

12.5.1 填空、判断与选择

(1)动画　　(2)流式技术　　(3)Flash 播放器　　(4)F4　　(5)工具
(6)正确　　(7)正确　　(8)错误　　(9)正确　　(10)A

12.5.2 问与答

(1)参考答案:参考 12.1.1 小节。

(2)参考答案:在某面板上标题栏左方的小图标上按住鼠标左键,并将其拖出该区域,即可将该面板变换为漂浮状态。

13.6.1 填空、判断与选择

(1)Shift　　(2)钢笔　　(3)墨水瓶　　(4)Shift　　(5)Ctrl+B
(6)最顶层、最底层　　(7)引导　　(8)Alpha　　(9)遮罩　　(10)蓝色、绿色
(11)错误　　(12)正确　　(13)正确　　(14)正确　　(15)正确
(16)正确　　(17)C　　(18)A　　(19)ABCD　　(20)ABD

13.6.2 问与答

(1)参考答案:在画直线的时候,如果"对齐网格"功能在起作用,在直线工具的光标处将有一个圆环出现。在该捕捉功能的作用下,直线画得比较规则,直线端点总是相交于网格线的交点。当未选用捕捉功能时,直线可以画得比较随意。

(2)参考答案:① 椭圆工具绘制的图形是椭圆或圆形图案,而钢笔和铅笔等工具主要绘制的是直线或曲线。② 使用椭圆工具绘制椭圆时可以设置椭圆的填充色,而钢笔、铅笔工具则不能。

(3)参考答案:Flash 中的元件类型一共有 3 种,分别是"影片剪辑"元件、"按钮"元件和"图形"元件。区别及用法参见第 13.2.3 小节。

14.4.1 填空、判断与选择

(1)gotoAndPlay(25);　　(2)_root　　(3)分号(或;)　　(4)帧、按钮、影片剪辑
(5)Date　　(6)错误　　(7)正确　　(8)A　　(9)C　　(10)ABCD

14.4.2 问与答

(1)参考答案:可以将自然界的任何事物都看成一个对象,如计算机、电视机、电话、人等。每个对象都有自己的属性、方法和事件。

- 对象的属性用于描述这个对象,如计算机具有款式、颜色等。
- 对象的方法说明对象该如何去做事情,如利用计算机编程等。
- 对象的事件说明对象可以识别和响应的某些操作行为,如计算机程序的运行结果。

(2)参考答案:在"动作"面板中输入以下代码。

```
on(release){
    getURL("http://www.thl2222.com ","_blank");
}
```

15.5.1 填空、判断与选择

(1)测试场景、测试影片　　(2).swf　　(3)正确　　(4)错误　　(5)B

15.5.2 问与答

(1)参考答案:播放 Flash Player 动画的方法有以下几种。

- 在捆绑了 Flash Player 的浏览器（如 Internet Explorer）中播放。
- 使用 Microsoft Office 和其他 ActiveX 主机中的 Flash ActiveX 控件播放。
- 作为 QuickTime 动画的一部分。
- 作为所谓的放映机独立应用程序的一种。

（2）参考答案：参见第 15.1.2 小节。

16.5.1 填空、判断与选择

（1）检查链接 （2）IIS （3）127.0.0.1 （4）文件传输 （5）错误
（6）正确 （7）正确 （8）正确 （9）正确 （10）ABCD

16.5.2 问与答

（1）参考答案：详见 16.1.1 小节。 （2）参考答案：详见 16.4 小节。

17.4.1 填空、判断与选择

（1）搜索引擎 （2）编号 （3）正确 （4）正确 （5）ABD

17.4.2 问与答

（1）参考答案：直接在其提供的注册页面上注册即可。
（2）参考答案：略。

18.4.1 填空、判断与选择

（1）库 （2）ping （3）oncontextmenu="return false" （4）正确 （5）AB

18.4.2 问与答

（1）参考答案：在 IIS 的"新建网站"中绑定主机头为当前域名即可。
（2）参考答案：略。